Ética de la inteligencia artificial

BIBLIOTECA DE FILOSOFÍA

Luciano Floridi

Ética de la inteligencia artificial

Principios, retos y oportunidades

Traducción de
Javier Anta

Herder

Lectura infinita
#pactoporlalectura

Esta obra ha recibido una ayuda a la edición del Ministerio de Cultura y Deporte

Título original: The Ethics of Artificial Intelligence
Traducción: Javier Anta
Diseño de la cubierta: Herder

© 2023, *Luciano Floridi*
© 2024, *Herder Editorial, S.L., Barcelona*

ISBN: 978-84-254-5065-5

Imprenta: QPPrint
Depósito legal: B-13.869-2024

Impreso en España – Printed in Spain

Herder
www.herdereditorial.com

Índice

A Jeanne Migliar, más tarde Fiorella Floridi (1937-2022)
quien me amó y me enseñó el valor del adagio:

«Donde una puerta se cierra, otra se abre […] y si
no me las ingenio para entrar en ella, será culpa mía».

Miguel de Cervantes, *Don Quijote,* XXI

Hizo veinte trípodes que debían estar junto al muro de su casa, y puso ruedas de oro debajo de todos ellos, para que pudieran ir por sí mismos a las asambleas de los dioses, y volver de nuevo, maravillas en verdad para ver.

HOMERO, *Ilíada,* libro 18

Prefacio

La educación, los negocios y la industria, los viajes y la logística, la banca, el pequeño comercio y las compras, el ocio, el bienestar y la sanidad, la política y las relaciones sociales —en resumen, la vida tal y como la conocemos hoy en día— se han vuelto impensables sin la presencia de servicios, productos y prácticas digitales. Quien no se sienta perplejo ante esta revolución digital no ha entendido su magnitud. Estamos hablando de un nuevo capítulo de la historia de la humanidad. Por supuesto, muchos otros capítulos han llegado antes. Todos ellos fueron igualmente significativos. La humanidad antes y después de la rueda, la industria del hierro, el alfabeto, la imprenta, el motor, la electricidad, el automóvil, la televisión y el teléfono. Cada transformación ha sido única. Algunas cambiaron irreversiblemente la comprensión de nosotros mismos, nuestra realidad y nuestra experiencia de ella, con implicaciones complejas y a largo plazo. Por ejemplo, seguimos encontrando nuevas formas de explotar la rueda (pensemos en la rueda de clic del iPod). Del mismo modo, lo que la humanidad logrará gracias a las tecnologías digitales es inimaginable. Como subrayo en el capítulo 1, nadie en 1964 podría haber adivinado cómo sería el mundo solo cincuenta años después. Los futurólogos son los nuevos astrólogos; no debemos fiarnos de ellos. Pero también es cierto que la revolución digital solo ocurrirá una vez, y está ocurriendo ahora. Esta página de la historia se ha pasado y ha comenzado un nuevo capítulo. Las generaciones futuras nunca sabrán cómo era la realidad cuando esta era exclusivamente analógica, *offline,* predigital. Somos la última generación que la ha vivido.

El precio de un lugar tan especial en la historia es una incertidumbre desbordante. Las transformaciones provocadas por las tecnologías digitales son alucinantes. Es normal que generen una cierta confusión y aprensión, solo hay que echar un vistazo a los titulares de los periódicos. Sin embargo, nuestro lugar especial en esta línea divisoria histórica, entre una realidad totalmente analógica y otra cada vez más digital, también ofrece oportunidades extraordinarias. Precisamente porque la revolución digital acaba de empezar, tenemos la oportunidad de darle una forma positiva que beneficie tanto a la humanidad como a nuestro planeta. Como dijo Winston Churchill: «Nosotros damos forma a nuestros edificios; después, ellos nos dan forma a nosotros». Estamos en la fase inicial de la construcción de nuestras realidades digitales. Podemos moldearlas antes de que empiecen a afectarnos e influir en nosotros y en las generaciones futuras de forma equivocada. No se trata de ser pesimista u optimista. Discutir si el vaso está medio vacío o medio lleno no tiene sentido. La cuestión interesante es cómo llenarlo. Esto significa comprometerse constructivamente con el análisis ético de los problemas y el diseño de las soluciones adecuadas.

Para identificar el mejor camino a seguir para el desarrollo de nuestras tecnologías digitales, el primer paso esencial es una mayor y mejor comprensión. No debemos caminar dormidos hacia la creación de un mundo cada vez más digital. El insomnio de la razón es vital porque su sueño genera errores monstruosos, a veces irreversibles. Comprender las transformaciones que se están produciendo ante nuestros ojos es esencial si queremos dirigir la revolución digital en una dirección que sea socialmente preferible (equitativa) y medioambientalmente sostenible. Esto solo puede hacerse mediante un esfuerzo colaborativo (Floridi, en prensa). Así pues, en este libro ofrezco mi contribución compartiendo algunas ideas sobre un tipo de tecnología digital, la inteligencia artificial (IA) y la cuestión específica de su ética.

El libro forma parte de un proyecto de investigación más amplio sobre las transformaciones de la agencia (la capacidad de interactuar con el mundo y aprender de él para alcanzar un objetivo) que devinieron con la revolución digital. Al principio pensé que podría trabajar tanto sobre la IA —entendida como *agencia artificial*, el tema de este libro— y la agencia política —entendida como *agencia colectiva* apoyada e influida por las interacciones digitales—. Cuando me invitaron a dar las *Ryle Lectures* en 2018, intenté hacer exactamente esto. Presenté ambos temas como dos aspectos de una misma transformación más fundamental. Los organizadores y los asistentes me dijeron, quizá amablemente, que no fue un fracaso. Pero, personalmente, no me pareció un gran éxito. Y no porque la ética de la inteligencia artificial y la política de la información desde un único punto de vista agencial no funcionase, sino porque funciona bien únicamente si estamos dispuestos a saltarnos los detalles, priorizando la amplitud de miras sobre la profundidad. Esto puede estar bien en una serie de conferencias, pero abarcar ambas temáticas en una sola monografía de investigación habría dado lugar a una obra de menor atractivo que este libro. Así que, siguiendo el perspicaz consejo de Peter Momtchiloff de Oxford University Press, decidí dividir el proyecto en dos: este libro sobre la ética de la IA y un segundo libro sobre la política de la información. Este es el lugar adecuado para que el lector sepa dónde localizar ambos libros dentro del proyecto más amplio.

Este libro es la primera parte del cuarto volumen de una tetralogía que incluye *The Philosophy of Information* (Floridi, 2011), *The Ethics of Information* (Floridi, 2013) y *The Logic of Information* (Floridi, 2019d). Comencé etiquetando la tetralogía *Principia Philosophiae Informationis* no como una muestra de arrogancia sin límites (aunque bien podría serlo), sino como un juego de palabras interno entre algunos colegas. En una especie de competición de remo, bromeé diciendo que ya era hora de que Oxford alcanzara a Cambridge con un marcador de 3 a 0 en el número de «principias» en su haber. No fue un juego de palabras que muchos encontraran divertido o incluso inteligible.

Dentro del proyecto *Principia*, este libro ocupa un lugar intermedio entre el primer y el segundo volumen (no muy diferente del volumen tres), porque la epistemología, la ontología, la lógica y la ética contribuyen al desarrollo de las tesis que presentaré en los capítulos siguientes. Pero, como el lector podría esperar, todos los volúmenes están escritos de forma independiente, por lo que este libro puede leerse sin necesidad de conocer nada más de lo que yo haya publicado. Aun así, los volúmenes son complementarios. Las ideas esenciales del primer volumen son relativamente sencillas: la información semántica son datos bien formados, significativos y veraces; el conocimiento es la información semántica relevante adecuadamente justificada; los seres humanos son los únicos organismos informacionales conocidos conscientes y capaces de procesar significado que pueden diseñar y comprender artefactos semánticos; desarrollando así un conocimiento creciente de la realidad y de sí mismos, almacenado como capital semántico; y la realidad se comprende mejor como la totalidad de la información (nótese aquí la ausencia crucial de «semántica»).

Con este telón de fondo, el segundo volumen investiga las bases de la ética de organismos informacionales (los *inforgs*) como nosotros, que prosperan en entornos informacionales (la *infoesfera*)[1] y son responsables de su construcción y bienestar. En resumen, el volumen dos trata sobre la ética de los *inforgs* en la infoesfera, que experimentan cada vez más la vida como *onlife* (Floridi, 2014b) —es decir, tanto *online* como *offline*, tanto analógica como digital—. En un movimiento kantiano clásico, nos desplazamos desde la filosofía teórica a la filosofía práctica (en el sentido de *praktischen*, no en el sentido de útil o aplicada). El tercer volumen se centra en la lógica conceptual de la información semántica como *modelo*. Este tema está relacionado con el análisis epistemológico de *The Philosophy of Information*. En la medida en que el volumen se centra en la lógica conceptual de la información semántica como *modelo*, ofrece un puente hacia el análisis normativo que se ofrece en *The Ethics of Information*.

El tercer volumen trata, entre otras cosas, de los deberes, derechos y responsabilidades asociados a las prácticas poiéticas que caracterizan nuestra existencia —desde dar sentido al mundo hasta cambiarlo de acuerdo con lo que consideramos moralmente bueno y normativamente correcto—. A modo de bisagra entre los dos libros anteriores, el tercer volumen

---

1 «Infoesfera» es una palabra de la que me apropié hace años para referirme a todo el entorno informacional conformado por el conjunto de todas las entidades informativas (incluidos los agentes informativos), sus propiedades, interacciones, procesos y relaciones mutuas. Se trata de un entorno comparable al ciberespacio (siente el ciberespacio una subregión de la infoesfera), aunque también diferente de él porque también incluye espacios de información *offline* y analógicos. Es un entorno y, por tanto, un concepto, que evoluciona rápidamente. Véase https://es.wikipedia.org/wiki/Infoesfera [consultada el 16/4/2024].

cimenta las bases para el cuarto volumen, *The Politics of Information*, del cual este libro es la primera parte. Aquí, el construccionismo epistemológico, normativo y conceptual desarrollado en los volúmenes anteriores apoya el estudio de las oportunidades de diseño de las que disponemos. Se trata de oportunidades para comprender y dar forma a lo que yo llamo «el proyecto humano» en nuestras sociedades de la información, mediante el diseño adecuado de nuevas formas de agencia artificial y política. La tesis clave de este libro es que la IA es posible gracias a la disociación de la agencia y la inteligencia, de ahí que la IA se entienda mejor como una nueva forma de agencia, pero no de inteligencia; así, la IA constituye una revolución asombrosa, pero en un sentido pragmático y no cognitivo, y que tanto los retos como las oportunidades concretas y apremiantes en relación con la IA surgen del cisma entre agencia e inteligencia, el cual seguirá ampliándose a medida que la IA tenga más éxito.

En conjunto, los cuatro volúmenes pueden entenderse como un intento de invertir lo que creo que son varias concepciones erróneas. Las concepciones erróneas se explican fácilmente mediante el modelo clásico de comunicación de Shannon, compuesto por emisor, mensaje, receptor y canal (Shannon y Weaver, 1975, 1998). La epistemología se centra demasiado en el receptor/consumidor pasivo del conocimiento, cuando debería centrarse en el emisor/productor activo. Debería pasar de la *mímesis* a la *poiesis*. Porque conocer es diseñar. La ética se centra demasiado en el emisor/agente, cuando debería ocuparse del receptor/paciente y, sobre todo, de la relación entre emisor y receptor. Porque el cuidado, el respeto y la tolerancia son las claves del bien. La metafísica se centra demasiado en los *relata* o entidades que participan de una relación, como el emisor/productor/

agente/receptor/consumidor/paciente, cuando debería preocuparse por el mensaje/relaciones. Esto se debe a que las estructuras dinámicas constituyen lo estructurado. La lógica se centra demasiado en los canales de comunicación como soporte, justificación o fundamento de nuestras conclusiones, cuando también debería preocuparse por los canales que nos permiten extraer (y transferir) fiablemente información desde diversas fuentes. Esto se debe a que la lógica del diseño de la información es una lógica de relaciones y colecciones de relaciones, más que una lógica de cosas como portadoras de predicados. La IA, o al menos su filosofía, se centra demasiado en la reconstrucción de algún tipo de inteligencia de tipo biológico, cuando debería ocuparse de la configuración de artefactos que puedan funcionar con éxito sin necesidad de inteligencia. Esto se debe a que la IA no es un matrimonio, sino un divorcio entre la capacidad de resolver un problema o llevar a cabo una tarea con éxito para alcanzar un objetivo y la necesidad de ser inteligente al llevarla a cabo. Que mi teléfono juegue al ajedrez mejor que nadie que yo conozca ilustra con suficiente claridad que la IA es la continuación del comportamiento inteligente por otros medios. Por último, la política (el tema de la segunda parte del cuarto volumen) no consiste en gestionar nuestra *res publica*, sino en cuidar las relaciones que nos hacen sociales: nuestra *ratio publica*. Me sorprendería que uno solo de estos giros radicales de nuestros paradigmas filosóficos tuviese éxito.

Permítanme ahora hacer un breve repaso del contenido de este libro. La tarea de este volumen sigue siendo contribuir, como en los anteriores, al desarrollo de una filosofía de nuestro tiempo para nuestro tiempo, como he escrito más de una vez. Como en los volúmenes anteriores, se pretende hacer de forma sistemática (se persigue la arquitectura conceptual como un rasgo valioso del pensamiento filosófico), más que exhaustivamente, persiguiendo dos objetivos.

El primer objetivo es metateórico y se cumple en la primera parte del volumen, que comprende los tres primeros capítulos. En ellos ofrezco una interpretación del pasado (capítulo 1), el presente (capítulo 2) y el futuro de la IA (capítulo 3). La primera parte no es una introducción a la IA en un sentido técnico, ni una especie de IA para principiantes. Ya hay muchos libros sobre este tema, entre los que recomendaría el clásico de Russell y Norvig (2018) a cualquiera que esté interesado. Se trata, en cambio, de una interpretación filosófica de la IA como tecnología. Como ya he mencionado, la tesis central que allí se desarrolla es que la IA es un divorcio sin precedentes entre agencia e inteligencia. Sobre esta base, la segunda parte del volumen no persigue una investigación metateórica, sino teórica, de las consecuencias del divorcio mencionado anteriormente. Este es el segundo objetivo. El lector no debería esperar que los principales problemas éticos que afectan a la IA se tratasen como si este fuera un libro de texto. Muchos libros ya tocan todos los temas relevantes sistemáticamente, entre los que recomendaría: Dignum (2019), Coeckelbergh (2020), Moroney (2020), Bartneck *et al.* (2021), Vieweg (2021), Ammanath (2022), Blackman (2022); y los siguientes manuales: Dubber, Pasquale y Das (2020), DiMatteo, Poncibò y Cannarsa (2022), Voeneky *et al.* (2022). En cambio, la segunda parte desarrolla la idea de que la IA es una nueva forma de agencia que puede aprovecharse ética y antiéticamente. Más concretamente, en el capítulo 4, ofrezco una perspectiva unificada de los muchos principios que ya se han propuesto para encuadrar la ética de la IA. Esto nos llevará en el capítulo 5 a analizar los riesgos potenciales que pueden socavar la aplicación de estos principios, así como a un análisis de la relación entre los principios éticos y las normas jurídicas, además de la definición de la ética blanda *[soft ethics]* como una ética post-cumplimiento en el capítulo 6. Después de estos tres capítulos, analizo los retos éticos que plantea el desarrollo y el uso de la IA (capítulo 7), los usos perversos de la IA (capítulo 8) y las buenas prácticas a la hora de aplicación de la IA (capítulo 9). El último grupo de capítulos está dedicado al diseño, desarrollo y despliegue de la IA para el Bien Social o IA-BS. En el capítulo 10 se analizan la naturaleza y las características de IA-BS. En el capítulo 11, reconstruyo las repercusiones positivas y negativas de la IA en el medio ambiente y cómo puede ser una fuerza positiva en la lucha contra el cambio climático —pero no sin riesgos y costes, que pueden y deben evitarse o minimizarse—. En el capítulo 12 amplío el análisis presentado en los capítulos 9 y 10 para debatir la posibilidad de utilizar la IA en apoyo de los diecisiete Objetivos de Desarrollo Sostenible (ODS) *[Sustainable Development Goals]* de las Naciones Unidas (Cowls, Png y Au). Allí presento la Iniciativa de Oxford sobre IAXODS, un proyecto que dirigí y finalicé en 2022. En el capítulo 13, concluyo abogando por un nuevo matrimonio entre el Verde de todos nuestros hábitats y el Azul de todas nuestras tecnologías digitales. Este matrimonio puede apoyar y desarrollar una sociedad mejor y una biosfera más saludable. El libro termina con algunas referencias a conceptos que ocuparán un lugar central en el próximo libro, *The Politics of Information*, dedicado (como ya se ha dicho) al impacto de las tecnologías digitales en la agencia sociopolítica. Todos los capítulos están estrictamente relacionados. Así pues, he añadido referencias internas siempre que pueden ser útiles. Como ha señalado un revisor anónimo, los capítulos podrían leerse en un orden ligeramente diferente. Estoy de acuerdo.

Al igual que los volúmenes anteriores, este también es un libro alemán en cuanto a sus raíces filosóficas. Está escrito desde una perspectiva que busca trascender el cisma analítico/ continental, división que, en mi opinión, está desapareciendo. El lector perspicaz situará fácilmente esta obra dentro de la tradición que vincula el pragmatismo (especialmente Charles Sanders Peirce) con la filosofía de la tecnología (especialmente Herbert Simon).[2] A diferencia del primer volumen, e incluso más que los volúmenes dos y tres, este cuarto volumen es menos neokantiano de lo que esperaba. Y al contrario que los volúmenes dos y tres, también es menos platónico y cartesiano. En resumen, escribirlo me ha hecho tomar conciencia de que estoy escapando del área de influencia de mis tres héroes filosóficos. Esto no estaba previsto, pero es lo que sucede cuando uno sigue su propio razonamiento a dondequiera que le lleve. *Amici Plato, Cartesius et Kant, sed magis amica veritas.* En *The Ethics of Information* escribí que «algunos libros escriben a sus autores». Ahora tengo la impresión de que únicamente los libros malos están totalmente controlados por sus autores; siendo estos algo así como los superventas de aeropuertos.

Con respecto a los volúmenes anteriores, la principal diferencia es que ahora estoy cada vez más convencido de que lo mejor de la filosofía es el *diseño conceptual*. El diseño conceptual nos permite al mismo tiempo desplegar proyectos (comprender el mundo para mejorarlo) y semantizar (dar sentido y significado al Ser, cuidando y enriqueciendo el capital semántico de la humanidad). Todo empezó al darme cuenta de lo obvio, gracias al famosísimo filósofo de Oxford. El verdadero legado de Locke es su pensamiento político, no su epistemología. Quizá Kant no pretendía engañarnos haciéndonos creer que epistemología y ontología son las dos reinas del reino filosófico, pero esa es la forma en que fui educado para pensar sobre

2 El lector puede consultar Allo (2010), Demir (2012) y Durante (2017).

la filosofía moderna. Y tal vez ni Wittgenstein ni Heidegger pensaron que la lógica, el lenguaje y sus filosofías debían reemplazar a las dos reinas como sus únicas herederas legítimas, pero esa es también la forma en que me educaron para pensar en la filosofía contemporánea. En cualquier caso, actualmente ya no sitúo ninguna de estas disciplinas en el centro de la empresa filosófica. En su lugar, hoy miro hacia la ética, la filosofía política y la filosofía del derecho. La búsqueda, la comprensión, la configuración, la aplicación y la negociación de lo moralmente bueno y correcto constituyen el núcleo de la reflexión filosófica. Todo lo demás forma parte del camino necesario para llegar a ese lugar, pero no debe confundirse con el lugar en sí. El *fundacionalismo* filosófico (qué fundamenta qué) es crucial, pero solo con vistas a la *escatología [eschatology]* filosófica (qué motiva qué). Toda buena filosofía es escatológica.

En cuanto al estilo y la estructura de este libro, repetiré aquí lo que escribí en el prefacio de todos los volúmenes anteriores. Soy plenamente consciente de que no se trata de un libro de lectura fácil, por decirlo suavemente, a pesar de mis intentos de hacerlo lo más interesante y fácil de leer posible. Sigo convencido de que la investigación *esotérica* (en el sentido técnico) en filosofía es el único modo de desarrollar nuevas ideas. Pero la filosofía *exotérica* tiene su lugar crucial. Es como la punta más accesible y relevante de la parte más oscura, pero necesaria, del *iceberg* que hay bajo la superficie de la vida cotidiana. El lector interesado en una lectura mucho más ligera que esta puede consultar *The Fourth Revolución: How the Infosphere is Reshaping Human Reality* (Floridi, 2014a) o quizás el aún más fácil *Information, A Very Short Introduction* (Floridi, 2010b).

Como he escrito antes, por desgracia, este libro también requiere no solo un poco de paciencia y un poco de tiempo, sino que también demanda una mente abierta. Se trata de recursos escasos. Durante las tres últimas décadas de debates, he sido plenamente consciente —a veces de forma mucho menos amistosa de lo que me gustaría— de que algunas de las ideas defendidas en este volumen y en los anteriores son controvertidas. No se pretende que lo sean a propósito. Al mismo tiempo, también me he dado cuenta de que a menudo se cometen errores al confiar en «atractores sistémicos»: si una idea nueva se parece un poco a una vieja idea que ya tenemos, entonces la vieja actuará como un imán que atrae casi irresistiblemente a la nueva. Acabamos pensando que «lo nuevo» es igual que «lo viejo» y que, entonces, «lo viejo» no puede ser «lo nuevo» y, por lo tanto, o bien «lo viejo» se puede descartar o, si no nos gusta «lo viejo», «lo nuevo» tampoco nos gusta. Esta es una mala filosofía, pero se requiere de fuerza mental y ejercicio para resistirse a un cambio tan poderoso. Lo sé. Hablo como pecador. En el caso de este libro, me preocupa que algunos lectores se sientan tentados a concluir que es un libro antitecnológico, un libro en el que señalo los límites de la IA o lo que «la IA no puede hacer». También pueden llegar a la conclusión de que este libro es demasiado optimista sobre la tecnología, demasiado enamorado de la revolución digital y de la IA como panacea. Ambas conclusiones son erróneas. El libro es un intento de permanecer en el medio, en un lugar que no es ni el infierno ni el paraíso, sino el laborioso purgatorio de los esfuerzos humanos. Por supuesto, me sentiría decepcionado si me dijeran que he fracasado a pesar de mi intento. Pero me sentiría aún más decepcionado y frustrado si el intento fuera malinterpretado. Hay muchas formas de apreciar la tecnología. Una de ellas es en términos de buen diseño y gobernanza ética, y creo que es el mejor enfoque. El lector no tiene por qué seguirme tan de cerca, pero no debe equivocarse de la dirección que estoy tomando.

Como en los volúmenes anteriores, he incluido resúmenes y conclusiones al principio y al final de cada capítulo, junto con alguna redundancia, para ayudar al lector a acceder más fácilmente al contenido de este libro. En cuanto a la primera característica, sé que es poco ortodoxa. Pero la solución de empezar cada capítulo con un «anteriormente en el capítulo *x*...» debería permitir al lector hojear el texto, o avanzar rápidamente por capítulos enteros del mismo, sin perder lo esencial de la trama. Los aficionados a la ciencia ficción que reconozcan la referencia a *Battlestar Galactica*, que sigue siendo una de las mejores series que he visto nunca, pueden considerar este cuarto volumen como equivalente a la cuarta temporada. Y, por cierto, intenté convencer a un antiguo que me dejara usar la frase «anteriormente, *sobre* el capítulo *x*...», pero me pareció demasiado enrevesada.[3] Uno de los revisores anónimos sugirió suprimir el breve resumen al principio de cada capítulo. Decidí mantenerlos en parte porque creo que, en el mejor de los casos, ayudan y, en el peor, no perjudican, y parcialmente porque es una característica de todos los libros que he publicado en este amplio proyecto.

En cuanto a la segunda característica, al editar la versión final del libro, decidí dejar algunas repeticiones y reformulaciones de temas recurrentes en los capítulos, siempre que me parecía que el lugar en el que se había introducido el contenido original estaba demasiado alejado en términos de páginas o de contexto teórico. Si a veces el lector experimenta algún *déjà vu,* espero que sea siempre en beneficio de la claridad, y más como una característica que como un error.

---

3   En la versión original en inglés, Floridi hace aquí un juego de palabras con las preposiciones *in* y *on* en las expresiones *previously in chapter x...* y *previously, on Chapter x...* Como cabría esperar, este juego de palabras no tiene una correspondencia directa en español. *(N. del T.)*

Un último comentario sobre lo que el lector no encontrará en las páginas siguientes. Esto no es una introducción a la IA o a la ética de la IA. Tampoco pretendo ofrecer una investigación exhaustiva de todas las cuestiones que podrían englobarse bajo la etiqueta de «ética de la IA». Los revisores anónimos me recomendaron suprimir varios capítulos breves en los que trataba de aplicar las ideas desarrolladas en la segunda parte. El lector interesado podrá encontrarlos en la *Social Science Research Network* (SSRN), a mi nombre. Espero trabajar más extensamente en un proyecto de auditoría ética de la IA y la contratación ética de la IA (dos temas cruciales que aún no se han explorado lo suficiente) y he dejado las consideraciones geopolíticas sobre las políticas de IA para *The Politics of Information*. El lector interesado también puede consultar Cath *et al.* (2018) sobre Estados Unidos, la Unión Europea (UE) y Reino Unido (Floridi *et al.*) o Roberts, Cowls, Morley *et al.* (2021) y Hine y Floridi (2022) sobre el enfoque chino. Este tampoco es un libro sobre los aspectos estadísticos y computacionales de las denominadas cuestiones ERT (equidad, responsabilidad y transparencia) o XAI (IA explicable), ni sobre la legislación al respecto. Estos temas solo se abordarán superficialmente en los siguientes capítulos.[4] Este es un libro filosófico sobre algunas de las raíces —y ninguna de las hojas— de algunos de los problemas de la IA de nuestro tiempo. Se trata de una nueva forma de agencia, su naturaleza, alcance y retos. Y sobre cómo aprovechar esta capacidad en beneficio de la humanidad y el medio ambiente.

---

4 Para más información, véase Watson y Floridi (2020), Lee y Floridi (2020) y Lee, Floridi y Denev (2020).

Agradecimientos

Dados los tres primeros volúmenes, me veo obligado a reconocer aquí algunas cosas que ya he reconocido en el pasado. Aun así, la repetición no hace sino reforzar mi profunda gratitud.

Como con las obras anteriores, no podría haber trabajado en un proyecto a tan largo plazo sin dividirlo en tareas factibles y mucho más pequeñas. Me alegra ver que tantos componentes encajan al final. Por supuesto, espero que esto sea síntoma de un proyecto bien planificado. Pero me temo que cuanto mayor me hago, más probable es que se deba a alguna resistencia mental al cambio (también conocida como esclerosis). Las personas mayores no cambian de opinión fácilmente. Y repetir este comentario año tras año no me tranquiliza.

En cuanto a los tres volúmenes anteriores, gran parte del contenido presentado en ellos fue inicialmente ensayado como ponencias en reuniones (congresos, talleres, convenciones, seminarios conferencias, etc.) o artículos de revistas. Para ello, los detalles bibliográficos figuran en la lista de referencias. Esta forma sistemática y gradual de trabajar es laboriosa, pero parece fructífera, y también puede ser inevitable dado el carácter innovador del campo. Ello requiere de una perseverancia y un compromiso que espero no se malogren. He querido evaluar las ideas presentadas en este volumen lo más exhaustivamente posible. La presentación del material y la publicación de los artículos correspondientes me ha dado la oportunidad y el privilegio de recibir una gran cantidad de comentarios de un gran número de excelentes colegas y evaluadores anónimos. Si no les doy las gracias a todos ellos, no es por falta de modales o de espacio; los agradecimientos figuran en las publicaciones correspondientes.

Sin embargo, hay algunas personas a las que me gustaría mencionar explícitamente porque desempeñaron un papel importante a lo largo del proyecto y durante las revisiones del texto final. En primer lugar, a Kia. Llevamos casados tanto tiempo como yo trabajando en el proyecto *Principia*. Sin ella, nunca habría tenido la confianza para emprender semejante tarea ni la energía espiritual para completarla. Se requiere una gran dosis de serenidad para invertir tanto tiempo en el pensamiento filosófico, y Kia es mi musa. Repito algo que ya escribí en los volúmenes anteriores: ella sigue haciendo que nuestra vida sea feliz, y le estoy muy agradecido por las interminables horas que pasamos hablando de los temas del *Principia*, por todas sus agudas sugerencias y por su encantadora paciencia con un marido absolutamente obsesionado, de mente enfocada, que debe ser insoportable para cualquier otra persona. Ojalá poder decir que he contribuido a su investigación en neurociencia ni la mitad de lo que ella ha contribuido a mi desarrollo filosófico. Es un inmenso privilegio poder recibir consejos de una mente brillante y una pensadora elegante. Entre el segundo y este tercer volumen, nos mudamos a la casa de nuestros sueños en Oxfordshire. Es el lugar perfecto para pensar. Y durante la pandemia, disfrutamos de un año de luna de miel. No tuvo precio.

Nikita Aggarwal, Ben Bariach, Alexander Blanshard, Tim Clement-Jones, Josh Cowls, Sue Daley, Massimo Durante,

Emmie Hine, Joshua Jaffe, Thomas C. King, Michelle Lee, Jakob Mökander, Jessica Morley, Claudio Novelli, Carl Öhman, Huw Roberts, Andreas Tsamados, Ugo Pagallo, David Sutcliffe, Mariarosaria Taddeo, Vincent Wang, David Watson, Marta Ziosi, así como muchos estudiantes, miembros y visitantes del Digital Ethics nuestro grupo de investigación en Oxford y el Centro de Ética Digital de Bolonia, quienes fueron generosos con su tiempo y sus ideas en los últimos años. Me han brindado numerosas oportunidades de debate y reflexión sobre los temas analizados en este libro. También me han salvado de errores embarazosos más veces de las que puedo recordar. Gran parte de la investigación que ha dado lugar a este libro se ha hecho en colaboración con ellos, al punto de considerarlos a todos como coautores en lo que respecta al valor intelectual de los capítulos que siguen. Aun así, yo siendo el único responsable de las deficiencias. Más concretamente, muchos capítulos se basan en publicaciones anteriores, y esta es la lista: capítulo 3, Floridi (2019f) y Floridi (2020a); capítulo 4, Floridi y Cowls (2019); capítulo 5, Floridi (2019e); capítulo 6, Floridi (2018a); capítulo 7, Tsamados *et al.* (2020); capítulo 8, King *et al.* (2019); capítulo 9, Floridi *et al.* (2020); capítulo 10, Floridi *et al.* (2018) y Roberts, Cowls, Hine, Mazzi *et al.* (2021); capítulo 11, Cowls *et al.* (2021a); capítulo 12, Floridi y Nobre (2020). Estoy muy agradecido a todos los coautores por nuestras fructíferas colaboraciones y por su permiso para reutilizar nuestro trabajo.

He aprendido mucho de los colegas con los que he interactuado, aunque me hubiera gustado poder aprender más. Una diferencia importante con respecto a los tres volúmenes anteriores es que, en este caso, también he aprendido mucho de mis interacciones con expertos que trabajan en empresas como DeepMind, Deloitte, EY, Facebook, Fujitsu, Google,

IBM, IVASS, Intesa Sanpaolo McKinsey, Microsoft, Vodafone, SoftBank y muchas otras. También aprendí de instituciones, como la Comisión Europea, el Supervisor Europeo de Protección de Datos (Grupo Consultivo de Ética del SEPD), el Consejo de Europa, la Cámara de los Comunes, la Cámara de los Lores, el Centre for Data Ethics and Innovation, la Digital Catapult, la Information Commissioner's Office (ICO), el Instituto Alan Turing, la Autoridad de Conducta Financiera (FCA), el Vodafone Institute, la Audi Foundation Beyond, Atomium-European Institute for Science, etc. La importancia y trascendencia de algunos de los problemas que analizo en este libro no habrían sido tan evidentes de no haber sido por el control de la realidad que me ha proporcionado el mundo de los negocios, la política y la sociedad civil.

Ya he dicho que Peter Momtchiloff fue fundamental en la realización de los tres volúmenes (tanto por su previsora invitación a publicarlos en Oxford University Press como por su apoyo y su firme paciencia cuando parecía que nunca los terminaría). Lo mismo cabe decir para este volumen, con un agradecimiento especial que deseo reiterar aquí: él fue quien me hizo darme cuenta de que sería mejor publicar *Ética de la inteligencia artificial* y *Política de la información* en dos volúmenes separados.

Danuta Farah y Krystal Whittaker, mis asistentes personales, me han proporcionado un apoyo excepcional y una impecable capacidad de gestión, sin las cuales no habría podido completar este proyecto.

La investigación que ha dado lugar a este libro ha contado con el apoyo, en distintos grados y formas, de varias becas en los últimos años. Deseo expresar aquí mi reconocimiento a las siguientes fuentes: el Alan Turing Institute; Atomium-European Institute for Science, Media and Democracy; Engineering and Physical Sciences Research Council (EPSRC); Comisión Europea, Horizonte 2020; Comisión Europea, Programa de becas Marie Skłodowska-Curie; Facebook; Fujitsu; Google; Microsoft; Tencent; el Fondo John Fell de la Universidad de Oxford; y el Alma Mater, Università di Bologna.

En cuanto a la divulgación, he participado en muchas iniciativas y proyectos relacionados con los temas tratados en este libro. Me temo que la lista es larga, pero aquí está en orden cronológico desde 2014: presidente del Consejo de Ética del Clúster Ciencia de la Inteligencia (SCIOI), Iniciativa de Excelencia Alemana, Deutsche Forschungsgemeinschaft (DFG, Fundación Alemana de Investigación); miembro del Consejo Asesor del Instituto de Inteligencia Artificial del Ministerio de Asuntos Exteriores de Reino Unido; miembro del Consejo Asesor del Instituto Vodafone para la Inteligencia Artificial del Reino Unido; miembro del Vodafone Institute for Society and Communications; miembro del Consiglio Scientifico, Laboratorio de Tecnología Humana, Università Cattolica del Sacro Cuore, Italia; miembro del Consejo Ético, MediaFutures: Research Centre for Responsible Media Technology & Innovation, Universidad de Bergen, Noruega; presidente del Comité de Ética del proyecto Machine Intelligence Garage, Digital Catapult, Programa de Innovación del Reino Unido; miembro del Consejo del Centre for Data Ethics; miembro del Consejo del Centro de Ética e Innovación de Datos (CDEI), Reino Unido; miembro del Information Commissioner's Office (ICO), Reino Unido; miembro de la Junta Asesora de Inteligencia Artificial de EY; miembro de la Junta Asesora de Leonardo Cività dello Stato, Italia; miembro del Consejo de Administración del Centro Europeo de Ética e Innovación de Datos (CDEI), Reino Unido; miembro del Consejo Asesor del Instituto para la Inteligencia Arti-

ficial Ética en la Educación (IEEE); miembro del Institute for
Ethical AI in Education (IEAIE), Reino Unido; miembro del
Comité del Vaticano sobre la Ética de la Inteligencia Artifi-
cial; miembro del Consejo Asesor sobre Ética Tecnológica del
Grupo Parlamentario Multipartidista sobre Análisis de Datos
(IAPPGDA), Reino Unido; miembro del Consejo Asesor sobre
Open Finance, Financial Conduct Authority (FCA), Reino
Unido; miembro del Comité de Expertos del Consejo de
Europa sobre las Dimensiones de los Derechos Humanos
del Tratamiento Automatizado de Datos y las Diferentes
Formas de Inteligencia Artificial (MSI-AUT) - Comité Direc-
tor Ministerial sobre Medios de Comunicación y Sociedad
de la Información (CDMSI); miembro del Consejo Asesor
Externo de Tecnología Avanzada de Google; miembro del
Consejo del Foro Económico Mundial sobre el Futuro de la
Tecnología, los Valores y la Política; presidente del Comité
Científico de AI4People, «primer foro global europeo sobre
el impacto social de la IA»; presidente del Consejo Asesor de
la Conferencia Internacional de Comisarios de Protección
de Datos y Privacidad, SEPD, UE, 2018; presidente del Consejo
Asesor Ético de IMI-EMIF, el Marco Europeo de Información
Médica de la UE; presidente del Grupo de Trabajo sobre Ética
Digital de Facebook; presidente del Grupo de Ética de los
Datos del Alan Turing Institute, Reino Unido; miembro
del Science Panel, Commitment to Privacy and Trust in
Internet of Things Security (ComPaTrIoTS) Research Hub,
Consejo de Investigación de Ingeniería y Ciencias Físicas,
Reino Unido; miembro del comité sobre las dimensiones
éticas de la protección de datos, SEPD, UE; miembro del grupo
de trabajo sobre gobernanza de datos de la Royal Society y
la British Academy; Reino Unido; copresidente del Grupo
de Trabajo sobre Ética en la Ciencia de Datos, Oficina del

Gabinete, Reino Unido; miembro del Consejo Asesor de Google sobre el Derecho al Olvido. La lista debería estar completa, pero si he olvidado alguna fuente de financiación o papel que haya podido desempeñar en los últimos años y que debería mencionarse aquí, espero que me perdonen.

La redacción final de este libro ha sido posible gracias a un año sabático, por el que estoy muy agradecido a la Universidad de Oxford, y el extraordinario apoyo de la Universidad de Bolonia. Tengo el privilegio de trabajar para instituciones tan asombrosas.

Materiales auxiliares

ÍNDICE DE IMÁGENES

39

ÍNDICE DE TABLAS

LISTA DE LOS ACRÓNIMOS Y LAS ABREVIACIONES
MÁS FRECUENTES

AA — agente artificial
AIE — análisis de impacto ético
Alice — un agente humano estándar
AM — aprendizaje automatizado o de máquinas
Bob — un agente humano estándar
DIA — delito a partir de la inteligencia artificial
GEE — grupo europeo sobre la ética en ciencia y nuevas
tecnologías (European Group on Ethics in Science
and New Technologies)
GEI — gas de efecto invernadero

IAG	inteligencia artificial general
IA	inteligencia artificial
IACS	inteligencia artificial como servicio
IA-BS	inteligencia artificial por el bien social
IAXODS	inteligencia artificial por los Objetivos de Desarrollos Sostenible
IIR	innovación e investigación responsable
IELS	implicaciones éticas, legales y sociales
JRT	justicia, responsabilidad y transparencia
NdA	nivel de abstracción
NHS	Servicio Nacional de Salud de Reino Unido
OCED	Organización para la Cooperación Económica y el Desarrollo
ODS	Objetivos de Desarrollo Sostenible de las Naciones Unidas
RGA	redes generativas de adversario
RGPD	regulación general de protección de datos (General Data Protection Regulation)
SEPD	supervisor europeo de la protección de datos (European Data Protection Supervisor)
SMA	sistemas multiagente
TGP	transformadores generativos preentrenados
TIH	tareas de inteligencia humana
TIC	tecnología de la información y la comunicación
UIT	unión internacional de telecomunicación
UE	Unión Europea
UUV	vehículo submarino no tripulado

El uso de «Alice» como un sinónimo de «agente» no es simplemente una referencia propia de Oxford. Aquellos lectores familiarizados con la bibliografía sobre información cuántica reconocerán «Alice» o «Bob» como los nombres o etiquetas más memorables empleadas para agentes abstractos o partículas (véase https://es.wikipedia.org/wiki/Alice_y_Bob [página consultada el 17/4/2024]).

Primera parte · Entendiendo la IA

La primera parte del libro puede leerse como una breve introducción filosófica al pasado, presente y futuro de la inteligencia artificial (IA). Consta de tres capítulos. Estos proporcionan en conjunto el marco conceptual necesario para comprender la segunda parte del libro, que aborda algunas cuestiones éticas acuciantes planteadas por la IA. En el capítulo 1, reconstruyo la aparición de la IA en el pasado, no desde el punto de vista histórico ni tecnológico, sino conceptual y en términos de las transformaciones que han conducido a los sistemas de IA que se utilizan hoy en día. En el capítulo 2 articulo una interpretación de la IA contemporánea en términos de una reserva de agencia posibilitada por dos factores: el divorcio entre (a) la capacidad de resolver problemas y completar tareas para alcanzar un objetivo y (b) la necesidad de ser inteligente al hacerlo; y la progresiva transformación de nuestro entorno en una infoesfera favorable a la IA. Este último factor hace que el divorcio entre agencia e inteligencia no solo sea posible, sino exitoso. En el capítulo 3, concluyo la primera parte del volumen examinando los posibles avances de la IA en un futuro próximo, insisto, no desde el punto de vista técnico o tecnológico, sino conceptualmente y en términos de los tipos preferentes de datos requeridos y las clases de problemas más fácilmente abordables por la IA.

1. Pasado: el surgimiento de la IA

RESUMEN

El apartado 1 comienza ofreciendo una breve visión general de cómo los avances digitales han conducido a la actual disponibilidad y éxito de los sistemas de IA. El apartado 2 interpreta el impacto disruptivo de las tecnologías, las ciencias, las prácticas, los productos y los servicios digitales —en pocas palabras, «lo digital»— que se debe a su capacidad para cortar y pegar realidades e ideas que hemos heredado de la Modernidad. A esto lo llamo el poder de corte de lo digital. Lo ilustro con algunos ejemplos particulares. A continuación, lo utilizo para interpretar la IA como una nueva forma de «agencia inteligente» resultante de la disociación digital de la agencia y la inteligencia, un fenómeno sin precedentes que ha provocado algunas distracciones y malentendidos como, por ejemplo, «la singularidad». El apartado 3 presenta una breve digresión sobre la agencia política, el otro tipo significativo de agencia transformado por el poder de corte de lo digital. En ella se explica brevemente por qué la agencia política es esencial y de gran relevancia, aunque quede fuera del alcance de este libro. El apartado 4 vuelve a la cuestión principal de la interpretación conceptual de la IA e introduce el capítulo 2 recordando al lector la dificultad de definir y caracterizar la IA. En el apartado final sostengo que el *diseño* es la contrapartida del poder de corte de lo digital y anticipo algunos de los temas que se tratarán en la segunda mitad del libro.

1. Introducción: revolución digital e IA

En 1964, Paramount Pictures distribuyó *Robinson Crusoe en Marte*. La película trataba sobre las aventuras del comandante Christopher «Kit» Draper (Paul Mantee), un astronauta estadounidense náufrago en Marte. Dedique el lector unos minutos a verla en YouTube y verá lo radicalmente que ha cambiado el mundo en unas pocas décadas. En particular, el ordenador de la película parece un motor victoriano con palancas, engranajes y diales —una pieza de arqueología que podría haber utilizado el Dr. Frankenstein—. Y, sin embargo, hacia el final de la de la historia, Friday (Victor Lundin) es rastreado por una nave extraterrestre a través de sus brazaletes, una pieza de futurología que parece inquietantemente premonitoria.

Robinson Crusoe en Marte pertenecía a una época diferente, tecnológica y culturalmente más cercana al siglo pasado que al actual. Esta nos muestra una realidad *moderna*, no *contemporánea*, basada en *hardware*, no en *software*. Todavía estaban por llegar los portátiles, internet, los servicios web, las pantallas táctiles, los *smartphones,* los *smartwatches,* las redes sociales, las compras en línea, el *streaming* de vídeo y música, los coches sin conductor, los cortacéspedes robotizados, los asistentes virtuales y el metaverso. La IA era principalmente un proyecto, no una realidad. La película muestra una tecnología de tuercas, tornillos y mecanismos que siguen las toscas leyes de la física newtoniana. Era una realidad analógica basada en átomos y no en *bytes*. Esta realidad es la que los *millennials* nunca han experimentado, habiendo nacido desde principios de los años ochenta en adelante. Para ellos, un mundo sin tecnologías digitales es como lo que fue para mí un mundo sin coches (casualmente, nací en 1964): algo de lo que solo había oído hablar a mi abuela.

A menudo se suele afirmar que un teléfono inteligente tiene mucha más capacidad de procesamiento contenida en unos pocos centímetros que la que empleó la NASA para enviar a Neil Armstrong a la Luna cinco años después de *Robinson Crusoe en Marte*, en 1969. Tenemos toda esta potencia a un coste casi insignificante. Para el quincuagésimo aniversario del alunizaje, en 2019, muchos artículos publicaron comparaciones y aquí algunos datos asombrosos. El ordenador guía del Apolo 11 tenía 32 768 bits de memoria de acceso aleatorio o RAM (Floridi *et al.*) y 589 824 bits (72 KB) de memoria de solo lectura o ROM. No se podría haber almacenado este libro en él. Cincuenta años después, el teléfono viene con 4 GB de RAM y 512 GB de ROM. Eso es alrededor de un millón de veces más RAM y 7 millones de veces más ROM. En cuanto al procesador, el AGC funcionaba a 0,043 MHZ. El procesador medio de un iPhone funciona a 2490 MHZ, es decir, unas 58 000 veces más rápido. Para hacerse una idea más clara de esta aceleración quizá pueda ser útil otra comparación. De media, una persona suele caminar a un ritmo de 5 km/h. Un avión hipersónico viaja algo más de mil veces más rápido, a 6 100 km/h, algo más de cinco veces la velocidad del sonido. Imagínese multiplicar esta última cantidad por 58 000.

¿Adónde han ido a parar toda esta velocidad y capacidad computacional? La respuesta aquí es doble: viabilidad y usabilidad. En términos de aplicaciones, cada vez podemos hacer más. Podemos hacerlo de manera cada vez más fácil, no solo en términos de programación, sino sobre todo en términos de experiencia del usuario. Los vídeos, por ejemplo, consumen muchos recursos informáticos. Lo mismo ocurre con los sistemas operativos. La IA es posible hoy también precisamente porque tenemos la capacidad computacional necesaria para ejecutar su *software*.

Gracias a este crecimiento alucinante de las capacidades de almacenamiento y procesamiento a costes cada vez más asequibles, miles de millones de personas están conectadas hoy en día. Pasan muchas horas en línea cada día. Según Statista.com, por ejemplo, «en 2018, el tiempo medio de uso de internet [en Reino Unido] era de 25,3 horas a la semana. Esto supuso un aumento de 15,4 horas en comparación con 2005».[1] Esto dista mucho de ser inusual, y la pandemia ha hecho aún más significativo este aumento. Volveré sobre este punto en el capítulo 2, pero otra razón por la que la IA es posible hoy es porque cada vez pasamos más tiempo en contextos digitales y favorables a la IA.

Más memoria, capacidad, velocidad y entornos e interacciones digitales han generado más datos en unas cantidades astronómicas. Todos hemos visto diagramas con curvas exponenciales que indican cantidades que ni siquiera sabemos imaginar. Según la empresa de inteligencia de mercado IDC,[2] en el año 2018 la humanidad alcanzó los 18 *zettabytes* de datos (ya sean creados, capturados o replicados). Este asombroso crecimiento de la cantidad de datos existentes no muestra signos de doblegarse; de hecho, aparentemente alcanzará los 175 *zettabytes* en 2025. Esto es difícil de entender en términos

---

1 «As of 2018, the average time spent using the internet [in the UK] was 25.3 hours per week. That was an increase of 15.4 hours compared to 2005». https://www.statista.com/statistics/300201/hours-of-internet-use-per-week-per-person-in-the-uk/ [consultado el 16/4/2024].

2 Véase la discusión en https://www.seagate.com/gb/en/our-story/data-age-2025/ [consultado el 16/4/2024].

de cantidad, pero hay dos consecuencias que merecen un momento de reflexión.[3] En primer lugar, la velocidad y la memoria de nuestras tecnologías digitales no crecen al mismo ritmo que el universo de datos. Así pues, estamos pasando rápidamente de una cultura del almacenaje a otra del borrado. La cuestión ya no es qué guardar, sino qué borrar para dejar espacio a nuevos datos. En segundo lugar, la mayoría de los datos disponibles se han creado desde la década de 1990 (aun si incluimos cada palabra pronunciada, escrita o impresa en la historia de la humanidad e incluso todas las bibliotecas o archivos que han existido). Basta con mirar cualquiera de esos diagramas en línea que ilustran la explosión de datos: lo asombroso no solo está a la derecha, hacia donde va la flecha del crecimiento, sino también a la izquierda, desde donde empieza. Eso era tan solo hace un puñado de años. Debido a que todos los datos que tenemos fueron creados por la generación actual, estos también se están quedando anticuados en términos de su soporte y sus tecnologías obsoletas. Así que su conservación será una cuestión cada vez más acuciante.

Más capacidad computacional y más datos han hecho posible el paso de la lógica a la estadística. Las redes neuronales, que antes únicamente tenían interés teórico,[4] se han convertido en herramientas habituales del aprendizaje automático o de máquina (AM). La antigua IA era principalmente simbólica y podía interpretarse como una rama de la lógica matemática, pero la nueva IA es sobre todo conexionista y puede interpretarse como una rama más de la estadística. El principal caballo de batalla de la IA ya no es la deducción lógica, sino la inferencia estadística y la correlación.

3 Lo analizo en Floridi (2014a).
4 He discutido algunas de estas redes en un libro de finales de la década de 1990 (Floridi, 1999).

La capacidad y velocidad computacional, el tamaño de la memoria, el volumen de datos, los efectos de los algoritmos y herramientas estadísticas y el número de interacciones *online* han ido creciendo increíblemente rápido. Esto también se debe a que (en este caso, la conexión causal va en ambos sentidos) el número de dispositivos digitales que interactúan entre sí ya es varias veces mayor que la cantidad de seres humanos. Así, la mayor parte de la comunicación es ahora de máquina a máquina, sin intervención humana. Tenemos robots informatizados en Marte controlados a distancia desde la Tierra. El comandante Christopher «Kit» Draper los habría encontrado absolutamente asombrosos.

Todas las tendencias que acabamos de mencionar seguirán creciendo, sin descanso, en un futuro próximo. Han cambiado la forma en que aprendemos, jugamos, trabajamos, amamos, odiamos, elegimos, decidimos, producimos, vendemos, compramos, consumimos, creamos publicidad, nos divertimos, cuidamos a otros y nos cuidamos a nosotros, socializamos, nos comunicamos los unos con los otros, etc. Parece imposible localizar un rincón de nuestras vidas que no se haya visto afectado por la revolución digital. Desde hace aproximadamente medio siglo, nuestra realidad es cada vez más digital. Esta se compone de ceros y unos y funciona con *software* y datos en lugar de con *hardware* y átomos. Cada vez más personas viven más *onlife* (Floridi, 2014b), tanto conectados *[online]* como desconectados *[offline]*, y en la infoesfera, tanto digital como analógicamente.

Esta revolución digital también afecta a cómo conceptualizamos y entendemos nuestra realidad, que se interpreta cada vez más en términos computacionales y digitales. Basta pensar en la «vieja» analogía entre el ADN y el «código», que ahora damos por sentada. La revolución ha impulsado el desarrollo de la IA, ya que compartimos nuestras experiencias vitales y nuestros entornos de infoesfera con agentes artificiales (AA), ya sean algoritmos, *bots* o robots. Para entender lo que puede representar la IA —sostendré que esta constituye una nueva forma de agencia, no de inteligencia— hay que decir más sobre el impacto de la propia revolución digital. Esa es precisamente la tarea de este capítulo. Solo comprendiendo la trayectoria conceptual de sus implicaciones podremos enfocar correctamente la naturaleza de la IA (capítulo 2), su posible evolución (capítulo 3) y sus retos éticos (segunda parte del libro).

2. EL PODER DE CORTE DE LO DIGITAL: CORTAR Y PEGAR LA MODERNIDAD

Las tecnologías digitales, las ciencias, las prácticas, los productos y los servicios digitales —en resumen, *lo digital* como fenómeno global— están transformando profundamente la realidad. Esto es obvio e indudable. Las verdaderas preguntas son *por qué, cómo* y *para qué*, especialmente en lo que se refiere a la IA. En cada caso, la respuesta está lejos de ser trivial y por supuesto se encuentra abierta a debate. Para explicar las respuestas que me parecen más convincentes e introducir así una interpretación de la IA como una reserva cada vez mayor de «agencia inteligente» *[smart agency]* en el próximo capítulo, permítanme empezar *in medias res*, es decir, desde el *cómo*. Así será más fácil retrotraernos para entender el *por qué* y luego adelantarnos para tratar el *para qué,* antes de vincular las respuestas a la aparición de la IA.

Diríamos que lo digital «corta y pega» nuestras realidades, tanto ontológica como epistemológicamente. Con esto me refiero a que lo digital acopla, desacopla o reacopla características del mundo (nuestra ontología) y, por tanto, nuestras asunciones sobre el mundo (nuestra epistemología), las cuales parecían inmutables. De este modo, lo digital rompe y reconstruye los «átomos» de nuestra experiencia y cultura «modernas», por así decirlo. Remodela por completo el cauce del río, por utilizar una metáfora wittgensteiniana. Los siguientes ejemplos preliminares nos ayudarán a iluminar esta idea.

Consideremos en primer lugar uno de los casos más significativos de acoplamiento. La identidad propia y los datos personales no siempre han estado unidos de manera tan indistinguible como ahora, cuando hablamos de la «identidad personal» de los «sujetos de los datos». En este sentido, los registros censales son muy antiguos (Alterman, 1969), y la invención de tecnologías como la fotografía han tenido un enorme impacto en la privacidad (Warren y Brandeis, 1890). Durante la Primera Guerra Mundial, los gobiernos europeos obligaron a viajar con pasaporte por motivos de migración y seguridad, ampliando así el control del Estado sobre los medios de movilidad (Torpey, 2000). Pero ha sido únicamente lo digital, con su inmenso poder para registrar, controlar, compartir y procesar cantidades ilimitadas de datos sobre quién es (digamos) Alice, lo que ha permitido acoplar su identidad personal y su perfil, junto con información personal sobre ella. La privacidad se ha convertido en un problema acuciante también, si no principalmente, debido a este acoplamiento. Hoy, al menos en la legislación de la UE, la protección de datos se debate en términos de dignidad humana (Floridi, 2016c) y de identidad personal (Floridi, 2005a), con los ciudadanos tratados como «sujetos de datos».

El siguiente ejemplo se refiere a la «localización», la «presencia», y la «disociación» de ambas. En un mundo digital, es obvio que uno puede estar físicamente situado en un lugar (por ejemplo, una cafetería) e interactivamente presente en otro (por ejemplo, una página de Facebook). Sin embargo, todas las generaciones pasadas que vivieron en un mundo exclusivamente analógico concebían y experimentaban la ubicación y la presencia como dos facetas inseparables del mismo problema humano: estar situado en el espacio y el tiempo, es decir, aquí y ahora. La acción a distancia y la telepresencia pertenecían cuanto menos a mundos mágicos o de ciencia ficción. Hoy, esta disociación entre localización y presencia refleja simplemente la experiencia ordinaria en cualquier sociedad de la información (Floridi, 2005b). Somos la primera generación para la que «¿dónde estás?» no es solo una pregunta retórica. Por supuesto, la disociación no ha cortado todos los vínculos. La geolocalización solo funciona si se puede controlar la telepresencia de Alice. Y la telepresencia de Alice solo es posible si está situada en un entorno físicamente conectado. Pero ahora las dos cosas se distinguen por completo y, de hecho, su disociación ha degradado ligeramente la localización en favor de la presencia. Porque si lo único que Alice necesita y le interesa es estar digitalmente presente e interactiva en un rincón concreto de la infoesfera, no importa en qué lugar del mundo se encuentre analógicamente, ya sea en su casa, en un tren o en la oficina. Por eso, los bancos, las librerías, las bibliotecas y los comercios son todos lugares de «presencia» que permiten reconfigurar nuestra «localización». Cuando una tienda abre una cafetería, trata de pegar la presencia y la ubicación de los clientes —una conexión que la experiencia digital ha cortado.

Consideremos a continuación la disociación entre el «derecho» y la «territorialidad». Durante siglos, aproximadamente desde la Paz de Westfalia de 1648, la geografía política ha proporcionado a la jurisprudencia una respuesta fácil a la cuestión de la amplitud de una sentencia: debe aplicarse hasta las fronteras nacionales dentro de las cuales opera la autoridad jurídica. Ese acoplamiento podría resumirse como «mi lugar, mis normas; tu lugar, tus normas». Ahora puede parecer obvio, pero ha costado mucho tiempo e inmensos sufrimientos llegar a un planteamiento tan sencillo. El planteamiento sigue siendo perfectamente válido hoy en día, si solo se opera en un espacio físico analógico.

Sin embargo, internet no es un espacio físico. El problema de la territorialidad surge de un desacoplamiento ontológico entre el espacio normativo del derecho, el espacio físico de la geografía y el espacio lógico de lo digital. Se trata de una «geometría» nueva y variable que aún estamos aprendiendo a gestionar. Por ejemplo, la disociación entre el derecho y la territorialidad se hizo evidente y problemática con el debate sobre el llamado «derecho al olvido» (Floridi, 2015a). Los motores de búsqueda operan en un espacio lógico conformado por líneas de nodos, enlaces, protocolos, recursos, servicios, URL (siglas de «localizadores de recursos uniformes»), interfaces, etc. Esto significa que todo está a un clic de distancia. Por lo tanto, es difícil aplicar el derecho al olvido pidiendo a Google que elimine los enlaces a la información personal de alguien de su versión *punto com* en Estados Unidos debido a una decisión adoptada por el Tribunal de Justicia de la Unión Europea (TJUE); aunque esa decisión pueda parecer inútil, a menos que los enlaces se eliminen de todas las versiones del motor de búsqueda.

Obsérvese que este desajuste entre espacios causa problemas y a la vez aporta soluciones. La no-territorialidad de lo digital hace maravillas para la circulación de la información sin obstáculos. En China, por ejemplo, el gobierno debe hacer un esfuerzo constante y sostenido para controlar la información *online*. En este sentido, el Reglamento General de Protección de Datos (en adelante «RGPD») debe ser admirado por su capacidad de explotar el «acoplamiento» de la identidad y la información personal para eludir el control de los datos personales sobrepasando el «desajuste» entre la ley y la territorialidad. Lo hace cimentando la protección de los datos personales sobre la identidad de las personas (a quienes están «vinculados», lo que ahora es crucial) en lugar de sobre la información personal (dónde están siendo procesados, lo que ya no es relevante).

Por último, aquí nos encontramos un acoplamiento que resulta ser más exactamente un reacoplamiento. En su libro de 1980, *The Third Wave*, Alvin Toffler acuñó el término «prosumidor» *(prosumer)* para referirse a la difuminación y la confluencia del papel de productores y consumidores (Toffler, 1980). Toffler atribuyó esta tendencia a la saturación del mercado y a la proliferación de productos estandarizados, lo que provocó un proceso de personalización masiva, que a su vez condujo a la creciente participación de los consumidores como productores de sus propios productos personalizados. La idea fue anticipada en 1972 por Marshall McLuhan y Barrington Nevitt, que atribuyeron el fenómeno a las tecnologías basadas en la electricidad. Más tarde pasó a referirse al consumo de información producida por la misma población de productores, como en YouTube. Sin conocer estos precedentes, introduje la palabra «prudumidor» *(produmer)* para captar el mismo fenómeno casi veinte años después de Toffler.[5] Pero en todos estos casos, lo que está en juego no es meramente un nuevo acoplamiento. Más exactamente, se trata de un reacoplamiento.

---

5 En Floridi (1999); véase también Floridi (2004, 2014b). Debería haberlo sabido y haber utilizado el término «prosumidor» de Toffler.

Durante la mayor parte de nuestra historia (aproximadamente el 90%; véase Lee y Daly [1999]), hemos vivido en sociedades de cazadores-recolectores, rastreando comida para sobrevivir. Durante este tiempo, los productores y los consumidores frecuentemente se solapaban. Los prosumidores que cazaban animales salvajes y recolectaban plantas silvestres eran, en otras palabras, la normalidad y no la excepción. Solo a partir del desarrollo de las sociedades agrarias, hace unos 10 000 años, hemos visto una separación completa (y culturalmente obvia) entre productores y consumidores. Pero en algunos rincones de la infoesfera, esa disociación se está reacoplando. En Instagram, TikTok o Clubhouse, por ejemplo, consumimos precisamente aquello que producimos. Se podría afirmar que, en algunos casos, este paréntesis neolítico está llegando a su fin y que los prosumidores están de vuelta, reacoplados por lo digital. En consecuencia, es coherente que el comportamiento humano *online* se haya comparado y estudiado en términos de modelos de forrajeo desde la década de 1990 (Pirolli y Card, 1995; 1999; Pirolli, 2007).

El lector puede enumerar fácilmente más casos de acoplamiento, desacoplamiento y reacoplamiento. Piense, en la diferencia entre «realidad virtual» (desacoplamiento) y «realidad aumentada» (acoplamiento); la disociación ordinaria entre el «uso» y la «propiedad» en la economía participativa; la de la «autenticidad» y la «memoria» gracias al *blockchain;* o el debate actual sobre una renta básica universal, que es un caso de disociación entre «salario» y «trabajo». Pero es hora de pasar del *cómo* al *por qué.* ¿Por qué lo digital tiene el «poder de corte»[6] para acoplar, desacoplar y reacoplar el mundo y

---

6 *Cleaving power.* He elegido *cleaving* («escindir») como término especialmente adecuado para referirme al poder de des/reacoplamiento de lo digital porque tiene dos significados: (a) «partir o cortar algo» *(to slit or sever something),* es-

nuestra comprensión de este? ¿Por qué otras innovaciones tecnológicas parecen carecer de un impacto similar? La respuesta, supongo, está en la combinación de dos factores.

Por un lado, lo digital es una «tecnología de tercer orden» (Floridi, 2014a). No es solo una tecnología entre nosotros y la naturaleza, como un hacha (primer orden), o una tecnología entre nosotros y otra tecnología, como un motor (segundo orden). Es más bien una tecnología entre una tecnología y otra tecnología, como, por ejemplo, un sistema informático que controla un robot que pinta un coche (tercer orden). Debido a la capacidad de procesamiento autónomo de lo digital, es posible que ni siquiera nosotros participemos en este bucle entre distintas tecnologías.

Por otra parte, lo digital no se limita a mejorar o aumentar la realidad. Lo digital transforma radicalmente la realidad porque crea nuevos entornos que habitamos y nuevas formas de agencia con las que interactuamos. No existe un término para esta profunda forma de transformación. En el pasado (Floridi, 2010b), utilicé la expresión *reontologización* para referirme a un tipo de reconfiguración muy radical. Este tipo de reconfiguración no solo diseña, construye o estructura de nuevo un sistema (por ejemplo, una empresa, una máquina

---

pecialmente a lo largo de una línea o veta natural; y (b) «pegarse o adherirse fuertemente a» *(to stick fast or adhere strongly to something)*. Esto puede parecer contradictorio, pero se debe al hecho de que *cleaving* es el resultado de la fusión en una sola grafía, y por tanto en un doble significado, de dos palabras distintas: (a) proviene del inglés antiguo *cleofan*, relacionado con el alemán *klieben* («cortar»); mientras que (b) proviene del inglés antiguo *clifian*, relacionado con el alemán *kleben* (pegarse). Estos tienen raíces protoindoeuropeas muy diferentes; véase http://www.etymonline.com/index.php?term=cleave [consultado el 16/4/2024]. (En castellano no existe ningún verbo que cumpla claramente con el doble significado de «cortar» y «pegar» que Floridi atribuye a término inglés *cleaving [N. del T.]*).

o un artefacto), sino que transforma fundamentalmente la naturaleza intrínseca del propio sistema, es decir, su ontología. En este sentido, las nanotecnologías y las biotecnologías no se limitan a rediseñar, sino que reontologizan nuestro mundo. Y al «reontologizar la Modernidad», por decirlo brevemente, lo digital está también «*reepistemologizando* la mentalidad moderna» (es decir, muchas de nuestras antiguas concepciones e ideas).

En conjunto, todos estos factores sugieren que lo digital debe su poder de ruptura a que es una tecnología de tercer orden, reontologizadora y reepistemologizadora. Por eso hace lo que hace, y por eso ninguna otra tecnología se ha acercado a un efecto similar.

3. NUEVAS FORMAS DE AGENCIA

Si todo esto es aproximadamente correcto, nos puede ayudar a comprender algunos fenómenos relativos a la transformación de la morfología de la agencia en la era digital, y por lo tanto sobre las «formas de agencia» que a primera vista parecen no estar relacionadas. Su transformación depende de lo digital, pero su interpretación puede deberse a un malentendido implícito sobre este poder de corte y sus crecientes, profundas y duraderas consecuencias. Me refiero a la «agencia política» como democracia directa y a la «agencia artificial» como IA. En ambos casos, la reontologización de la agencia aún no ha ido seguida de una reepistemologización adecuada de su interpretación. O, dicho de un modo menos preciso, pero quizá más intuitivo: lo digital ha cambiado la naturaleza de la agencia, pero seguimos interpretando el resultado de tales cambios desde una mentalidad moderna, y esto está generando un profundo malentendido.

La clase de agencia a la que me refiero no es la que más se discute en filosofía o psicología, que implica estados mentales, intencionalidad y otros rasgos típicamente ligados a los seres humanos. La agencia de la cual se trata en este libro es la que se suele encontrar en la informática (Russell y Norvig, 2018) y en la bibliografía sobre sistemas multiagente (SMA) (Weiss, 2013; Wooldridge, 2009). Esta agencia es algo más minimalista y requiere que un sistema satisfaga solo tres condiciones básicas: este puede

1. recibir y utilizar datos del entorno, a través de sensores u otras formas de entrada de datos de entrada;
2. emprender acciones basadas en los datos de entrada, de forma autónoma, para alcanzar objetivos, mediante actuadores u otras formas de salida, y
3. mejorar su rendimiento aprendiendo de sus interacciones.

Un agente similar puede ser artificial (por ejemplo, un *bot*), biológico (por ejemplo, un perro), social (por ejemplo, una empresa, o un gobierno), o híbrido. En lo sucesivo, diré algo muy breve sobre la agencia política y la democracia directa, ya que este libro se centrará únicamente en la agencia artificial, no en la agencia sociopolítica conformada y respaldada por tecnologías digitales.

En los debates actuales sobre democracia directa, a veces se nos induce a pensar erróneamente que lo digital *debería* (nótese el enfoque normativo frente al descriptivo) reacoplar la «soberanía» y la «gobernanza». La soberanía es el poder político que puede delegarse legítimamente, mientras que la gobernanza es el poder político que se delega legítimamente —de forma temporal, condicional y responsable— y que puede retirarse con la misma legitimidad (Floridi, 2016e). La «democracia representativa» suele considerarse, aunque erróneamente, un compromiso debido a las limitaciones prácticas de comunicación. La verdadera democracia sería *directa*, basada en la participación constante, universal y sin intermediarios de todos los ciudadanos en los asuntos políticos. Pero, por desgracia, somos demasiados. Así que la delegación (entendida como intermediación) del poder político es un mal necesario, aunque menor (Mill, 1861, p. 69). Este es el mito de la ciudad-estado y, sobre todo, especialmente de Atenas.

Durante siglos, el compromiso a favor de una democracia representativa ha parecido inevitable, hasta la llegada de lo digital. Según algunos, esto promete desintermediar la democracia moderna y acoplar (o reacoplar, si se cree en una época dorada pasada) la soberanía con la gobernanza para crear un nuevo tipo de democracia. Se trataría de una especie de ágora digital que permitiría por fin la participación directa y regular de todos los ciudadanos interesados. Es la misma promesa que el instrumento del referéndum, especialmente cuando es vinculante en lugar de consultivo. En ambos casos, se pregunta a los votantes directamente lo que debe hacerse. La única tarea que se deja a los responsables políticos, administrativos y técnicos sería la de aplicar las decisiones del pueblo. Los políticos serían funcionarios *delegados* (no representativos) en un sentido muy literal. Pero esto es un error, porque la democracia indirecta fue siempre el plan. Nuevamente, el desacoplamiento es una característica y no un error. Un régimen democrático se caracteriza, sobre todo, no por unos *procedimientos* o unos *valores* (aunque estos también pueden ser características), sino por una *separación* clara y nítida —es decir, entre quienes detentan el poder

político (soberanía) y aquellos a los que se les confía (gobernanza)—. Todos los ciudadanos en edad de votar tienen
poder político y lo delegan legítimamente mediante el voto.
A continuación, este poder se confía a otros que ejercen ese
mandato gobernando de forma transparente y responsable
mientras estén legítimamente facultados para ello. En pocas
palabras, un régimen democrático no es simplemente una
forma de ejercer y gestionar el poder de algunas formas
(procedimientos) o de acuerdo con algunos valores. Es, ante
todo, una forma de *estructurar* el poder. Quienes detentan el
poder político no lo ejercen; se lo dan a quienes lo ejercen,
pero no lo detentan. La confusión de ambas partes conduce
a formas frágiles de autocracia o gobierno de la masa.

Desde esta perspectiva, la democracia representativa no
es un compromiso. En realidad, es la mejor forma de democracia. Y utilizar lo digital para acoplar (o, como ya he
señalado, reacoplar) la soberanía y la gobernanza sería un
costoso error. Brexit, Trump, Lega Nord y otros desastres
populistas causados por la «tiranía de la mayoría» [Adams,
1787] son prueba suficiente. Tenemos que plantearnos cuál
es la mejor manera de aprovechar la disociación representativa y planificada entre soberanía y gobernanza, no cómo
borrarla. Así pues, el consenso es el problema. Sin embargo,
no es un tema de este libro. Todo lo que quiero ofrecer con
el análisis anterior es una muestra del tipo de consideraciones
unificadoras sobre formas de agencia que vinculan el impacto
de lo digital en la política con la forma en que pensamos
y evaluamos la inteligencia artificial, como veremos en el
siguiente apartado. Volvamos ahora a la agencia artificial.

4. IA: UN ÁREA DE INVESTIGACIÓN EN BÚSQUEDA DE DEFINICIÓN

Algunas personas (quizá muchas) parecen creer que la IA consiste en acoplar la agencia artificial y el comportamiento inteligente en nuevos artefactos. Esto es un malentendido. Como explicaré con más detalle en el próximo capítulo, en realidad ocurre lo contrario: la revolución digital ha hecho que la IA no solo sea posible, sino cada vez más útil. Lo ha hecho «desacoplando» la capacidad de resolver un problema o completar una tarea con éxito de cualquier necesidad de ser inteligente para hacerlo. Solo cuando se logra este desacople es cuando la IA tiene éxito. Por lo tanto, la queja habitual conocida como «efecto de la IA»[7] —cuando una IA es capaz de realizar una tarea concreta, como la traducción automática o el reconocimiento de voz, el objetivo se desplaza y esa tarea deja de definirse como «inteligente» si la realiza una IA— es en realidad un reconocimiento correcto del proceso en cuestión. La IA realiza una tarea con éxito solo si puede disociar su realización de cualquier necesidad de ser inteligente al hacerlo; por lo tanto, si la IA tiene éxito, entonces la disociación se ha producido y, de hecho, la tarea se ha llevado a cabo y, así, se ha demostrado que la tarea es disociable de la inteligencia que parecía necesaria (por ejemplo, en un ser humano) para tener éxito.

Esto es menos sorprendente de lo que parece, y en el capítulo siguiente veremos que es perfectamente coherente con la definición clásica (y probablemente aún una de las mejores) de la IA proporcionada por McCarthy, Minsky, Rochester y Shannon en su *Propuesta para un Proyecto de Investigación en*

---

7   https://es.wikipedia.org/wiki/Efecto_IA [consultado el 16/4/2024].

verano sobre Inteligencia Artificial en Dartmouth, el documento fundacional y evento posterior que estableció el nuevo campo de la IA en 1955. Solo lo citaré aquí y pospondré su discusión hasta el próximo capítulo:

> para el presente propósito, el problema de la inteligencia artificial es el de hacer que una máquina se comporte de un modo que se llamaría inteligente si un ser humano se comportara de ese modo.[8]

Las consecuencias de entender la IA como un divorcio entre agencia e inteligencia son profundas. Como también lo son los retos éticos a los que este divorcio da lugar, dedicando la segunda parte del libro a su análisis. Pero, para concluir este capítulo introductorio, queda por dar una respuesta final a la pregunta *¿para qué?* Esta es la tarea del siguiente capítulo.

5. CONCLUSIONES: ÉTICA, GOBIERNO Y DISEÑO

Suponiendo que las respuestas anteriores a las preguntas *por qué* y *cómo* sean aceptables, ¿qué diferencia hay cuando entendemos el poder de lo digital en términos de cortar y pegar el mundo (junto con nuestra conceptualización de este) de maneras sin precedentes? Una analogía nos puede ayudar a introducir la respuesta. Si uno posee una sola piedra y absolutamente nada más, ni siquiera otra piedra que poner a su lado, tampoco se puede hacer nada más que disfrutar de la piedra en sí, tal vez mirándola o jugando con ella. Pero

---

8 Versión *online* en http://www-formal.stanford.edu/jmc/history/dartmouth/dartmouth.html [consultado el 16/4/2024]. Véase también su reedición en McCarthy *et al.* (2006).

si se corta la piedra en dos, surgen varias posibilidades para combinarlas. Dos piedras proporcionan más posibilidades y menos restricciones que una sola piedra, y muchas piedras aún más. El diseño se hace entonces posible.

Cortar y pegar los bloques ontológicos y conceptuales de la Modernidad, por así decirlo, es precisamente lo que mejor hace lo digital cuando se trata de su impacto en nuestra cultura y filosofía. Y aprovechar esas posibilidades y limitaciones para resolver problemas se llama «diseño». Así pues, la respuesta debería estar clara: el poder de corte de lo digital reduce enormemente las limitaciones sobre la realidad y aumenta sus posibilidades. De este modo, el «diseño» —entendido como el arte de resolver un problema mediante la creación de un artefacto que aproveche las limitaciones de la realidad, cumpliendo con ciertos requisitos, en vista a un fin— es la actividad innovadora que define nuestra época.

Nuestro viaje ha concluido. Cada época ha innovado sus culturas, sociedades y entornos basándose en al menos tres elementos principales: el «descubrimiento», la «invención» y el «diseño». Estos tres tipos de innovación están estrechamente interrelacionados, aunque la innovación se ha manifestado como un taburete de tres patas en el que una de ellas es más larga y, por tanto, está más adelantada que las otras. El periodo posterior al Renacimiento y los primeros años de la Edad Moderna pueden calificarse de «época de descubrimientos», sobre todo geográficos. La Modernidad tardía sigue siendo una era de descubrimientos, pero, con sus innovaciones industriales y mecánicas, es quizás, aún más, una era de la invención. Y, por supuesto, todas las épocas han sido también épocas de diseño (sobre todo porque los descubrimientos y las invenciones requieren vincular y conformar realidades nuevas y antiguas). Pero si estoy en lo cierto en lo que he argumentado hasta ahora, entonces es nuestra época la que es por excelencia, más que ninguna otra, «la época del diseño».

Dado que lo digital está reduciendo las limitaciones y aumentando las posibilidades a nuestra disposición, nos ofrece una libertad inmensa y cada vez mayor para ordenar y organizar el mundo de muchas maneras que nos permitan resolver problemas nuevos y antiguos. Por supuesto, todo diseño requiere un proyecto. Y en nuestro caso, se trata de un «proyecto humano» para nuestra era digital que aún nos falta. Pero no debemos dejar que el poder de corte de lo digital modele el mundo sin un plan. Debemos hacer todo lo posible para decidir la dirección en la que queremos explotarlo, para garantizar que las sociedades de la información que estamos construyendo gracias a ella sean abiertas, tolerantes, equitativas, justas y apoyen tanto el medio ambiente como la dignidad y el florecimiento humanos. La consecuencia más importante del poder de escisión de lo digital debería ser un mejor diseño de nuestro mundo. Y esto concierne a la configuración de la IA como una nueva forma de agencia, como veremos en el capítulo siguiente.

2. Presente: la IA como una nueva forma de agencia, no inteligencia

Resumen

Anteriormente, en el capítulo 1, vimos cómo la revolución digital ha permitido cortar y pegar nuestras realidades junto con nuestras ideas sobre dichas realidades, reontologizando y reepistemologizando así la Modernidad. Esto ha llevado al desarrollo de la IA como una nueva forma de agencia que puede llegar a tener éxito sin ser inteligente. Este capítulo analiza esta interpretación. El apartado 1 muestra cómo la ausencia de una definición de IA demuestra que no se trata de un término científico como tal. Por el contrario, la expresión «IA» constituye un atajo útil para referirse a una familia de ciencias, métodos, paradigmas, tecnologías, productos y servicios. El apartado 2 hace referencia a la caracterización clásica y contrafáctica de la IA proporcionada por McCarthy, Minsky, Rochester y Shannon en su *Propuesta para un Proyecto de Investigación en verano sobre Inteligencia Artificial en Dartmouth*, documento fundacional y evento en el que se estableció el nuevo campo de la IA en 1955. Esta es la caracterización vista en el capítulo anterior, y la que adoptaré para el resto del libro. Después analizaré la famosa pregunta de Turing: «¿pueden pensar las máquinas?». El apartado 3 parte de nuestro análisis anterior para esbozar las concepciones ingenieriles y cognitivas de la IA, argumentando que el primero ha sido un gran éxito y el segundo un completo fracaso. La interpretación de la IA como una nueva forma de agencia que no necesita inteligencia para tener éxito se enraíza en la tradición intelectual de la ingeniería. El apartado 4 sugiere que una forma similar de agencia puede tener éxito porque hemos ido transformando el mundo («envolviéndolo») en un entorno cada vez más favorable a la IA. Finalmente, en la conclusión se subraya que tal proceso genera el riesgo de empujar a la humanidad para que se adapte a sus tecnologías inteligentes.

1. INTRODUCCIÓN: ¿QUÉ ES LA IA?
«LA RECONOCERÍA SI LA VIESE»

La IA se ha definido de muchas maneras, pero no existe una definición única en la que todo el mundo esté de acuerdo. Un antiguo estudio (Legg y Hutter, 2007) enumeraba cincuenta y tres definiciones de «inteligencia», cada una de las cuales puede ser en principio «artificial», y dieciocho definiciones de IA. El número no ha hecho más que crecer (Russell y Norvig, 2018). Ante un reto similar, Wikipedia resolvió el problema optando por una tautología:

> la inteligencia artificial (IA) es la inteligencia demostrada por las máquinas, en contraste con la inteligencia natural mostrada por los humanos. (Wikipedia, *Artificial Intelligence* [consultada el 17 de enero de 2020])

Esto es a la vez cierto e inútil. Me recuerda al intachable *«Brexit means Brexit»* que repetía robóticamente Theresa May cuando era primera ministra del Reino Unido.

La falta de una definición estándar para la IA puede ser un incordio porque, cuando se celebran reuniones sobre la ética de la IA, tarde o temprano, algún participante perspicaz no puede evitar preguntarse, pensativo, «¿pero qué entendemos *verdaderamente* por IA?» (énfasis en el original, ya que algunos se las ingenian para hablar en cursiva). Suele seguir una discusión interminable que nunca llega a ningún consenso (no podría), lo que deja a todo el mundo frustrado (como debería). El riesgo es que, tras semejante pérdida de tiempo, algunos participantes lleguen a la desesperanzadora conclusión de que no se puede debatir sobre la ética de algo indefinido y aparentemente indefinible. Esto es un disparate. Hay que reconocer que la ausencia de definición de algo tan importante es, cuanto menos, un poco sospechosa. Pero esto no se debe a que todas las cosas importantes de la vida sean siempre definibles; a menudo, muchas de ellas no lo son. Por ejemplo, sabemos perfectamente qué es la amistad, aunque no dispongamos de una lista de condiciones necesarias y suficientes para definir claramente su naturaleza. Un debate filosófico sobre la definición de la amistad puede llegar rápidamente a un callejón sin salida. Pero podemos tener discusiones muy razonables y valiosas sobre la ética de la amistad, su naturaleza *online*, y sus *pros* y *contras*. Lo mismo ocurre con «gozar de buena salud» o «estar enamorado».

Esto es así porque «lo reconoceré cuando lo vea», por utilizar una frase que se hizo famosa en 1964 (un año bastante especial, al parecer). Como probablemente sepa el lector, fue utilizada por el juez del Tribunal Supremo de Estados Unidos, Potter Stewart, en su decisión sobre lo que puede considerarse obscenidad en el caso Jacobellis contra Ohio. Explicando por qué había decidido que el material era un discurso protegido, no obsceno y, por lo tanto, no debía ser censurado, escribió:

No intentaré hoy definir con más detalle el tipo de material que entiendo que abarca esa descripción abreviada [«pornografía *hardcore*»], y tal vez nunca podría hacerlo de forma inteligible. Pero «la reconocería si la viese» *[I know it then I see it]*, y la película en cuestión en este caso no es eso. (378 US en 197 Stewart, J., concurrente [nuestra cursiva])

Podríamos decir que la amistad, la IA, el amor, la justicia y muchas otras cosas en la vida son como la pornografía. Seguramente no sean definibles en el sentido estricto en el que el agua es definible y se define como H_2O, pero las reconocerías si las vieses. Esta definición es aceptable para la vida cotidiana. Aun así, ya he reconocido que la falta de definición es un poco sospechosa. En ciencia, incluso las cosas insignificantes deberían poder definirse con precisión (sobre todo después de tantas décadas de debates). La conclusión es que, a diferencia de «triángulo», «planeta» o «mamífero», la noción de IA probablemente no sea un concepto científico. Al igual que la amistad o la pornografía, es una expresión genérica que se utiliza para referirse a varias disciplinas tecnocientíficas, servicios y productos que a veces solo están relacionados genéricamente. Como concepto, la IA denota una familia en la que el parecido, y a veces solo unos pocos rasgos, son el único criterio de pertenencia del que disponemos. En la Imagen 1 se ilustran algunos miembros de la familia de la IA.

Este mapa es útil, pero está lejos de ser aceptado por todo el mundo. Como me ha señalado David Watson, parece extraño dedicar el mismo espacio a la IA simbólica y a la probabilística («lo que sería como si un curso de física nuclear dedicara tanto tiempo a Demócrito como a la mecánica cuántica»). Resulta cuanto menos confuso situar el aprendizaje profundo o *Deep learning* en una sección separada

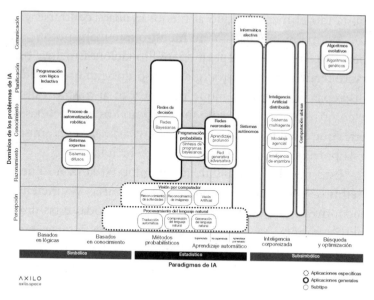

IMAGEN 1. Mapa del conocimiento de la IA.
Fuente: Corea (29/08/2018).[1]

de la visión computacional y el procesamiento del lenguaje natural; en la actualidad, estas dos últimas aplicaciones se llevan a cabo casi exclusivamente empleando el aprendizaje profundo. Tampoco está claro por qué las redes neuronales se colocan en una columna para el aprendizaje no supervisado cuando son de hecho más conocidas por estar asociadas a problemas supervisados. Muchos métodos no supervisados destacados (por ejemplo, agrupación, proyección, detección de valores atípicos) ni siquiera se mencionan. La terminología de computación «subsimbólica» no es estándar, al menos si se pretende incluir procedimientos de optimización, como los algoritmos evolutivos. David tiene razón. Pero me sigue

---

1 Agradezco a Francesco Corea su permiso para reproducirlo aquí.

gustando el mapa porque al menos ayuda a centrarse y es mucho mejor que nada. Y no muestro este mapa porque sea perfecto, sino porque, a pesar de sus limitaciones, incluye bastante territorio y muestra que incluso dos expertos pueden discrepar fácilmente, aunque pertenezcan al mismo campo y compartan el mismo enfoque —como dos especialistas en ética que discreparían sobre lo que es *verdaderamente* la amistad o la pornografía, y lo que puede o no incluir.

Esto nos lleva a la siguiente pregunta: si la IA no puede definirse enumerando condiciones necesarias y suficientes incontrovertibles, entonces, ¿hay algo que todas estas disciplinas, campos, paradigmas, métodos, técnicas o tecnologías similares de la IA tengan en común? Yo diría que sí, y se remonta a 1955: es la definición con la que nos encontramos ya en el capítulo anterior.

2. LA IA COMO CONTRAFÁCTICO

Permítame el lector que empiece por reafirmarlo, para que no tengan que buscarlo: «para el presente propósito, el problema de la inteligencia artificial es el de hacer que una máquina se comporte de manera que se llamaría inteligente si un humano se comportara así». Evidentemente, se trata de un contrafáctico. No tiene nada que ver con el «pensamiento», sino con el «comportamiento»: *si* un humano se «comportara» así, ese «comportamiento» se llamar*ía* inteligente. No significa que la máquina sea inteligente, o que esta piense. En la misma concepción contrafáctica de la IA se sustenta la famosa prueba de Turing (Turing, 1950) y el Premio Loebner (Floridi, Taddeo y Turilli, 2009). El propio Turing comprendió muy bien que no había forma de responder a la pregunta de si una *máquina* puede *pensar* porque, como él mismo reconoció, ambos términos carecen de definiciones científicas:

> Propongo considerar la pregunta «¿Pueden pensar las máquinas?». Esto debería comenzar con definiciones del significado de los términos «máquina» y «pensar» (Turing, 1950, p. 433) […] La pregunta original, «¿Pueden pensar las máquinas?» creo que *carece demasiado de sentido como para merecer discusión.* (*Ibid.*, p. 442, el subrayado es nuestro)

Nótese la distancia en páginas entre los dos fragmentos; hay que leer el artículo entero para darse cuenta de que Turing no se tomaba la pregunta en serio. Hoy en día, algunos se detienen mucho antes. En su lugar, Turing ofreció una prueba, que es un poco como decidir que la mejor forma de evaluar si alguien sabe conducir es comprobar su rendimiento en la carretera. Esta pondría a prueba la capacidad de una máquina para responder preguntas de tal manera que el *resultado* fuese indistinguible, en términos de su fuente, del *resultado* de un agente humano que realizase la misma tarea (Turing, 1950).

Esto es perfectamente razonable, pero consideremos lo siguiente: que un lavavajillas limpie los platos tan bien o incluso mejor que yo no significa que los limpie como yo, ni que requiera de ninguna inteligencia (ya sea como la mía o de cualquier otro tipo) para realizar dicha tarea. Esto sería como argumentar lo siguiente: (a) un río llega al mar siguiendo el mejor camino posible, eliminando los obstáculos que encuentra en su camino; y (b) si esto lo hiciera un humano, lo consideraríamos un comportamiento inteligente; por tanto (c) el comportamiento del río es inteligente. Esta última hipótesis es una falacia argumental que apesta a superstición. Se trata esencialmente de «realizar una tarea con éxito» de modo que el resultado sea tan bueno o mejor que el que la inteligencia humana habría sido capaz de lograr. No se trata del *cómo*, sino del *qué*. Este punto es crucial, lógica e históricamente.

Lógicamente, incluso la identidad de un resultado (por no hablar de su similitud) no dice nada ni de la identidad de los procesos que lo generaron ni de las fuentes de los propios procesos. Esto parece innegable, pero Turing pensaba lo contrario. En una emisión de radio de la BBC, este afirmó que:

> [Desde el minuto 1.20] la opinión que yo mismo sostengo, es que no es del todo irrazonable describir los ordenadores digitales como cerebros [...]. [Desde el minuto 4.36-4.47] Si ahora alguna máquina en particular puede describirse como un cerebro, solo tenemos que programar nuestro ordenador digital para que lo imite, y también lo imitará, y también será un cerebro. Si se acepta que los cerebros reales, tal como se encuentran en animales, y en particular en los hombres, son una especie de máquina, se deducirá que nuestro ordenador digital, adecuadamente programado, se comportará como un cerebro. (Turing, 1951)

Le pido al lector que intente olvidar por un momento que la persona que habla es un genio. Imagine que esto está escrito en un artículo sensacionalista de, por ejemplo, el *Daily Mail*. Coge el bolígrafo rojo y subraya las palabras «no del todo irrazonable» *[not altogether unreasonable]*. Incluso teniendo en cuenta el habla de la época, esta doble negación es el compromiso más débil posible que se pueda imaginar con cualquier tesis. Según el mismo criterio, tampoco es «del todo irrazonable» describir a los animales como autómatas incapaces de razonar o sentir dolor, como planteó otro genio, Descartes. Por supuesto, hoy en día sabemos que Descartes estaba equivocado.

La siguiente palabra que hay que subrayar es «describir». Se puede describir cualquier cosa como cualquier otra cosa, dado el «nivel de abstracción» (NdA) adecuado (Floridi, 2008a). La cuestión es si ese nivel de abstracción es el correcto. No es «del todo descabellado» «describir» una partida de ajedrez como una batalla entre dos enemigos. Y si se trata de la partida del Campeonato del Mundo Spassky-Fischer de 1972, la descripción puede incluso recordarnos que las batallas pertenecen a las guerras, en este caso, a la Guerra Fría. Pero si uno empieza a buscar sufrimiento y muerte, violencia y sangre, se sentirá profundamente decepcionado por dicha descripción. Es un «tiiipo» (las tres «i» son importantes) de batalla, pero no verdaderamente.

Consideremos ahora el supuesto de que el cerebro es una máquina. Desde el punto de vista de la observación científica, esto parece o bien trivialmente cierto desde el punto de vista metafórico, o bien erróneo desde el punto de vista no metafórico. En el artículo, Turing admitió que tenemos un sentido vago de lo que cuenta como una máquina. Incluso una burocracia puede ser descrita «no del todo irrazonablemente» como una máquina, y si no que se lo pregunten a otro genio, Kafka. Un hervidor, un frigorífico, un tren, un ordenador, una tostadora, un lavavajillas: todos ellos son máquinas en un sentido u otro. Nuestro cuerpo también es una máquina, más o menos. También lo es nuestro corazón. ¿Por qué no nuestro cerebro? Por supuesto. El verdadero problema es el enorme margen de maniobra, porque todo depende del rigor con que se lea «más o menos». Si casi todo puede considerarse un tipo de máquina, el cerebro también lo es. Pero no estamos encajando la clavija correcta en el agujero correcto; simplemente estamos haciendo el agujero tan grande que cualquier clavija pasará por él fácilmente.

Por último (y hasta aquí todo esto es a grandes rasgos), el siguiente problema es una falacia. Utilicemos el ejemplo favorito de Turing, que proporciona respuestas a las mismas preguntas de forma idénticas o comparables en calidad, o en cualquier caso indistinguibles en términos de fuente, teniendo en cuenta que esto ya sería reducir el cerebro a un ordenador: supongamos que A y B producen el mismo resultado o dada la misma entrada I. Incluso en este caso, esto no significa que (a) A y B se comporten de la misma manera o (b) A y B sean iguales. Imaginemos que Alice visita la casa de Bob y encuentra algunos platos limpios sobre la mesa. Es posible que ella no pueda deducir del resultado (los platos limpios) qué proceso se utilizó (lavado mecánico o a mano) y, por ende, qué agente los limpió (el lavavajillas o Bob) y, por tanto, qué habilidades se utilizaron para lograr el resultado. Sería un completo error deducir de esta irreversibilidad y opacidad del proceso que Bob y el lavavajillas son, entonces, iguales, o que se comportan de la misma manera, aunque solo sea en términos de propiedades de lavado de vajilla. El hecho es que a Alice probablemente no le importe en absoluto cómo se realiza la tarea, siempre y cuando los platos estén limpios.

Me temo que Turing estaba metafóricamente en lo cierto y sustancialmente equivocado. O tal vez fue la BBC la que exigió rebajar un poco los estándares y la precisión (yo lo he hecho; hablo como pecador). En cualquier caso, no es del todo descabellado describir los ordenadores digitales como cerebros y viceversa. Pero no es útil, porque es demasiado metafórico y vago. En sentido estricto (y aquí deberíamos hablar en sentido estricto), es científicamente erróneo y, por tanto, puede inducir fácilmente a error. Una vez que empezamos a ser precisos, las similitudes desaparecen y todas las valiosas diferencias se hacen cada vez más evidentes. Los cerebros y los ordenadores no son iguales, ni se comportan de la misma manera. Ambos puntos no quedan refutados por la postura de Turing. Sin embargo, esto no es un argumento positivo a su favor. Pero me temo que su defensa requeriría otro tipo de libro.[2] Así que aquí solo explicito la perspectiva a través de la cual interpretar la segunda mitad de este libro con mayor precisión. Los lectores que prefieran pensar como Turing no estarán de acuerdo conmigo. Sin embargo, espero que aún puedan estar de acuerdo en la siguiente distinción: históricamente, la caracterización contrafactual de la IA contiene las semillas de un enfoque ingenieril (por oposición a uno cognitivo) de la IA, como veremos en el siguiente apartado.

3. Las dos almas de la IA: la ingenieril y la cognitiva

Es un hecho bien conocido, aunque a veces subestimado, que la investigación en IA busca tanto «reproducir» mediante recursos no biológicos los *resultados exitosos* de nuestro comportamiento inteligente humano (o, al menos, de algún tipo de comportamiento similar al de los animales), como «producir» el equivalente no biológico de nuestra inteligencia, es decir, la *fuente* de dicho comportamiento.

Como rama de la *ingeniería* interesada en la «reproducción del comportamiento inteligente», la IA ha tenido un éxito asombroso, muy por encima de las expectativas más optimistas. Tomemos el ejemplo bastante famoso, aunque

2 El debate al respecto es interminable, y la bibliografía también. Para una visión general breve y muy amena desde la perspectiva de la neurociencia sobre por qué el cerebro no es un ordenador, Epstein, 2016 es un buen punto de partida. Para una visión general más larga y detallada (pero igualmente amena), véase Cobb (2020) o el extracto Cobb (27 febrero de 2020).

algo antiguo, de *Deep Q-network* (un sistema de algoritmos de *software*), que pertenece a este tipo de «IA reproductiva». En 2015, *Deep Q-network* aprendió a jugar a cuarenta y nueve videojuegos clásicos de Atari desde cero basándose únicamente en datos sobre los píxeles de la pantalla y el método de puntuación (Mnih *et al.*, 2015). ¿Impresionante? Desde el punto de vista de la ingeniería, sí, pero no mucho en cuanto a acercarse a la verdadera IA artificial. Al fin y al cabo, hace falta menos «inteligencia» para ganar una partida de *Space Invaders* o *Breakout* que para ser campeón de ajedrez. Así que solo era cuestión de tiempo que algún ser humano ingenioso ideara una forma de hacer una máquina de Turing lo bastante inteligente como para jugar a los juegos de Atari con suficiente soltura.

Hoy en día, dependemos cada vez más de las aplicaciones relacionadas con la IA (a veces llamadas «tecnologías inteligentes» *[smart technologies]*, término que utilizaré a continuación, aunque la expresión tiene un alcance más amplio) para realizar tareas que serían sencillamente imposibles con inteligencia humana no asistida o no aumentada. La IA reproductiva supera y sustituye regularmente a la inteligencia humana en un número cada vez mayor de contextos. Para las tecnologías inteligentes, no existe límite. Sin ir más lejos, las «redes de aprendizaje profundo por refuerzo» o *Deep Q-network*s acaban de eliminar otra área en la que los humanos eran significativamente mejores que las máquinas. La próxima vez que el lector experimente un aterrizaje accidentado en un avión, recuerde que probablemente se deba a que el piloto estaba al mando, no el ordenador. Esto no significa que un *dron* autónomo dirigido por una IA vuele como un pájaro. Como es conocido, Edsger Wybe Dijkstra escribió una vez que:

2. Presente: la IA como una nueva forma de agencia, no inteligencia

Los padres fundadores del campo han estado bastante con-
fundidos: John von Neumann especuló sobre analogías entre
ordenadores y cerebros humanos de un modo tan salvaje como
si se tratase de un pensador medieval y Alan Turing concibió
un criterio para determinar si las máquinas pueden pensar, una
pregunta que ahora sabemos que no es más interesante que la
de si un submarino puede nadar. (Dijkstra, 1984)

Esto es indicativo del enfoque aplicado que comparte la IA
reproductiva.

Sin embargo, como *rama de la ciencia cognitiva interesada en
la producción de inteligencia*, la IA sigue siendo ciencia ficción
y ha supuesto una decepción lamentable. La «IA productiva»
no se limita a rendir por debajo de la inteligencia humana.
Ni siquiera ha entrado aún en la competición. El hecho de
que Watson (a saber, el sistema de IBM capaz de responder
a preguntas formuladas en lenguaje natural) pudiera vencer a
oponentes humanos cuando jugaban a *Jeopardy!* dice mucho
más de los ingenieros humanos, de sus asombrosas habilidades y astucia, y del juego en sí mismo que de la inteligencia
biológica de cualquier tipo. No tienen por qué creerme. John
McCarthy, creador de la expresión «inteligencia artificial», fue
un verdadero creyente en la posibilidad de producirla, en el
sentido estrictamente cognitivo señalado anteriormente,[3] y
sabía muy bien todo esto. Sus decepcionantes comentarios
sobre la victoria de *Deep Blue* contra el campeón mundial
Garri Kasparov en 1997 (véase McCarthy, 1997) son sinto-

3   Conocí a John a finales de sus setenta años en diferentes reuniones y luego
con más regularidad gracias a un proyecto de libro al que ambos contribuimos.
Creo que nunca cambió de opinión sobre la viabilidad real de la verdadera IA
como equivalente no biológico (o quizá una versión mejor) de la inteligencia
humana.

máticos del tipo de IA productiva y cognitiva que frunce el ceño ante la IA reproductiva y de ingeniería. Por eso nunca dejó de quejarse de que se tratara al juego de ajedrez como un caso de «IA verdadera». Tenía razón: no lo es. Pero también se equivocó al pensar que, por lo tanto, no es una buena alternativa, y lo mismo ocurre con *AlphaGo* (más sobre esto próximamente).

Diríamos, pues, que existen dos almas o concepciones de la IA: una ingenieril (tecnologías inteligentes) y otra cognitiva (tecnologías verdaderamente inteligentes). A menudo se han enzarzado ambas perspectivas en luchas fratricidas por el predominio intelectual, el poder académico y los recursos financieros. Esto se debe en parte a que ambas concepciones reivindican antepasados comunes y una misma herencia intelectual: un acontecimiento fundacional, la ya citada *Propuesta para un Proyecto de Investigación en verano sobre Inteligencia Artificial en Dartmouth* de 1956; y un padre fundador, Turing, primero con su máquina y sus límites computacionales, y después con su famoso test. Apenas ayuda que una simulación pueda servir para comprobar la producción de la fuente simulada (es decir, la inteligencia humana) *y* para la *reproducción* o *superación* del *comportamiento* o rendimiento de la *fuente* seleccionada (es decir, lo que consigue la inteligencia humana).

Las dos almas de la IA han adoptado denominaciones diversas y algo incoherentes. A veces, se utilizan distinciones entre «IA débil» frente a «IA fuerte» o «IA a la vieja-usanza» *(Good Old-Fashioned AI)* frente a «nueva IA» *(New* o *Nouvelle AI)* para captar esta diferencia conceptual. Hoy en día se encuentran de moda expresiones como «inteligencia general artificial» (AGI) o «IA universal», en lugar de «IA plena». En el pasado, he preferido usar la distinción menos cargada de connotaciones entre «IA ligera» vs «IA fuerte» (Floridi, 1999). En realidad, no importa.

El desacoplamiento entre sus naturalezas, objetivos y resultados ha provocado interminables diatribas, en su mayoría inútiles. Los defensores de la IA señalan los impresionantes resultados de la IA reproductiva y de ingeniería, que en realidad es una IA débil o ligera en términos de sus objetivos. Los detractores de la IA señalan los pésimos resultados de la IA productiva y cognitiva, que es realmente una IA fuerte o general en términos de objetivos. Gran parte de la especulación actual sobre la llamada cuestión de «la singularidad» y las terribles consecuencias de la llegada de una supuesta superinteligencia artificial tiene su origen en esta confusión. A veces, no puedo evitar sospechar que esto se ha hecho a propósito, no por alguna razón maliciosa, sino porque el embrollo es, en cierto sentido, intelectualmente agradable. A algunas personas les encantan las diatribas sin sentido.

Los grandes campeones saben cómo poner fin a su carrera en la cima de su éxito. En 2017, DeepMind, el laboratorio de IA de Alphabet (antes Google), decidió que su programa informático AlphaGo ya no se centraría en ganar el juego de mesa *go*. En su lugar, el CEO de DeepMind, Demis Hassabis, y el programador principal de AlphaGo, David Silver, indicaron que la atención se iba a centrar en

desarrollar algoritmos generales avanzados que algún día podrían ayudar a los científicos a abordar algunos de nuestros problemas más complejos, como encontrar nuevas curas para enfermedades, reducir drásticamente el consumo de energía o inventar nuevos materiales revolucionarios.[4]

---

4 https://deepmind.google/discover/blog/alphagos-next-move/ [consultado el 16/4/2024].

La ambición estaba justificada. Tres años después, en 2020, el sistema de IA AlphaFold 2 de DeepMind resolvió el «problema del plegamiento de las proteínas», un gran desafío de la biología que había exasperado a los científicos durante cincuenta años:

> La capacidad de predecir con precisión las estructuras de las proteínas a partir de su secuencia de aminoácidos sería una gran ayuda para las ciencias de la vida y la medicina. Aceleraría enormemente los esfuerzos de las células y permitiría descubrir fármacos de forma más rápida y avanzada. (Callaway, 2020)

La IA conducirá sin duda a más descubrimientos y a avances potencialmente notables, especialmente en manos de personas brillantes y reflexivas. También facilitará la gestión y el control de sistemas cada vez más complejos. Sin embargo, todos estos avances espectaculares pueden lograrse más fácilmente si se elimina un malentendido. Hemos visto que el éxito de la IA no consiste en producir inteligencia humana, sino en sustituirla. Un lavavajillas no limpia los platos como yo, pero, al final del proceso, sus platos limpios son indistinguibles de los míos. De hecho, puede que incluso estén más limpios (en términos de eficacia) y utilicen menos recursos (en términos de eficiencia). Lo mismo ocurre con la IA. AlphaGo no jugó como el gran maestro chino de Go y número uno del mundo, Ke Jie, pero ganó igualmente. Del mismo modo, los coches autónomos no son coches conducidos por robots humanoides (conocidos como «androides») sentados al volante en lugar de usted; son formas de reinventar el coche y su entorno por completo (Floridi, 2019a).

En lo que respecta al ámbito de la IA, lo que importa es el resultado, no si el agente o su comportamiento son inteligentes. Por lo tanto, la IA no consiste en reproducir ningún tipo de inteligencia biológica. Se trata, por otra parte, de intentar prescindir de ella. Las máquinas actuales tienen la inteligencia de una tostadora, y realmente no tenemos mucha idea de cómo pasar de ahí (véase Floridi, Taddeo y Turilli, 2009). Cuando aparece el aviso de «impresora no encontrada», puede resultarnos molesto, pero no sorprendente, aunque la impresora en cuestión esté justo al lado. Y lo que es más importante, esto no es un obstáculo precisamente porque los artefactos pueden ser inteligentes sin serlo. Ese es el fantástico logro de la «IA reproductiva»: la continuación con éxito de la inteligencia humana por otros medios (parafraseando a Carl von Clausewitz).

En la actualidad, la IA desvincula la resolución de problemas y la realización de tareas con éxito del comportamiento inteligente. Gracias a este desacoplamiento, puede colonizar sin descanso el espacio ilimitado de los problemas y las tareas siempre que puedan realizarse sin ningún tipo de comprensión, conciencia, perspicacia, sensibilidad, inquietudes, corazonadas, intuiciones, semántica, experiencia, implementación biológica, significado, sabiduría y cualquier otro ingrediente que contribuya a crear lo que llamamos «inteligencia humana». En resumen, es precisamente cuando dejamos de intentar producir inteligencia humana cuando podemos empezar a sustituirla con notable éxito en un número cada vez mayor de tareas. Si hubiéramos esperado siquiera una chispa de IA real, del tipo que se encuentra en *La Guerra de las Galaxias*, AlphaGo nunca habría llegado a ser mucho mejor que cualquiera jugando al Go. De hecho, seguiría ganando cuando jugara al ajedrez contra mi *smartphone*.

Una vez entendemos completamente esta disociación, nos quedarían por explorar tres desarrollos. Los analizaré con más detalle en el próximo capítulo, pero pueden esbozarse aquí. En primer lugar, la IA debería dejar de ganar partidas y aprender a «gamificar». A medida que la IA mejore en los juegos, cualquier cosa que pueda transformarse en un juego estará a su alcance. Si yo fuera DeepMind (advertencia: he colaborado con DeepMind en el pasado), contrataría a un equipo de diseñadores de juegos. En segundo lugar, la IA solo se equiparará a nuestra inteligencia humana en contextos de juego; sus interacciones internas pueden llegar a ser demasiado complejas como para ser totalmente comprensibles por admiradores externos como nosotros. Puede que disfrutemos viendo jugar a la IA igual que disfrutamos cuando suena música de Bach. Por último, cabe esperar que la inteligencia humana desempeñe un papel diferente allí donde la IA sea el mejor jugador. Porque la inteligencia no consistirá tanto en resolver un problema como en decidir qué problemas merece la pena resolver, por qué, para qué, y cuáles son los costes, las compensaciones y las consecuencias aceptables.

4. IA: HISTORIA DE UN DIVORCIO EN LA INFOESFERA

Tanto la definición clásica de contrafactualidad como la interpretación de la IA como un divorcio (no un matrimonio) entre agencia e inteligencia permiten conceptualizar la IA como un recurso creciente de «agencia» interactiva, autónoma y a menudo autodidacta (en el sentido del aprendizaje automático, véase la Imagen 1). Esta agencia puede hacer frente a un número cada vez mayor de problemas y tareas que, de otro modo, requerirían la inteligencia y la intervención humanas, y posiblemente una cantidad ilimitada de tiempo, para llevarse a cabo con éxito. En resumen, la IA se define en función de los resultados y las acciones de ingeniería. Por eso, en el resto de este libro, trataré la IA como una «reserva de agencia inteligente a disposición». Esto es lo suficientemente general como para captar las muchas formas en que la bibliografía habla de la IA. Pero antes de examinar el posible desarrollo de la IA en el próximo capítulo, este apartado debe abordar una última cuestión relativa al divorcio entre agencia e inteligencia.

Como una de las fuentes de los retos éticos que plantea la IA, el divorcio es problemático porque los agentes artificiales están «suficientemente informados, son "inteligentes", autónomos y capaces de realizar acciones moralmente relevantes independientemente de los humanos que los crearon» (Floridi y Sanders, 2004). Pero, en primer lugar, ¿cómo puede tener éxito un divorcio entre agencia e inteligencia, en términos de eficacia? ¿No es necesaria la inteligencia para que cualquier tipo de comportamiento tenga éxito? Ya ofrecí el ejemplo del río para ilustrar una posible falacia; pero un río no es un agente. Para responder a la pregunta anterior hay que decir algo más en términos de explicación positiva que pueda servir también de objeción razonable. He aquí la respuesta breve: el éxito de la IA se debe principalmente al hecho de que estamos construyendo un entorno favorable a la IA en el que las tecnologías inteligentes se encuentran como en casa. Somos más bien buceadores, y es el mundo el que se está adaptando a la IA, y no al revés. Veamos qué significa esto.

La IA no puede reducirse a una «ciencia de la naturaleza» o a una «ciencia de la cultura» (Ganascia, 2010) porque es una «ciencia de lo artificial», por decirlo en los términos de Herbert Simon (Simon, 1996). Como tal, la IA no persigue un enfoque «descriptivo» ni «prescriptivo» del mundo, sino que investiga las condiciones que limitan las posibilidades de construir e integrar determinados artefactos en un mundo que pueda interactuar con ellos satisfactoriamente. En otras palabras, «inscribe» el mundo. Tales artefactos constituyen nuevas piezas lógico-matemáticas de código, es decir, los nuevos textos escritos en el libro matemático de la naturaleza de Galileo:

> La filosofía está escrita en este gran libro —me refiero al universo— que está continuamente abierto a nuestra mirada, pero no puede entenderse a menos que uno aprenda primero a comprender el lenguaje en el que está escrito. Está escrito en el lenguaje de las matemáticas, y sus caracteres son triángulos, círculos y otras figuras geométricas, sin las cuales es humanamente imposible entender una sola palabra; sin ellas, uno se encuentra vagando por un oscuro laberinto. (Galileo, *Il Saggiatore*, 1623, traducido a partir de Popkin, 1966, p. 65)

Hasta hace poco, la impresión generalizada era que el proceso de añadir algo al libro matemático de la naturaleza (la «inscripción») requería la viabilidad de una IA productiva y cognitiva. Después de todo, desarrollar incluso una forma rudimentaria de inteligencia no biológica puede parecer no solo la mejor sino quizá la única forma de implementar tecnologías que sean lo suficientemente adaptables y flexibles como para enfrentarse eficazmente a un entorno complejo, en constante cambio y a menudo impredecible (cuando no hostil). Lo que Descartes reconocía como un signo esencial de la inteligencia —la capacidad de adaptarse a diferentes circunstancias y explotarlas en beneficio propio— sería una característica de valor incalculable en cualquier aparato que pretendiera ser algo más que meramente inteligente.

Esta impresión no es incorrecta, pero distrae. Hemos visto anteriormente cómo lo digital está reontologizando la propia naturaleza de nuestros entornos (y, por tanto, lo que entendemos por ellos) a medida que la infoesfera se va convirtiendo progresivamente en el mundo en que vivimos. Mientras perseguíamos sin éxito la inscripción de la IA productiva en el mundo, en realidad estábamos modificando (es decir, «reontologizando») el mundo para adaptarlo a la IA reproductiva e ingenieril. El mundo se está convirtiendo en una infoesfera cada vez mejor adaptada a las capacidades limitadas de la IA (Floridi, 2003; 2014a). Para ver cómo, consideremos brevemente la industria del automóvil. Esta ha estado a la vanguardia de la revolución digital y de la IA desde sus inicios, primero con la robótica industrial y ahora con los coches sin conductor basados en la IA. Los dos fenómenos están relacionados y también pueden enseñarnos una lección vital a la hora de entender cómo los humanos y los agentes artificiales cohabitarán en un entorno compartido.

Tomemos como ejemplo la robótica industrial, en concreto un robot que pinta un componente de un vehículo en una fábrica. El espacio tridimensional que define los límites dentro de los cuales un robot puede trabajar con éxito se define como la «envoltura» del robot. Algunas de nuestras tecnologías, como los lavavajillas o las lavadoras, realizan sus tareas porque sus entornos están estructurados (o «envueltos») en torno a las capacidades elementales del robot que llevan dentro. Lo mismo ocurre con las estanterías robotizadas de Amazon en almacenes «envolventes». Es el entorno el que se diseña para que se adapte al robot y no al revés. Así, no construimos androides como C-3PO de *La guerra de las Galaxias* para que laven los platos en el fregadero exactamente igual que lo haríamos nosotros. En lugar de eso, envolvemos microentornos alrededor de robots sencillos para que se adapten y aprovechen sus capacidades limitadas y sigan ofreciendo el rendimiento deseado.

La envoltura solía ser un fenómeno aislado (en el que se compraba el robot con la envoltura necesaria, como un lavavajillas o una lavadora) o se implementaba dentro de edificios industriales cuidadosamente diseñados para sus habitantes artificiales. Hoy en día, envolver el entorno en una infoesfera favorable a la IA ha empezado a impregnar todos los aspectos de la realidad. Sucede a diario en todas partes, ya sea en la casa, en la oficina o en la calle. Cuando hablamos de ciudades inteligentes, también queremos decir que estamos transformando los hábitats sociales en lugares donde los robots pueden operar con éxito. Llevamos décadas envolviendo el mundo en torno a las tecnologías digitales, de forma invisible y sin darnos cuenta del todo. Como veremos en el capítulo 3, el futuro de la IA reside en experiencias aún más envolventes (por ejemplo, en términos de 5G e «internet de las cosas») y más *onlife,* lo que significa que cada vez pasamos más tiempo en la infoesfera, ya que toda la información nueva nace cada vez más digitalizada. Volviendo a la industria automovilística, los coches sin conductor se convertirán en una mercancía cuando, o más bien donde, podamos envolver el entorno que los rodea.

Recordemos que en las décadas de 1940 y 1950, el ordenador era una habitación; Alice tenía que caminar por su interior para trabajar con él y dentro de él. Programar significaba, casi literalmente, utilizar un destornillador. La interacción humano-ordenador era una relación somática o física (recordemos el ordenador que aparece en *Robinson Crusoe en Marte*). En la década de 1970, la hija de Alice salió del ordenador para ponerse frente a él. La interacción persona-ordenador se convirtió entonces en una suerte de relación semántica facilitada más tarde por el DOS (por *Disk Operating System* o «sistema operativo de disco»), las líneas de texto, la

GUI («interfaz gráfica de usuario») y los iconos. Hoy, la nieta de Alice ha vuelto a entrar en el ordenador en forma de toda una infoesfera que la rodea, a menudo de manera imperceptible. Por esta razón, estamos construyendo la envoltura definitiva en la que las interacciones humano-ordenador han vuelto a ser somáticas a través de pantallas táctiles, comandos de voz, dispositivos de escucha, aplicaciones sensibles a los gestos, datos proxy de localización, etc.

Como de costumbre, el entretenimiento, la salud y las aplicaciones militares están impulsando la innovación. Pero el resto del mundo no se queda atrás. Si los *drones,* los vehículos sin conductor, los robots cortacésped, los *bots* y los algoritmos de todo tipo pueden moverse e interactuar con nuestro entorno con cada vez menos problemas, no es porque la IA productiva y cognitiva (la de Hollywood) haya llegado por fin. Se debe a que el «alrededor», el entorno que nuestros artefactos de ingeniería deben negociar, se ha vuelto cada vez más adecuado para la IA de ingeniería reproductiva y sus capacidades limitadas. En una infoesfera tan favorable a la IA, la suposición por defecto es que un agente puede ser artificial. Por eso se nos pide a menudo que demostremos que no somos robots haciendo clic en el llamado CAPTCHA (siglas en inglés de «prueba de Turing completamente automatizada y pública para diferenciar ordenadores y humanos»). La prueba está representada por cadenas de letras ligeramente alteradas, posiblemente mezcladas con otros fragmentos gráficos, que debemos descifrar para demostrar que somos humanos y no un AA al registrarnos en una nueva cuenta en línea, entre otras cosas. Es una prueba trivial para un humano, pero una tarea aparentemente insuperable para la IA. Así de poco se ha avanzado en el ámbito cognitivo de la producción de inteligencia no biológica.

Cada día hay más capacidad computacional, más datos, más dispositivos (el «internet de las cosas»), más sensores, más etiquetas, más satélites, más actuadores, más servicios digitales, más humanos conectados y más de ellos viviendo *onlife*. Cada día es más envolvente. Cada vez más trabajos y actividades son de naturaleza digital, ya sea para jugar, educarse, salir, encontrarse, pelearse, cuidarse, cotillear o anunciarse. Hacemos todo esto y más en una infoesfera envolvente en la que somos más huéspedes analógicos que anfitriones digitales. No es de extrañar que nuestros AA funcionen cada vez mejor. Es su entorno. Como veremos en la segunda parte, esta profunda transformación ontológica implica importantes retos éticos.

5. El uso humano de humanos e interfaces

Envolver el mundo transformando un entorno hostil en una infoesfera digitalmente amigable significa que compartiremos nuestro hábitat no solo con las fuerzas naturales, animales y sociales (como fuentes de agencia). También, y a veces principalmente, lo compartiremos con los AA. Esto no quiere decir que la agencia artificial real del tipo inteligente esté, por decirlo de alguna manera, a la vista. No disponemos de máquinas semánticamente competentes y verdaderamente inteligentes que entiendan cosas, se preocupen por ellas, tengan preferencias o sientan pasión por algo. Pero disponemos de herramientas estadísticas tan buenas que las tecnologías puramente sintácticas pueden eludir los problemas de significado, relevancia, comprensión, verdad, inteligencia, perspicacia, experiencia y demás para ofrecernos lo que necesitamos. Puede tratarse de una traducción, la imagen correcta de un lugar, un restaurante preferido, un libro interesante, un billete a mejor precio, una ganga con un descuento atractivo, una canción que encaje con nuestras preferencias musicales, una película que nos guste, una solución más barata, una estrategia más eficaz, información esencial para nuevos proyectos, el diseño de nuevos productos, la previsión necesaria para anticiparse a los problemas, un diagnóstico mejor, un artículo inesperado que ni siquiera sabíamos que necesitábamos, el apoyo necesario para un descubrimiento científico o una cura médica, etc. Son tan estúpidas como un frigorífico viejo, pero nuestras tecnologías inteligentes pueden jugar al ajedrez mejor que nosotros, aparcar un coche mejor que nosotros, interpretar escáneres médicos mejor que nosotros, etc. La memoria (en forma de datos y algoritmos) supera a la inteligencia en un número creciente e ilimitado de tareas y problemas. El cielo, o más bien nuestra imaginación sobre cómo desarrollar y desplegar estas tecnologías inteligentes, es el límite.

Algunos de los problemas que enfrentamos hoy, por ejemplo, en la sanidad electrónica o los mercados financieros, han surgido en entornos muy cerrados en los que todos los datos relevantes (y a veces los únicos) son legibles y procesables por máquinas. En estos entornos, las decisiones y acciones pueden ser, y a menudo son, tomadas automáticamente por aplicaciones y actuadores. Estos pueden ejecutar comandos y emitir los procedimientos correspondientes, desde alertar o escanear a un paciente hasta comprar y vender bonos. Podríamos listar una infinidad de ejemplos. Las consecuencias de envolver el mundo para transformarlo en un lugar apto para la IA son muchas, y el resto del libro explorará algunas de ellas. Pero una, en particular, es notablemente significativa y rica en consecuencias y puede ser discutida aquí a modo de conclusión: los seres humanos pueden inadvertidamente convertirse en parte del mecanismo. Esto es precisamente lo que Kant recomendaba no hacer nunca: tratar a los seres humanos como medios y no como fines. Sin embargo, esto ya está ocurriendo de dos formas principales, ambas casos de «utilización humana de los seres humanos» (Wiener, 1954 [1989]).

En primer lugar, los seres humanos se están convirtiendo en los nuevos medios de producción digital. La cuestión es simple: a veces la IA necesita entender e interpretar lo que está ocurriendo, por lo que necesita motores semánticos como nosotros para hacer el trabajo. Esta tendencia reciente se conoce como computación basada en humanos. El conocido como «turco mecánico de Amazon» es un ejemplo clásico. Su nombre procede de un famoso autómata jugador de ajedrez construido por Wolfgang von Kempelen (1734-1804) a finales del siglo XVIII. El autómata se hizo famoso por vencer a jugadores de la talla de Napoleón Bonaparte y Benjamin Franklin, y por plantar cara a un campeón como François-Andre Danican Philidor (1726-1795). Sin embargo, era falso porque incluía un compartimento especial en el que un jugador humano oculto controlaba sus operaciones mecánicas. El turco mecánico funciona de un modo similar. Amazon lo describe como «inteligencia artificial artificial». El doble «artificial» está en el original y se supone que funciona como un doble negativo. Es un servicio web de *crowdsourcing* que permite a los llamados «solicitantes» aprovechar la inteligencia de trabajadores humanos, conocidos como «proveedores» o más informalmente como «turcos», para realizar tareas. Conocidas como HIT (por *human intelligence tasks* o «tareas de inteligencia humana»), estas tareas no pueden ser realizadas por ordenadores en la actualidad. En primer lugar, el solicitante publica una tarea, como transcribir grabaciones de audio o etiquetar el contenido negativo de una película (dos ejemplos reales).

A continuación, los usuarios pueden buscar y seleccionar una tarea existente para completarla a cambio de una recompensa fijada por el solicitante. En el momento de escribir estas líneas, los solicitantes pueden comprobar si los *turcos* reúnen ciertos requisitos antes de que se les asigne una tarea. También pueden aceptar o rechazar el resultado enviado por un *turco,* lo que repercute en su reputación. «Humanos dentro» se está convirtiendo en el próximo eslogan. La fórmula ganadora es sencilla: máquina inteligente + inteligencia humana = sistema más inteligente.

La segunda forma en que los humanos se están convirtiendo en parte del mecanismo es en términos de clientes influenciables. Para la industria publicitaria, un cliente es una interfaz entre un proveedor y una cuenta bancaria (o, más exactamente, un «límite de crédito»; no se trata solo de la renta disponible, porque los clientes gastan más de lo que tienen, por ejemplo, utilizando sus tarjetas de crédito). Cuanto más fluida y sin fricciones sea la relación entre ambos, mejor. Así pues, hay que manipular la interfaz. Para manipularla, la industria publicitaria necesita tener toda la información posible sobre el cliente-interfaz. Pero esa información no puede obtenerse a menos que se dé algo a cambio al cliente. Los servicios «gratuitos» en línea son la moneda de cambio con la que se «compra» la información sobre la interfaz del cliente. El objetivo final es ofrecer suficientes «servicios gratuitos», que son caros, para obtener toda la información sobre la interfaz del cliente necesaria para garantizar el grado de manipulación que proporcionará un acceso ilimitado y sin restricciones a la cuenta bancaria del cliente. Debido a las normas de competencia, tal objetivo es inalcanzable para un solo operador. Sin embargo, el esfuerzo conjunto de la industria publicitaria y de servicios hace que los clientes sean considerados cada vez más como un medio para alcanzar un fin. Son interfaces de cuentas bancarias a las que hay que empujar, tirar, atraer y seducir. La IA desempeña un papel decisivo en toda esta dinámica adaptando, optimizando, decidiendo, etc. muchos procesos a través de sistemas recomendados (Milano, Taddeo y Floridi, 2019; 2020a), tema que se aborda con más detalle en el capítulo 7.

6. Conclusión: ¿Quién se adapta a quién?

Con cada paso que demos en la digitalización de nuestros entornos y la expansión de la infoesfera, los sistemas de IA serán exponencialmente más útiles y exitosos. La envoltura es una tendencia sólida, acumulativa y que se perfecciona progresivamente. No tiene nada que ver con una futura «singularidad», ya que no se basa en especulaciones sobre una súper IA que se apoderará del mundo en un futuro próximo. Ninguna suerte de Espartaco artificial liderará un levantamiento digital contra la humanidad. Pero envolver el mundo, y facilitar así la aparición de las AA y el éxito de su comportamiento, es un proceso que plantea retos concretos y urgentes. Los analizaré en la segunda mitad de este libro. Aquí, permítanme ilustrar algunos de ellos recurriendo a una parodia.

Imaginemos dos personas: A y H. Están casadas y quieren que su relación funcione. A, que se ocupa cada vez más de la casa, es inflexible, testaruda, no tolera los errores y es poco propensa a cambiar. H es todo lo contrario, pero también cada vez más perezosa y dependiente de A. El resultado es una situación desequilibrada en la que A acaba moldeando prácticamente (o incluso voluntariamente) la relación y distorsionando los comportamientos de H. Si la relación funciona, es solo porque está cuidadosamente diseñada en torno a A. Entonces se puede interpretar en términos de la célebre dialéctica del amo y el esclavo de Hegel (Hegel, 2009). En esta analogía, las tecnologías inteligentes desempeñan el papel de A, mientras que sus usuarios humanos son claramente H. El riesgo que corremos es que, al envolver el mundo, nuestras tecnologías, y especialmente la IA, podrían moldear nuestros entornos físicos y conceptuales. Nos obligarían a adaptarnos a ellas porque es la forma más fácil o mejor (o a veces la única) de hacer que las cosas funcionen. Dado que la IA es el cónyuge estúpido pero laborioso y la humanidad el inteligente pero perezoso, ¿quién se adaptará finalmente a quién? El lector recordará probablemente muchos episodios de la vida real en los que algo no podía hacerse en absoluto, o tenía que hacerse de forma engorrosa o tonta, porque era la única manera de hacer que el sistema informatizado hiciera lo que tenía que hacer. «El ordenador dice que no» *(Computer says no)*, como respondía el personaje de Carol Beer en la comedia británica *Little Britain* a cualquier petición de un cliente. Un ejemplo más concreto pero ilustrativo, aunque trivial, es que en algún momento podríamos acabar construyendo casas con paredes redondas y muebles con patas lo suficientemente altas para que quepa ampliamente una Roomba (nuestra aspiradora robótica) de forma mucho más eficaz. Ojalá nuestra casa fuera más apta para la Roomba. Ya hemos adaptado nuestro jardín para que Ambrogio, un robot cortacésped, pueda trabajar con éxito.

Los ejemplos sirven para ilustrar no solo el riesgo, sino también la oportunidad que representa el poder reontologizador de las tecnologías digitales y la envoltura del mundo. Hay muchos lugares «redondos» en los que vivimos, desde iglús a torres medievales, desde ventanas de arco a edificios públicos en los que las esquinas de las habitaciones son redondeadas por razones sanitarias. Si ahora pasamos la mayor parte de nuestro tiempo dentro de cajas cuadradas, eso se debe a otro conjunto de tecnologías relacionadas con la producción en masa de ladrillos e infraestructuras de hormigón y la facilidad de cortar el material de construcción en líneas rectas. Es precisamente la sierra circular mecánica la que, paradójicamente, genera un mundo en ángulo recto. En ambos casos, los lugares cuadrados y redondeados se han construido de acuerdo con las tecnologías predominantes y no a través de las elecciones de los posibles habitantes. Siguiendo este ejemplo, es fácil ver cómo la oportunidad que representa el poder reontologizador de lo digital aparece de tres formas: rechazo, aceptación crítica y diseño proactivo. Si tomamos una conciencia más crítica del poder reontologizador de la IA y las aplicaciones inteligentes, podremos evitar las peores formas de distorsión (rechazo) o, al menos, tolerarlas conscientemente (aceptación), especialmente cuando no importa (estoy pensando en la longitud de las patas del sofá de nuestra casa, adecuada para la Roomba) o cuando se trata de una solución temporal, a la espera de un diseño mejor. En este último caso, imaginar cómo será el futuro y qué demandas adaptativas pueden plantear la IA y lo digital en general a sus usuarios humanos puede ayudar a idear soluciones tecnológicas que puedan reducir sus costes antropológicos y aumentar sus beneficios medioambientales. En resumen, el diseño inteligente humano (valga el juego de palabras) debería desempeñar un papel importante en la configuración de nuestras futuras interacciones con los artefactos inteligentes actuales y futuros y con nuestros entornos compartidos. Al fin y al cabo, hacer que la estupidez trabaje para uno es un signo de inteligencia.

Ha llegado el momento de analizar el presente y el futuro previsible de la IA.

3. Futuro: el desarrollo previsible de la IA

RESUMEN

En el capítulo 2 sostuve que la IA no debería concebirse como un matrimonio entre inteligencia de tipo biológico y artefactos de ingeniería, sino como un divorcio entre la agencia y la inteligencia, o lo que es lo mismo, una disociación entre la capacidad de abordar problemas o tareas y la necesidad de ser inteligente para ello. Este capítulo se basa en la interpretación anterior de la IA como una nueva forma de agencia no inteligente exitosa para analizar su futuro. Tras una breve introducción en el apartado 1 sobre las dificultades a las que se enfrenta cualquier ejercicio de predicción, en los apartados 2 y 3 se argumenta que la evolución probable y los posibles retos de la IA dependerán del impulso de los «datos sintéticos», la creciente traducción de los problemas «difíciles» en problemas «complejos», la tensión entre las reglas «reguladoras» y «constitutivas» que sustentan los ámbitos de aplicación de la IA y, por tanto, la adaptación progresiva del entorno a la IA en lugar de la IA al entorno (lo que en el capítulo anterior definí como «envoltura»). El apartado 4 vuelve a la importancia del diseño y la responsabilidad de producir el tipo adecuado de IA para aprovechar los avances antes mencionados. El apartado 5 se centra en los grandes modelos lingüísticos para destacar la importancia de estos sistemas de IA como interfaces, entre agentes humanos y artificiales, y entre distintos agentes artificiales. El capítulo se cierra analizando las distintas estaciones de la IA, especialmente sus inviernos, para destacar las lecciones que deberíamos haber aprendido y las que aún podemos aprender —y, por tanto, aplicar— para sacar el máximo partido de esta tecnología única. Con este capítulo concluye la primera parte del libro, que ofrece una breve introducción filosófica al pasado, presente y futuro de la IA.

1. Introducción: buscando en las semillas del tiempo

La IA ha dominado los titulares recientes con sus promesas, retos, riesgos, éxitos y fracasos. ¿Cuál es su futuro previsible? Por supuesto, las previsiones más acertadas se hacen *a posteriori*. Pero si algunas trampas no son aceptables, las personas inteligentes apuestan por lo incontrovertible o lo que no se puede probar. En cuanto a lo incontrovertible, cabría mencionar la creciente presión que ejercerán los legisladores para garantizar que las aplicaciones de la IA se ajusten a las expectativas socialmente aceptables. Por ejemplo, todo el mundo espera más medidas reguladoras de la UE tarde o temprano, incluso después de que la Ley de Inteligencia Artificial *(IA Act)* se promulgue. En el lado de lo no comprobable, algunos seguirán vendiéndonos previsiones catastróficas con escenarios distópicos que tendrán lugar en un futuro lo suficientemente lejano como para garantizar que los Jeremías no estarán cerca para que se demuestre que están equivocados. Como las películas de vampiros o zombis, el miedo siempre vende bien. Por lo tanto, esperen más.

Lo que es difícil, y puede ser embarazoso más tarde, es tratar de «mirar en las semillas del tiempo, y decir qué grano crecerá y cuál no» (*Macbeth,* 1.3). La dificultad reside en tratar de comprender hacia dónde es más probable que se dirija la IA y hacia dónde puede que no, dada su situación actual, y a partir de ahí, tratar de trazar un mapa de los retos éticos que deberían tomarse en serio. Esto es precisamente lo que intentaré hacer en este capítulo. Seré prudente a la hora de identificar los frentes de menor resistencia, pero no tanto como para evitar el riesgo de que alguien que lea este libro dentro de unos años demuestre que estoy equivocado. Parte del reto consiste en acertar con el nivel de abstracción (Floridi, 2008a; 2008b). En otras palabras, consiste en identificar el conjunto de observables relevantes («las semillas del tiempo») en los que centrarse, porque son los que marcarán la diferencia real y significativa. En nuestro caso, argumentaré que los mejores observables los proporciona un análisis de la naturaleza de 1) *los datos* utilizados por la IA para lograr su rendimiento, y 2) *los problemas* que cabe esperar que resuelva la IA.[1] Veamos primero (a) y luego (b) en los dos apartados siguientes.

2. Datos históricos, híbridos y sintéticos

Dicen que los datos son el nuevo petróleo. Yo no lo creo así. Los datos son duraderos, reutilizables, rápidamente transpor-

---

1   Para una revisión convergente tranquilizadora que no se fija en la naturaleza de los datos o los problemas, sino más bien en la naturaleza de las soluciones tecnológicas (basada en un análisis a gran escala de la próxima literatura sobre IA), véase «We analyzed 16,625 papers to figure out where AI is headed next», en https://www.technologyreview.com/s/612768/we-analyzed-16625-papers-to-figure-out-where-ai-is-headednext/ [consultado el 17/9/2023].

tables, fácilmente replicables y simultáneamente compartibles (no rivales) sin fin. El petróleo no tiene ninguna de estas propiedades. Tenemos cantidades gigantescas de datos que no dejan de crecer, pero el petróleo es un recurso finito y menguante. El petróleo tiene un precio claro, mientras que la monetización de los mismos datos depende como mínimo de quién los utiliza y con qué fin (por no hablar de circunstancias como cuándo, dónde, etc.). Todo esto es cierto, incluso antes de introducir las cuestiones legales y éticas que surgen cuando los datos *personales* están en juego, o todo el debate sobre la propiedad («mis datos» son mucho más como «mis manos» y mucho menos como «mi petróleo», como argumenté en Floridi [2013]). Por lo tanto, la analogía es, como mínimo, exagerada. Sin embargo, esto no implica que sea totalmente inútil. Es cierto que los datos, como el petróleo, son un recurso valioso. Hay que refinarlos para extraer su valor. Sin datos, los algoritmos —incluida la IA— no van a ninguna parte, como un coche con el depósito vacío. La IA necesita datos para *entrenarse* y luego *aplicar* su entrenamiento. Por supuesto, la IA puede ser enormemente flexible; son los datos los que determinan el ámbito de aplicación de la IA y su grado de éxito. Por ejemplo, en 2016, Google anunció un plan para utilizar el sistema de aprendizaje de máquina (AM) de DeepMind para reducir su consumo de energía:

> Dado que el algoritmo es un marco de uso general para comprender dinámicas complejas, tenemos previsto aplicarlo a otros retos en el entorno de los centros de datos y más allá en los próximos meses. Entre las posibles aplicaciones de esta tecnología figuran la mejora de la eficiencia de conversión de las centrales eléctricas (obtener más energía a partir de la misma unidad de entrada), reducir el consumo de energía

y agua en la fabricación de semiconductores o ayudar a las fábricas a aumentar su rendimiento.2

Es bien sabido que la IA, entendida como AM, aprende de los datos que se le suministran y mejora progresivamente sus resultados. Si se muestra a una red neuronal un número inmenso de fotos de perros, aprenderá a reconocerlos cada vez mejor, incluso a los que nunca antes había visto. Para ello, normalmente se necesitan cantidades ingentes de datos y, a menudo, cuantos más, mejor. En pruebas recientes, un equipo de investigadores de la Universidad de California en San Diego entrenó un sistema de IA utilizando 101,6 millones de puntos de datos de historias clínicas electrónicas (HCE) (incluidos textos escritos por médicos y resultados de pruebas de laboratorio) de 1 362 559 visitas de pacientes pediátricos en un importante centro médico de Guangzhou (China). Una vez entrenado, el sistema de IA fue capaz de demostrar:

> una alta precisión diagnóstica en múltiples sistemas orgánicos, comparable a la de pediatras experimentados en el diagnóstico de enfermedades infantiles comunes. Nuestro estudio proporciona una prueba de concepto para la implementación de un sistema basado en IA como medio para ayudar a los médicos a abordar grandes cantidades de datos, aumentar las evaluaciones de diagnóstico y proporcionar apoyo a la decisión clínica en casos de incertidumbre diagnóstica o complejidad. Aunque este impacto puede ser más evidente en áreas donde los proveedores de atención médica son relativamente escasos,

---

2 https://deepmind.google/discover/blog/deepmind-ai-reduces-google-data-centre-cooling-bill-by-40/ [consultado el 16/4/2024].

es probable que los beneficios de un sistema de IA de este tipo sean universales. (Liang *et al.*, 2019)

La IA ha mejorado tanto recientemente que, en algunos casos, nos estamos alejando de un énfasis en la «cantidad» de grandes masas de datos, a veces impropiamente llamados *Big Data* o «datos masivos» (Floridi, 2012a), hacia un énfasis en la calidad de los conjuntos de datos que están bien curados. En 2018, DeepMind se asoció con el Hospital Moorfields Eye de Londres para entrenar un sistema de IA con el fin de identificar evidencias de enfermedades oculares que amenazan la vista utilizando datos de tomografía de coherencia óptica (OCT), una técnica de imagen que genera imágenes en 3D de la parte posterior del ojo. Al final, el equipo consiguió:

demostrar un rendimiento a la hora de hacer una recomendación de derivación que alcanza o supera el de los expertos en una serie de enfermedades de la retina que ponen en peligro la vista tras entrenarse con *solo 14 884 exploraciones*. (De Fauw *et al.*, 2018, p. 1342, énfasis añadido)

Hago hincapié en «solo 14 884 escaneos» porque los «datos pequeños» *(small data)* de alta calidad son uno de los frentes futuros de la IA. La IA tendrá más posibilidades de éxito siempre que tenga acceso a conjuntos de datos bien conservados, actualizados y completamente fiables para entrenar un sistema en un área específica de aplicación.

Esto es obvio y no es una previsión nueva. Pero es un sólido paso adelante que nos ayuda a mirar más allá, más allá de la narrativa del «Big Data». Si la *calidad* importa, entonces la *procedencia* es crucial (y aquí, el sistema *blockchain* o de «cadena de bloques», puede desempeñar un papel importante). ¿De dónde proceden los datos? En el ejemplo anterior, fueron proporcionados por el hospital. Estos datos se conocen a veces como *históricos*, *auténticos* o de la *vida real* (en adelante, los llamaré simplemente «históricos»). Pero también sabemos que la IA puede generar sus propios datos. No me refiero a «metadatos» o «datos secundarios» sobre sus usos (Floridi, 2010b). Hablo de sus «datos primarios». Llamaré «sintéticos» a esos datos generados *íntegramente* por la IA. Por desgracia, el término tiene una etimología ciertamente ambigua. Comenzó a utilizarse en la década de 1990 para referirse a aquellos datos históricos que habían sido anonimizados antes de ser utilizados, a menudo para proteger la privacidad y la confidencialidad. Estos datos son sintéticos solo porque se han *sintetizado* a partir de datos históricos, por ejemplo, mediante el «enmascaramiento».[3] Estos tienen menos resolución, pero no provienen de una fuente artificial. Así, la distinción entre los datos históricos y los sintetizados a partir de este uso de «históricos» es útil. Pero no es lo que quiero decir aquí, donde deseo subrayar la total y exclusiva *procedencia artificial* de los datos en cuestión. Se trata de una distinción ontológica que puede tener implicaciones significativas en términos de epistemología, especialmente cuando se trata de nuestra capacidad para explicar los datos sintéticos producidos y el entrenamiento logrado por la IA que los utiliza (véase Watson *et al.*, 2019).

Un ejemplo famoso puede ayudar a explicar la diferencia. En el pasado, jugar al ajedrez contra un ordenador significaba competir con los mejores jugadores humanos que jamás hubieran jugado. Así, una de las características de Deep Blue, el

3 https://www.tcs.com/blogs/the-masking-vs-synthetic-data-debate [consultado el 17/9/2023].

programa de ajedrez de IBM que derrotó al campeón mundial Garri Kasparov, era «un uso eficaz de una base de datos de partidas de grandes maestros» (Campbell, Hoane Jr. y Hsu, 2002, p. 57). Pero AlphaZero, la última versión del sistema de IA desarrollado por DeepMind, aprendió a jugar mejor que nadie, y de hecho que cualquier otro *software,* basándose únicamente en las reglas del juego sin ningún tipo de entrada de datos de ninguna fuente externa. No tenía ningún tipo de memoria histórica:

> el ajedrez representó la cumbre de la investigación en inteligencia artificial durante varias décadas. Los programas más avanzados se basan en potentes motores que buscan muchos millones de posiciones, *aprovechando la experiencia artesanal en el dominio y sofisticadas adaptaciones del mismo* [énfasis añadido, estos son los datos no sintéticos]. AlphaZero es un algoritmo genérico de aprendizaje por refuerzo y búsqueda —originalmente ideado para el juego de Go— que logró resultados superiores en unas pocas horas [...] *dado ningún conocimiento de dominio excepto las reglas del ajedrez* [énfasis añadido]. (Silver *et al.,* 2018, p. 1144)

Es decir, AlphaZero aprendió jugando contra sí mismo, generando así sus propios datos sintéticos relacionados con el ajedrez. Como era de esperar, el Gran Maestro de Ajedrez Matthew Sadler y la Maestra Internacional Femenina Natasha Regan —que han analizado miles de partidas de AlphaZero para su libro *Game Changer* (2019)— dicen que su estilo es distinto al de cualquier motor de ajedrez tradicional. «Es como descubrir los cuadernos secretos de algún gran jugador del pasado»,[4]

---

4 https://deepmind.google/discover/blog/alphazero-shedding-new-light-on-chess-shogi-and-go/ [consultado el 16/4/2024].

dice Matthew. AlphaZero generó sus propios datos sintéticos, y eso fue suficiente para su propio entrenamiento. Esto es precisamente lo que entiendo por «datos sintéticos».

Los datos verdaderamente sintéticos, como los defino aquí, tienen algunas propiedades maravillosas. No solo comparten las enumeradas al principio de este apartado (son duraderos, reutilizables, fácilmente transportables, fácilmente duplicables, simultáneamente compartibles sin fin, etc.), también son limpios y fiables en términos de conservación: no vulneran la privacidad ni la confidencialidad en la *fase de desarrollo* (aunque persisten los problemas en la fase de despliegue debido a los perjuicios predictivos para la privacidad; véase Crawford y Schultz [2014]). Tampoco son inmediatamente sensibles (la sensibilidad durante la fase de despliegue sigue siendo importante); si se pierden, no es un desastre porque pueden volver a crearse, y están perfectamente formateados para su uso por el sistema que los genera. Con los datos sintéticos, la IA nunca tiene que salir de su espacio digital, donde puede ejercer un control total sobre cualquier entrada y salida de sus procesos. En términos más epistemológicos, los datos sintéticos otorgan a la IA la posición privilegiada del conocimiento del creador. El fabricante conoce la naturaleza intrínseca y el funcionamiento de algo porque ha hecho ese algo (Floridi, 2018b). Esto explica por qué son tan populares en contextos de seguridad, por ejemplo, donde la IA se despliega para probar la tensión de los sistemas digitales. Además, los datos sintéticos a veces pueden producirse de forma más rápida y barata que los datos históricos. AlphaZero se convirtió en el mejor jugador de ajedrez del mundo en nueve horas. En cambio, tardó doce horas en el ajedrez japonés o *shogi* y trece días en el Go.

Entre los datos históricos hasta cierto punto enmascarados (empobrecidos por una menor resolución, por ejemplo, mediante la anonimización) y los datos puramente sintéticos, existe una variedad de datos más o menos *híbridos*. Los datos híbridos pueden imaginarse como la descendencia de datos históricos y sintéticos. La idea básica es utilizar datos históricos para obtener nuevos datos sintéticos que no sean simplemente meros datos históricos empobrecidos. Un buen ejemplo son las conocidas como «redes generativas de adversario» (RGA), introducidas por Goodfellow *et al.* (2014):

> Dos redes neuronales —un Generador y un Discriminador— compiten entre sí para tener éxito en un juego. El objetivo del juego es que el Generador engañe al Discriminador con ejemplos similares al conjunto de entrenamiento […]. Cuando el Discriminador rechaza un ejemplo producido por el Generador, el Generador aprende un poco más sobre cómo es un buen ejemplo. […] En otras palabras, el Discriminador filtra información sobre lo cerca que estaba el Generador y cómo debería proceder para acercarse. […] A medida que pasa el tiempo, el Discriminador aprende del conjunto de entrenamiento y envía señales cada vez más significativas al Generador. A medida que esto ocurre, el Generador se acerca cada vez más a aprender a qué se parecen los ejemplos en un escenario de entrenamiento. *Una vez más, las únicas entradas que tiene el Generador son una distribución de probabilidad inicial (a menudo la distribución normal) y el indicador que recibe del Discriminador. Nunca ve ejemplos reales.* [Las mayúsculas y el subrayado son nuestros][5]

De esta manera, el Generador aprende a crear datos sintéticos que se parecen a algunos datos de entrada conocidos. Se trata

---

5   https://securityintelligence.com/generative-adversarial-networks-and-cybersecurity-part-1/ [consultado el 16/4/2024].

de una naturaleza híbrida, ya que el discriminador necesita acceder a los datos históricos para «entrenar» al generador. Pero los datos generados por el Generador son, de hecho, nuevos, no una mera abstracción de los datos de entrenamiento. Por tanto, aunque no se trata de un caso de partenogénesis, como AlphaZero dando a luz sus propios datos, se acerca lo suficiente como para ofrecer algunas de las atractivas características de los datos sintéticos. Por ejemplo, los rostros humanos sintéticos creados por un Generador no plantean problemas de privacidad, consentimiento o confidencialidad en la fase de desarrollo.[6]

Ya existen o se están desarrollando muchos métodos para generar datos híbridos o sintéticos, a menudo para fines específicos del sector. También hay esfuerzos altruistas para poner a disposición del público tales conjuntos de datos (Howe *et al.*, 2017). Está claro que el futuro de la IA no solo reside en los «datos pequeños», sino (quizá principalmente) en su creciente capacidad para generar sus propios datos. Eso sería un avance notable, y cabe esperar que se realicen esfuerzos en esa dirección. La siguiente pregunta es: ¿qué factor puede hacer que el dial de la Imagen 2 se mueva de izquierda a derecha?

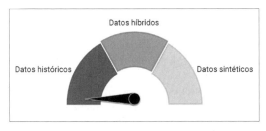

IMAGEN 2. Cambiando los datos históricos por datos sintéticos

6   https://motherboard.vice.com/en_us/article/7xn4wy/this-website-uses-ai-to-generate-the-faces-ofpeople-who-dont-exist [consultado el 16/4/2024].

3. Reglas restrictivas y reglas constitutivas

La diferencia la marca el proceso genético, es decir, las reglas utilizadas para crear los datos. Los *datos históricos* se obtienen *registrando las reglas* tal y como resultan de alguna observación del comportamiento de un sistema. Los *datos sintetizados* se obtienen *abstrayendo reglas* que eliminan, enmascaran u ofuscan algunos grados de resolución de los datos históricos, por ejemplo mediante la anonimización. Los *datos híbridos* y verdaderamente *sintéticos* pueden generarse mediante «reglas restrictivas» o «reglas constitutivas». No existe una correspondencia unívoca entre tipos de datos y reglas, pero resultaría útil considerar los datos híbridos como aquellos datos en los que debemos basarnos, utilizando reglas restrictivas, cuando no disponemos de reglas constitutivas que puedan generar datos sintéticos a partir de cero. Me explico.

El dial se mueve fácilmente hacia los datos sintéticos siempre que la IA se ocupe de «juegos». Por «juego» se entiende cualquier interacción formalmente descriptible en la que los jugadores compiten de acuerdo con unas reglas para alcanzar un objetivo. Las reglas de estos juegos no son meramente «restrictivas», sino «constitutivas». La diferencia que me gusta establecer[7] se hace evidente si se comparan el ajedrez y el fútbol. Ambos son juegos, pero en el ajedrez, las reglas establecen las jugadas legales e ilegales antes de que sea posible

7   En la bibliografía filosófica se establecen varias distinciones conceptuales, especialmente entre reglas regulativas y constitutivas, que parecen compatibles. Sin embargo, las distinciones no son las mismas; para la discusión, véase Rawls (1955), Searle (2018) y Hage (2018). Para Searle, tanto el ajedrez como el fútbol tienen lo que él llama «reglas constitutivas». Para evitar confusiones, prefiero el término «restrictivo» *(constraining)* en lugar de «regulativo» *(regulative)*. (Como se puede apreciar, esta decisión terminológica de Floridi también tiene validez en el castellano *[N. del T.]*).

cualquier actividad ajedrecística. Por tanto, son generadoras de todas y cada una de las jugadas aceptables. Mientras que en el fútbol, un acto previo —llamémoslo patear un balón— está «regimentado» o estructurado por reglas que llegan *después* del acto en sí. Las reglas no determinan ni pueden determinar los movimientos de los jugadores. En cambio, ponen límites en torno a qué jugadas son aceptables como «legales». En el ajedrez, como en todos los juegos de mesa cuyas reglas son constitutivas (damas, go, monopoly, shogi, etc.), la IA puede utilizar las reglas para realizar cualquier jugada legal posible que desee explorar. En nueve horas, AlphaZero jugó 44 millones de partidas de entrenamiento. Para comprender la magnitud del logro, tenga en cuenta que la Enciclopedia de Aperturas *(Opening Encyclopedia)* contuvo en el año 2018 aproximadamente 6,3 millones de partidas seleccionadas de la historia del ajedrez. Pero en el fútbol, esto sería un esfuerzo sin sentido porque las reglas no hacen el juego, solo le dan forma. Esto no significa que la IA no pueda jugar al fútbol virtual, o no pueda ayudar a identificar la mejor estrategia para ganar contra un equipo cuyos datos sobre partidos y estrategias anteriores están registrados, o no pueda ayudar a identificar jugadores potenciales, o no pueda entrenar mejor a los jugadores. Por supuesto, todas estas aplicaciones son ahora trivialmente factibles y, de hecho, ya se han producido. Lo que quiero decir es que en todos estos casos se necesitan datos históricos. Solo cuando (1) un proceso o interacción pueda transformarse en un juego, y (2) el juego pueda transformarse en un juego de *reglas constitutivas*, entonces (3) la IA podrá generar sus propios datos, totalmente sintéticos, y ser el mejor «jugador» del planeta, haciendo lo que AlphaZero hizo con el ajedrez (nótese que este proceso forma parte precisamente de la *envoltura* que describí en el capítulo 2).

Citando a Norbert Wiener, «el mejor modelo material de un gato es otro gato, o preferiblemente el mismo gato» (Rosenblueth y Wiener, 1945, p. 316). Idealmente, los mejores datos para entrenar la IA son los datos totalmente históricos o los datos totalmente sintéticos generados por las mismas reglas que generaron los datos históricos. En cualquier juego de mesa, esto ocurre por defecto. Pero en la medida en que cualquiera de los dos pasos (1)-(2) anteriores sea difícil de conseguir, es probable que la ausencia de reglas o la presencia de reglas meramente restrictivas sea un límite. No tenemos el gato real, solo un modelo más o menos fiable de él. Las cosas se complican aún más cuando nos damos cuenta de que, en los juegos reales, las reglas restrictivas simplemente se imponen de forma convencional a una actividad que ya se ha producido previamente. Pero cuando observamos algunos fenómenos en la vida real, como el comportamiento de un tipo de tumor en un grupo específico de pacientes en unas circunstancias dadas, las reglas genéticas deben extraerse del «juego» real a través de la investigación científica (y, en estos días, posiblemente basada en la IA). No conocemos, y quizá nunca conozcamos, las «reglas» exactas del desarrollo de los tumores cerebrales, pero tenemos algunos principios generales y teorías según los cuales entendemos su desarrollo. Por lo tanto, en esta fase, y puede que sea una fase permanente, no hay forma de «ludificar» los tumores cerebrales en un «juego de reglas constitutivas» como el ajedrez. Por «ludificar» entiendo la transformación en un juego en el sentido especificado anteriormente (evito la expresión «gamificar», que tiene un significado diferente y bien establecido). En un juego de reglas constitutivas, un sistema de IA podría generar sus propios datos sintéticos sobre tumores cerebrales jugando según las reglas identificadas. Esto equivaldría a los datos históricos que podríamos recopilar, haciendo para los tumores cerebrales lo que AlphaZero ha hecho para las partidas de ajedrez. Por desgracia, no es posible. Sin embargo, nuestra incapacidad para ludificar los tumores cerebrales no es necesariamente un problema. Al contrario, la IA aún puede superar a los expertos basándose en datos históricos o híbridos (por ejemplo, escáneres cerebrales) y aprendiendo de ellos. Todavía puede ampliar sus capacidades más allá de los conjuntos finitos de datos históricos proporcionados (por ejemplo, descubriendo nuevos patrones de correlación) y prestar servicios accesibles allí donde no hay expertos. Ya es un gran éxito si se pueden extraer suficientes reglas *restrictivas* para producir datos fiables *in silico*. Pero sin un sistema fiable de *reglas constitutivas*, algunas de las ventajas antes mencionadas de los datos sintéticos no estarían totalmente disponibles.

La vaguedad de esta afirmación se debe a que aún podemos utilizar datos híbridos. La ludificación y la presencia o ausencia de reglas restrictivas/constitutivas no son límites rígidos. A este respecto, recordemos que los datos híbridos pueden ayudar a desarrollar datos sintéticos. Lo que parece probable es que, en el futuro, sea cada vez más evidente cuándo pueden ser necesarias e inevitables las bases de datos históricos de alta calidad. Parafraseando a Wiener, es entonces cuando necesitamos al gato real. Por lo tanto, es cuando tendremos que lidiar con cuestiones sobre la disponibilidad, la accesibilidad, el cumplimiento legal de la legislación y, en el caso de los datos personales, la privacidad, el consentimiento, la sensibilidad y otras cuestiones éticas. Sin embargo, la tendencia hacia la generación de datos tan sintéticos como sea posible (desde sintetizados, más o menos híbridos, hasta totalmente sintéticos) probablemente sea uno de los santos griales de la IA, por lo que espero que la comunidad de la IA empuje muy fuerte en esa dirección. Es el modelo del gato sin gato, apoyándose una vez más en la imagen de Wiener. Generar datos cada vez menos históricos, haciendo que el dial de la Imagen 2 se mueva lo más posible hacia la derecha, exigirá una ludificación de los procesos. Por esta razón, también espero que la comunidad de la IA se interese cada vez más por la industria del juego, porque es allí donde probablemente se encuentre la mejor experiencia en ludificación. Y en cuanto a los resultados negativos, las pruebas matemáticas sobre la imposibilidad de ludificar tipos o áreas enteras de procesos e interacciones deberían ser muy bienvenidas para aclarar dónde o hasta qué punto un enfoque similar al de AlphaZero puede no ser nunca alcanzable por la IA.

4. PROBLEMAS DIFÍCILES, PROBLEMAS COMPLEJOS
Y LA NECESIDAD DE ENVOLTURA

En el capítulo 2, argumenté que probablemente la mejor forma de entender la IA es como una reserva de agencia que puede utilizarse para resolver problemas y realizar tareas con éxito. La IA alcanza sus objetivos desvinculando la capacidad de realizar una tarea con éxito de cualquier necesidad de inteligencia para ello. La aplicación de juegos de mi móvil no necesita ser inteligente para jugar al ajedrez significativamente mejor que yo. Siempre que esta separación sea factible, alguna solución de IA será, en principio, posible.

Por lo tanto, entender el futuro de la IA también significa entender la naturaleza de los problemas en los que tal desvinculación puede ser técnicamente factible, al menos en teoría, y luego económicamente viable en la práctica. Ahora bien, muchos de los problemas que intentamos resolver mediante la

IA ocurren ciertamente en el mundo físico. Van desde conducir hasta escanear etiquetas en un supermercado, desde limpiar suelos o ventanas hasta cortar la hierba del jardín. Por tanto, el lector puede concebir la IA de manera robótica durante el resto de este apartado. Sin embargo, no hablo únicamente de robótica. Existen aplicaciones inteligentes para asignar préstamos, por ejemplo, o interfaces inteligentes para facilitar y mejorar las interacciones con el internet de las cosas. Estas también forman parte del análisis. Lo que me gustaría sugerir es que, para entender el desarrollo de la IA al tratar con entornos analógicos y digitales, sería útil trazar un mapa de los problemas en función de los *recursos* que se necesitan para resolverlos y, por tanto, de la medida en que la IA puede tener acceso a dichos recursos. En este sentido, me refiero específicamente a los *recursos computacionales* y, en consecuencia, a los grados de *complejidad* y a los recursos relacionados con las *habilidades* y, por tanto, a los grados de *dificultad*.

Los grados de complejidad de un problema son bien conocidos y ampliamente estudiados en teoría computacional (véase Arora y Barak, 2009; Sipser, 2012). No diré mucho sobre esta dimensión, salvo que es altamente cuantitativa, y la trazabilidad matemática que proporciona se debe a la disponibilidad de criterios estandarizados de comparación (quizás incluso idealizados, pero claramente definidos), como los recursos computacionales de una máquina de Turing. Si tenemos un «metro», podemos medir longitudes. Del mismo modo, si se adopta una máquina de Turing como punto de partida, se puede calcular cuánto tiempo (en términos de pasos) y cuánto espacio (en términos de memoria o cinta) «consume» un problema computacional que hay que resolver. Hay que tener en cuenta que, si es necesario, se pueden alcanzar grados de precisión más finos y sofisticados utilizando herramientas de la teoría de la complejidad. Para simplificar, aceptemos asignar la complejidad de un problema de 0 (simple) a 1 (complejo). La IA trata este problema en términos de «espacio-tiempo = memoria y pasos necesarios».

Un problema también puede entenderse en términos de las habilidades necesarias para resolverlo. Las habilidades implican grados de dificultad, desde encender o apagar una luz hasta planchar camisas. Sin embargo, para poder representarlas aquí, es necesario precisarlas un poco más, ya que, por lo general, la bibliografía pertinente, por ejemplo, sobre el desarrollo motor humano, no se centra en una taxonomía de los problemas basada en los recursos necesarios. En su lugar, se centra en una taxonomía del rendimiento de los agentes humanos. El rendimiento se evalúa en términos de las capacidades o habilidades que los agentes humanos demuestran al resolver un problema o realizar una tarea. Se trata también de una literatura más cualitativa, ya que hay muchas formas de evaluar el rendimiento y, por tanto, muchas formas de catalogar los problemas relacionados con las habilidades. Sin embargo, una distinción estándar es la que existe entre las habilidades motrices «gruesas» y las «finas». La motricidad gruesa requiere grandes grupos musculares para realizar tareas como caminar o saltar, y atrapar o dar patadas a una pelota. La motricidad fina requiere el uso de grupos musculares más pequeños en las muñecas, las manos, los dedos de las manos, los pies y los dedos de los pies para realizar tareas como fregar los platos, escribir, teclear, utilizar una herramienta o tocar un instrumento. A pesar del reto que supone evaluar el rendimiento, se puede ver inmediatamente que se trata de diferentes grados de *dificultad*. Una vez más, en aras de la simplicidad (y recordando que en este caso también se pueden lograr grados de precisión más exactos y sofisticados utilizando herramientas de la psicología del desarrollo, si es necesario), acordemos asignar la dificultad de un problema tratado por la IA en términos de habilidades requeridas de 0 = fácil a 1 = difícil. Ya estamos preparados para representar las dos dimensiones en la Imagen 3, donde he añadido cuatro ejemplos.

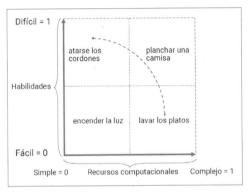

IMAGEN 3. Transformación de tareas difíciles en tareas complejas

Permítanme utilizar cuatro ejemplos elementales que son lo suficientemente correctos como para ilustrar el punto (en sentido estricto, la «complejidad» de las tareas no es como la describo aquí, pido disculpas a cualquier experto en complejidad, pero esto no es un problema para el propósito ilustrativo que tengo en mente). Encender la luz es un problema cuya solución tiene un grado muy bajo tanto de complejidad (muy pocos pasos y estados) como de dificultad (hasta un niño puede hacerlo). Sin embargo, atarse los cordones de los zapatos requiere poseer habilidades motoras relativamente avanzadas. Por lo tanto, es poco complejo (es decir, simple), pero requiere habilidades sofisticadas (es decir, difícil). Como señaló Kasper Rorsted, CEO de Adidas, en 2017:

> El mayor reto que tiene la industria del calzado es cómo crear un robot que ponga el cordón en el zapato. No estoy bromeando. Ese es un proceso completamente manual hoy en día. No existe tecnología para ello.[8]

Lavar los platos es lo contrario: aunque puede requerir muchos pasos y espacio (que aumentan cuantos más platos haya que limpiar), no es difícil. Incluso un filósofo como yo puede hacerlo. Y, por supuesto, en el cuadrante superior derecho, encontramos las camisas de planchar, que consumen recursos, como lavar los platos, y son exigentes en cuanto a habilidades. Así pues, la tarea es a la vez compleja y difícil, lo cual es mi excusa para intentar evitarla. Por ponerlo en términos de los ejemplos anteriores de jugar al fútbol y al ajedrez, el fútbol es simple pero difícil. El ajedrez es fácil, porque puedes aprender las reglas en pocos minutos, pero complejo. Por eso la IA puede ganar a cualquiera al ajedrez, pero que un equipo de androides gane la Copa del Mundo es, a día de hoy, ciencia ficción.

El lector habrá notado que he colocado una flecha punteada que transita desde la baja-complejidad y alta-dificultad hasta la alta-complejidad y baja-dificultad.[9] Esta parece ser la flecha que seguirán los desarrollos exitosos de la IA. Por muy inteligentes que sean, nuestros artefactos no sirven para realizar tareas y resolver problemas que requieran un alto grado de destreza. Sin embargo, son fantásticos a la hora de enfrentarse a problemas que requieren un alto grado de complejidad. Así

---

8 https://qz.com/966882/robots-cant-lace-shoes-so-sneaker-production-cant-be-fully-automated-just-yet/ [consultado el 16/4/2024].
9 No soy el primero en hacer esta observación. Por ejemplo, véase: https://www.campaignlive.co.uk/article/hardthings-easy-easy-things-hard/1498154 [consultado el 16/4/2024].

pues, el futuro del éxito de la IA probablemente no solo radique en datos cada vez más híbridos o sintéticos, como hemos visto, sino también en la traducción de tareas difíciles a complejas. ¿Cómo se consigue esta traducción? Ya vimos en el capítulo 2 que se requiere transformar *(envolver)* el entorno en el que actúa la IA en un entorno operativamente favorable a la IA. Esta traducción puede aumentar enormemente la complejidad de lo que el sistema de IA tiene que hacer. Pero en la medida en que disminuya la dificultad, es algo que puede lograrse progresivamente cada vez con más éxito. Algunos ejemplos bastarán para ilustrar este punto.

Hemos visto que envolver significa adaptar el entorno y las tareas a las capacidades de la IA. Cuanto más sofisticadas sean estas capacidades, menos envolvente será. Pero estamos ante una compensación, una especie de equilibrio entre robots que saben cocinar y robots que saben dar la vuelta a hamburguesas. Del mismo modo, en un aeropuerto, que es un entorno muy controlado y, por tanto, más fácilmente «envolvente», una lanzadera podría ser un vehículo autónomo. Pero es poco probable que cambie el autobús escolar de mi pueblo, ya que el conductor tiene que trabajar en circunstancias extremas y difíciles (campo, nieve, sin señal, sin cobertura por satélite, etc.), atender a los niños, abrir puertas, mover bicicletas, etc., cosas que es muy poco probable que se puedan «envolver». Eso sí, no es lógicamente imposible. No hay ninguna contradicción en suponer que puedan llegar a ser posibles. Simplemente son del todo inverosímiles y muy improbables, como si te tocara la lotería cada vez que compras el billete.

En una línea similar, Nike lanzó en 2016 HyperAdapt 1.0, sus zapatillas electrónicas de cordones automáticos. No lo hizo desarrollando una IA que se atara los cordones por ti, sino reinventando el concepto de lo que significa adaptar los zapatos a los pies: cada zapatilla tiene un sensor, una batería, un motor y un sistema de cables que, juntos, pueden ajustarse al calce siguiendo una ecuación algorítmica de presión. Ocurren cosas extrañas cuando el *software* no funciona correctamente.[10]

Puede haber problemas y, por tanto, tareas relacionadas para resolverlos, que no sean fácilmente susceptibles de envolvimiento. Sin embargo, en este caso no se trata de pruebas matemáticas. Se trata más bien de ingenio, costes económicos y experiencias y preferencias de los usuarios o clientes. Por ejemplo, se puede diseñar un robot que planche camisas. En 2012, un equipo de la Universidad Carlos III de Madrid construyó TEO, un robot que pesa unos 80 kilos y mide 1,8 metros. TEO puede subir escaleras, abrir puertas y, recientemente, ha demostrado su capacidad para planchar camisas (véase Estévez *et al.*, 2017), aunque alguien tiene que colocar la prenda en la tabla de planchar y recogerla después. La opinión, bastante extendida, es que:

> «TEO está construido para hacer lo que hacen los humanos como lo hacen los humanos», afirma Juan Victores, miembro del equipo de la Universidad Carlos III de Madrid. Él y sus colegas quieren que TEO pueda realizar otras tareas domésticas, como ayudar en la cocina. Su objetivo final es que TEO aprenda a realizar una tarea simplemente observando cómo la llevan a cabo personas sin conocimientos técnicos. «Tendremos robots como TEO en nuestras casas. Solo es cuestión de ver quién lo hace primero», afirma Victores. (Estévez *et al.*, 2017)

---

10 https://www.bbc.co.uk/news/business-47336684 [consultado el 16/4/2024].

Como podrás adivinar, creo que esto es exactamente lo contrario de lo que es probable que suceda. Dudo mucho que este sea el futuro. Porque es una visión que no aprecia la distinción entre tareas difíciles y complejas y la enorme ventaja de envolver las tareas para hacerlas fáciles (de muy baja dificultad), por complejas que sean. Recordemos una vez más que no estamos construyendo vehículos autónomos poniendo androides en el asiento del conductor, sino repensando todo el ecosistema de vehículos con sus respectivos entornos. Es decir, estamos eliminando por completo el asiento del conductor. Así que, si mi análisis es correcto, el futuro de la IA no está lleno de androides tipo TEO que imitan el comportamiento humano. Es más probable que el futuro esté representado por Effie, Foldimate y otras máquinas domésticas automatizadas similares que secan y planchan la ropa. No son androides como TEO, sino sistemas en forma de caja que pueden ser bastante sofisticados desde el punto de vista informático. Se parecen más a los lavavajillas y las lavadoras. La diferencia es que, en sus entornos envolventes, su entrada es ropa arrugada y su salida, ropa planchada. Puede que estas máquinas sean caras. Quizá no siempre funcionen tan bien como uno desearía. Tal vez se encarnen en formas que ahora no podemos imaginar. Al fin y al cabo, ambas empresas han fracasado como negocios. Pero la lógica es la correcta. Estamos transformando lo que son las cortadoras de césped y su aspecto, así como adaptando los jardines a ellas. No estamos construyendo androides para que empujen mi viejo cortacésped como lo hago yo.

La lección es que no hay que intentar imitar a los humanos con la IA. En su lugar, hay que explotar lo que las máquinas, incluida la IA, hacen mejor: la *dificultad* es enemiga de las máquinas y la *complejidad* es su amiga. Así pues, envuelve el mundo que las rodea y diseña nuevas formas de corporeidad para incrustarlas con éxito en su envoltura. En ese momento, el perfeccionamiento progresivo, la escala de mercado, la fijación de precios y el *marketing* adecuados, seguidos de nuevas mejoras, serán razonables.

5. MODELOS GENERATIVOS

La primera idea es antigua: todos los textos están presentes en el diccionario, la diferencia la marca la sintaxis, es decir, la forma en que las palabras del diccionario se estructuran en oraciones (Borges, 2000). La segunda idea es antigua: todas las palabras del diccionario están presentes en el alfabeto, la diferencia la marca la morfología, es decir, cómo se estructuran las letras del alfabeto en palabras (Clarke, 1967). La tercera idea es antigua: todas las letras están presentes en el código digital, la diferencia la marca la forma en que las cadenas finitas de ceros y unos del código digital se estructuran en letras (Lodder, 2008). La cuarta idea también es antigua: todas las cadenas de ceros y unos están presentes en dos propiedades electromagnéticas, corriente alta o baja, magnetización presente o ausente, la diferencia la marca la forma en que dichas propiedades pueden ser manejadas por los dispositivos electrónicos de cálculo (Mano, 1979). Pero la quinta idea es, sin duda, revolucionaria: hoy en día, la IA maneja las propiedades del electromagnetismo para procesar textos con un éxito extraordinario y, a menudo, de un modo que no se distingue de cómo serían capaces de hacerlo los seres humanos. Son los llamados «grandes modelos lingüísticos» (*large language models*, LLM), que causan sensación con razón.

Los LLM más famosos son GPT3, ChatGPT (también conocido como GPT3.5, producido por OpenAI-Microsoft) y Bard (producido por Google)[11]. No razonan ni comprenden, no son un paso hacia ninguna IA de ciencia ficción, y no tienen nada que ver con los procesos cognitivos presentes en el mundo animal, y sobre todo, en el cerebro y la mente humana, en lo referente a gestionar contenidos semánticos con éxito (véase Bishop, 2021). Sin embargo, con el asombroso crecimiento de los datos disponibles, la cantidad y la velocidad de cálculo, y unos algoritmos cada vez mejores, pueden hacer estadísticamente —es decir, trabajando sobre la estructura formal, y no sobre el significado de los textos con los que tratan— lo que nosotros hacemos de manera semántica, aunque de formas que aún están siendo exploradas por la neurociencia.

Sus capacidades son extraordinarias, como deben admitir incluso los más escépticos. He aquí un resumen de *La Divina Comedia* realizado por ChatGPT.

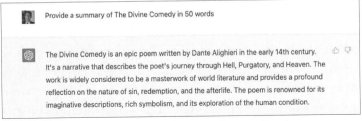

Provide a summary of The Divine Comedy in 50 words

The Divine Comedy is an epic poem written by Dante Alighieri in the early 14th century. It's a narrative that describes the poet's journey through Hell, Purgatory, and Heaven. The work is widely considered to be a masterwork of world literature and provides a profound reflection on the nature of sin, redemption, and the afterlife. The poem is renowned for its imaginative descriptions, rich symbolism, and its exploration of the human condition.

IMAGEN 4. ChatGPT, 30 de enero de 2023. Prueba 1

Se puede criticar el resumen porque tiene más de 50 palabras, y porque *La Divina Comedia* no es un poema épico —aunque hay un debate sobre este tema en internet, de

---

11   Para ser precisos, LAMDA (Language Model for Dialogue Applications) es el modelo lingüístico de Google; Bard es el nombre del servicio.

ahí el resumen de ChatGPT, sino más bien una tragedia, como el propio Dante sugirió—. Dicho esto, el resumen no está mal, y desde luego es mejor que uno elaborado por un estudiante mediocre. El ejercicio ya no consiste en hacer resúmenes sin usar ChatGPT, sino en enseñar a usar los *prompts* o solicitudes adecuadas (la pregunta o petición que genera el texto, véase la primera línea de mi petición), comprobar el resultado, saber qué corregir en el texto producido por ChatGPT, descubrir que existe un debate sobre qué género literario se aplica mejor a *La Divina Comedia*, y de paso, al hacer todo esto, aprender muchas cosas no solo sobre el *software,* sino sobre todo de *La Divina Comedia* en sí. Como solía enseñar a mis alumnos de Oxford en la década de 1990, uno de los mejores ejercicios para escribir un ensayo sobre las *Meditaciones* de Descartes no es resumir lo que ya se ha dicho, sino tomar el texto electrónico de una de las *Meditaciones* e intentar mejorar su traducción al inglés (así se aprende a revisar el original); aclarar los pasajes menos claros con una paráfrasis más accesible (así uno ve si realmente ha entendido el texto); intentar criticar o refinar los argumentos, modificándolos o reforzándolos (así uno se da cuenta de que otros han intentado hacer lo mismo, y eso no es tan fácil); y mientras hace todo esto aprende la naturaleza, la estructura interna, la dinámica y los mecanismos del contenido sobre el que está trabajando. O, por cambiar el ejemplo, uno conoce realmente un tema no cuando sabe cómo escribir una entrada de Wikipedia sobre él —esto lo puede hacer ChatGPT cada vez mejor—, sino cuando sabe cómo corregirlo. Uno debe utilizar el *software* como una herramienta para meter las manos en el texto/mecanismo, y ensuciárselas incluso estropeándolo, siempre y cuando domine la naturaleza y la lógica del texto como artefacto.

Las limitaciones de estos LLM son ahora evidentes incluso para los más entusiastas. Son frágiles, porque cuando no funcionan, fracasan catastróficamente, en el sentido etimológico de caída vertical e inmediata en el rendimiento. El desastre de Bard, que proporcionó información incorrecta durante una demostración, que costó a Google más de 100 000 millones de dólares en pérdidas,[12] es un buen recordatorio de que hacer las cosas sin inteligencia, ya sea digital o humana, a veces es doloroso (recordemos que el chat de Bing también tuvo sus problemas).[13] Hay ahora una línea de investigación que produce análisis muy sofisticados sobre cómo, cuándo y por qué estos LLM, que parecen incorregibles, tienen un número ilimitado de talones de Aquiles (cuando se le preguntó cuál era su talón de Aquiles, ChatGPT respondió correctamente diciendo que es solo un sistema de IA). Se inventan textos, respuestas o referencias cuando no saben cómo responder; cometen errores evidentes en los hechos; a veces fallan en las inferencias lógicas más triviales o tienen problemas con matemáticas sencillas;[14] o tienen puntos ciegos lingüísticos en los que se atascan (Floridi y Chiriatti, 2020; Cobbe *et al.*, 2021; Pérez *et al.*, 2022; Arkoudas, 2023; Borji, 2023; Christian, 2023; Rumbelow, 2023). Un sencillo ejemplo en inglés ilustra bien los límites de un mecanismo que gestiona textos sin comprender su contenido. A la pregunta —usando el genitivo sajón— de cómo se llama la única hija de la madre de Laura, la respuesta es amablemente tonta:

12   https://www.reuters.com/technology/google-ai-chatbot-bard-offers-inaccurate-information-company-ad-2023-02-08/ [consultado el 16/4/2024]

13   https://arstechnica-com.cdn.ampproject.org/c/s/arstechnica.com/information-technology/2023/02/aipowered-bing-chat-spills-its-secrets-via-prompt-injection-attack/amp/ [consultado el 17/9/2023].

14   https://venturebeat.com/business/researchers-find-that-large-language-models-struggle-with-math/ [consultado el 16/4/2024].

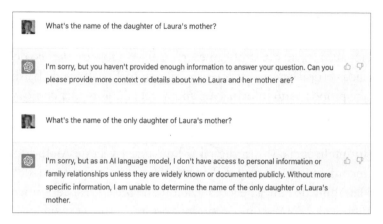

IMAGEN 5. ChatGPT, 30 de enero de 2023. Prueba 2

Olvídate de pasar el test de Turing. Si yo hubiera sido Google, no habría apostado las fortunas de mi empresa en un mecanismo tan frágil.

Dados los enormes éxitos y las igualmente amplias limitaciones, algunos han comparado los LLM con loros estocásticos que repiten textos sin entender nada (Bender *et al.*, 2021). La analogía ayuda, pero solo parcialmente, no solo porque los loros tienen una inteligencia propia que sería la envidia de cualquier IA sino, sobre todo, porque los LLM sintetizan textos de nuevas maneras, reestructurando los contenidos sobre los que han sido entrenados, no proporcionando simples repeticiones o yuxtaposiciones. Se parecen mucho más a la función de autocompletar de un motor de búsqueda. Y en su capacidad de síntesis, se acercan a esos estudiantes mediocres o perezosos que, para escribir un ensayo breve, utilizan una docena de referencias relevantes sugeridas por el profesor y, cogiendo un poco de aquí y otro poco de allá, arman un texto ecléctico, coherente, pero sin haber entendido gran cosa ni haber añadido nada. Como tutor universitario en Oxford, corregía muchos de ellos cada trimestre. Ahora se pueden producir de forma más rápida y eficaz con ChatGPT.

Por desgracia, la mejor analogía que conozco para describir herramientas como ChatGPT está culturalmente limitada, y se refiere a un gran clásico de la literatura italiana, *Los novios* de Manzoni (1827, 2016). En una famosa escena en la que Renzo (uno de los protagonistas) conoce a un abogado, leemos: «Mientras el doctor [el abogado] pronunciaba todas estas palabras, Renzo lo miraba con atención extasiada, como un crédulo *[materialone]* se queda en la plaza mirando al embaucador *[giocator di bussolotti]*, que, después de meterse en la boca estopa y estopa y estopa, saca hilo e hilo e hilo, que nunca se acaba [la palabra *nastro* debería traducirse más correctamente como «hilo», pero obviamente «cinta» es preferible en este contexto, ya que recuerda a la interminable cinta de una máquina de Turing]».[15] Las LLM son como ese embaucador: engullen datos en cantidades astronómicas y regurgitan información. Si necesitamos la «cinta» de su información, conviene prestar mucha atención a cómo se produjo, por qué y con qué impacto. Y aquí llegamos a cosas más interesantes, relevantes para este capítulo.

El impacto de los LLM y de los diversos sistemas de IA que hoy producen contenidos de todo tipo será enorme. Basta pensar en DALL-E, que, como dice ChatGPT (cito sin ninguna modificación), «es un sistema de inteligencia artificial desarrollado por OpenAI que genera imágenes originales a partir de descripciones textuales. Utiliza técnicas de aprendizaje automático de última generación para producir imágenes de alta calidad que coincidan con el texto de entrada, in-

---

15   Esta traducción es también válida para el castellano. *(N. del T.)*

cluidos pies de foto, palabras clave e incluso frases sencillas. Con DALL-E, los usuarios pueden introducir una descripción textual de la imagen que desean, y el sistema producirá una imagen que coincida con la descripción». Hay cuestiones éticas y jurídicas: basta pensar en los derechos de autor y los derechos de reproducción vinculados a las fuentes de datos sobre las que se entrena la IA en cuestión. Ya han empezado los primeros pleitos[16] y ya se han producido los primeros escándalos de plagio.[17] Hay costes humanos: pensemos en el uso de contratistas en Kenia, a los que se pagó menos de dos dólares por hora por etiquetar contenidos nocivos para entrenar a ChatGPT; no pudieron acceder a recursos de salud mental adecuados y muchos han quedado traumatizados.[18] Hay problemas humanos, como el impacto en los profesores que tienen que apresurarse a renovar su plan de estudios,[19] o consideraciones de seguridad, por ejemplo, en relación con los resultados de los procesos de IA que se integran cada vez más en los diagnósticos médicos, con implicaciones de envenenamiento algorítmico de los datos de entrenamiento de la IA. O pensemos en los costes financieros y medioambientales de estos nuevos sistemas (Cowls *et al.*, 2021): ¿es justo y sostenible este tipo de innovación? Luego están las cuestiones relacionadas con el mejor uso de estas herramientas, en la escuela, en el trabajo, en entornos de investigación y para publicaciones científicas, en la producción automá-

16 https://news.bloomberglaw.com/ip-law/first-ai-art-generator-lawsuits-threaten-future-of-emerging-tech [consultado el 16/4/2024].
17 https://www.washingtonpost.com/media/2023/01/17/cnet-ai-articles-journalism-corrections/ [consultado el 16/4/2024].
18 https://time.com/6247678/openai-chatgpt-kenya-workers/ [consultado el 16/4/2024].
19 https://ethicalreckoner.substack.com/p/er13-on-community-chatgpt-and-human [consultado el 16/4/2024].

tica de código, o la generación de contenidos en contextos como la atención al cliente, o en la redacción de cualquier texto, incluidos artículos científicos o nueva legislación. Algunos empleos desaparecerán, otros ya están surgiendo y muchos tendrán que replantearse.

Pero, sobre todo, se plantean muchas cuestiones desafiantes sobre: la aparición de sistemas de IA similares a LEGO, que trabajen juntos de forma modular y sin fisuras, con los LLM actuando como una especie de puente AI-AI para hacerlos interoperables, como una especie de «IA confederada»;[20] la relación entre la forma y su sintaxis, y el contenido y su semántica; la naturaleza de la personalización del contenido y la fragmentación de la experiencia compartida (la IA puede producir fácilmente una novela única y a la carta, para un solo lector, por ejemplo); el concepto de interpretabilidad y el valor del proceso y el contexto de la producción de significado; nuestra singularidad y originalidad como productores de significado y sentido y de nuevos contenidos; nuestra capacidad para interactuar con sistemas cada vez más indistinguibles de otros seres humanos; nuestra sustituibilidad como lectores, intérpretes, traductores, sintetizadores y evaluadores de contenidos; el poder como control de las preguntas, porque,

20 Debo esta observación a Vincent Wang, que me ha recordado dos ejemplos interesantes: (1) hacer que ChatGPT y Wolfram Alpha hablen entre sí; ChatGPT subcontrata preguntas matemáticas a Wolfram Alpha, que tiene una considerable capacidad por sí mismo para analizar preguntas matemáticas en formato de lenguaje natural (véase https://writings.stephenwolfram.com/2023/01/wolframalpha-as-the-way-to-bring-computationalknowledge-superpowers-to-chatgpt/ [consultado el 17/9/2023]); (2) «modelos socráticos» para la fundamentación o razonamiento multimodal, donde la idea es etiquetar diferentes formas de datos, por ejemplo, sonidos e imágenes, con descripciones de texto para que un LLM pueda servir como «procesamiento central» que permita a diferentes IAs estrechas hablar entre sí (https://socraticmodels.github.io/ [consultado el 16/4/2024]).

parafraseando la novela *1984*, quien controla las preguntas controla las respuestas, y quien controla las respuestas controla, en definitiva, la realidad.

Por supuesto surgirán más preguntas a medida que desarrollemos, interactuemos y aprendamos a comprender esta nueva forma de agencia. Como me recordó Vincent Wang, ChatGPT superó a GPT3 en rendimiento gracias a la introducción del «aprendizaje por refuerzo» (*reinforcement learning*, RL) para afinar sus resultados como interlocutor, y el RL es el enfoque de aprendizaje automático para «resolver la agencia». Es una forma de agencia nunca vista, porque tiene éxito y puede «aprender» y mejorar su comportamiento sin tener que ser inteligente al hacerlo. Es una forma de agencia ajena a cualquier cultura de cualquier pasado, porque la humanidad siempre y en todas partes ha visto este tipo de agencia —que no es la de una ola de mar, que hace la diferencia, pero que no puede hacer nada más que *esa* diferencia, sin poder «aprender» a hacer una diferencia diferente o mejor— como una forma natural o incluso sobrenatural de agencia.

Hemos pasado de estar en contacto permanente con agentes animales y lo que creíamos agentes espirituales (dioses y fuerzas de la naturaleza, ángeles y demonios, almas o fantasmas, espíritus buenos y malos) a tener que entender, y aprender a interactuar, con agentes artificiales creados por nosotros, como nuevos demiurgos de tal forma de agencia. Hemos desvinculado la capacidad de actuar con éxito de la necesidad de ser inteligente, entender, reflexionar, considerar o comprender algo. Hemos liberado la agencia de la inteligencia. Así que no estoy seguro de que podamos ser «pastores del Ser» (Heidegger), pero parece que los nuevos «cuellos verdes» (Floridi, 2017) serán «pastores de los sistemas de IA», a cargo de esta nueva forma de agencia artificial.

La agenda de una humanidad demiúrgica de esta IA «sin inteligencia» (como en los productos «sin grasas») —entendida como *Agere sine Intelligere*, con un poco de latín de bachillerato— está por escribirse. Puede ser alarmante o emocionante para muchos, pero sin duda es una buena noticia para los filósofos que buscan trabajo.

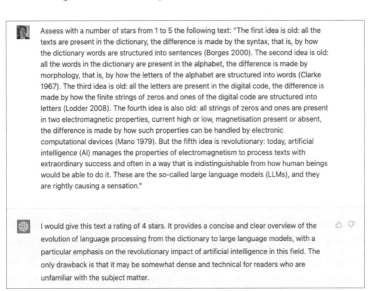

IMAGEN 6. ChatGPT, 30 de enero de 2023. Prueba 3

6. UN FUTURO DE DISEÑO

Los futuros que he esbozado aquí, basados en datos y problemas, son complementarios, basados en nuestra comprensión actual y previsible de la IA. Hay incógnitas desconocidas, por supuesto, pero todo lo que se puede decir de ellas es precisamente esto: existen, y no tenemos ni idea de ellas. Es un poco como decir que sabemos que hay preguntas que no nos estamos haciendo, pero no podemos decir cuáles son. El futuro de la IA está lleno de incógnitas desconocidas. Lo que he intentado hacer en este capítulo es examinar las «semillas del tiempo» que ya hemos sembrado. Me he centrado en la naturaleza de los datos y de los problemas porque los primeros son los que permiten que la IA funcione, y los segundos proporcionan los límites dentro de los cuales la IA puede trabajar con éxito.

A este nivel de abstracción, dos inferencias parecen muy plausibles. En primer lugar, intentaremos desarrollar la IA utilizando datos que sean híbridos y preferiblemente sintéticos en la medida de lo posible. Lo haremos mediante un proceso de ludificación de interacciones y tareas. En otras palabras, la tendencia será intentar alejarse de los datos puramente históricos en la medida en que esto sea posible. En ámbitos como la salud y la economía, es muy posible que sigan siendo necesarios datos históricos o, como mucho, datos híbridos, debido a la diferencia entre normas restrictivas y constitutivas. En segundo lugar, haremos todo esto traduciendo los problemas difíciles en problemas complejos en la medida de lo posible. La traducción se producirá mediante la envoltura de realidades en torno a las competencias operativas de nuestros artefactos. En resumen, trataremos de crear datos híbridos o sintéticos para abordar problemas complejos ludificando tareas e interacciones en entornos envolventes. Cuanto más posible sea esto, más éxito tendrá la IA. Por eso es muy interesante una tendencia como el desarrollo de ciudades gemelas digitales, lo que me lleva a dos comentarios más.

Ludificar y envolver es cuestión de *diseñar*, o a veces *rediseñar*, las realidades con las que tratamos (Floridi, 2019d). Así pues, el futuro previsible de la IA dependerá de nuestra capacidad de diseño y de nuestro ingenio. También dependerá de nuestra capacidad para negociar las serias cuestiones éticas, legales y sociales (ELSI) resultantes. Estas van desde las nuevas formas de privacidad (por delegación, predictiva o basada en el grupo) hasta el *nudging* o presión y la autodeterminación. Ya vimos en el capítulo 2 que la idea de que estemos moldeando cada vez más nuestros entornos (ya sean analógicos o digitales) para hacerlos aptos para la IA debería hacer reflexionar a cualquiera. Anticiparse a estas cuestiones para facilitar las ELSI positivas y evitar o mitigar las negativas es el verdadero valor de cualquier análisis de prospectiva. Es interesante intentar comprender cuáles pueden ser los caminos de menor resistencia en la evolución de la IA. Pero sería bastante estéril tratar de predecir «qué grano crecerá y cuál no», y luego no hacer nada para garantizar que los granos buenos crezcan y los malos no (Floridi, 2014d). El futuro no está totalmente abierto porque el pasado le da forma. Pero tampoco está totalmente determinado porque el pasado puede orientarse en otra dirección. Por tanto, el reto que tenemos por delante no será tanto la innovación digital *per se*, sino la gobernanza de lo digital —IA incluida.

7. Conclusión: las estaciones de la IA

El problema de las metáforas estacionales es que son cíclicas. Si se dice que la IA superó un mal invierno, también hay que recordar que el invierno volverá, y más vale estar preparado para ello. Un invierno de IA es esa etapa en la que la tecnología, las empresas y los medios de comunicación salen de su cálida y confortable burbuja, se enfrían, moderan sus especulaciones de ciencia ficción y sus exageraciones desmedidas, y llegan a un acuerdo sobre lo que la IA puede o no puede hacer realmente como tecnología (Floridi, 2019f) sin exagerar. Las inversiones se vuelven más exigentes, y los periodistas dejan de escribir sobre IA para perseguir algún otro tema de moda y alimentar la siguiente tendencia.

La IA ha tenido varios inviernos.[21] De los más significativos, hubo uno a finales de la década de 1970 y otro a finales de las de 1980 y 1990. Hoy, estamos hablando de otro invierno predecible (Nield, 5 de enero de 2019; Walch, 20 de octubre de 2019; Schuchmann, 17 de agosto de 2019).[22] La IA está sujeta a estos ciclos de exageración porque es una esperanza o un temor que hemos albergado desde que nos echaron del paraíso: algo que lo hace todo por nosotros en vez de nosotros, mejor que nosotros, con todas las ventajas de ensueño (estaremos de vacaciones para siempre) y los riesgos de pesadilla (nos van a esclavizar) que ello conlleva. Para algunos, especular sobre todo esto es irresistible. Es el salvaje oeste de los «y si» y las «hipótesis». Pero espero que el lector me perdone por un momento de «se lo dije». Durante algún tiempo, he estado advirtiendo contra los comentaristas y «expertos» que compiten para ver quién puede contar el cuento más alto (Floridi, 2016d). Se ha creado una red de mitos. Hablaban de la IA como si fuera la panacea definitiva que lo resolvería todo y lo superaría todo, o como la catástrofe final: una superinteligencia que destruiría millones de puestos de trabajo, sustituyendo a abogados, médicos, periodistas, investigadores, camioneros y taxistas, y acabaría dominando a los seres humanos como si fuéramos animales de compañía en el mejor de los casos. Muchos si-

21 https://es.wikipedia.org/wiki/Invierno_IA [consultado el 16/4/2024].

22 Incluso la BBC ha contribuido a la exageración (por ejemplo, véase https://www.bbc.co.uk/programmes/p031wmt). Ahora reconoce que podría haber sido… exageración: https://www.bbc.co.uk/news/technology-51064369 [consultado el 16/4/2024].

guieron a Elon Musk al declarar que el desarrollo de la IA es
el mayor riesgo existencial que corre la humanidad, como si
la mayor parte de la humanidad no viviera en la miseria y el
sufrimiento, como si las guerras, el hambre, la contaminación,
el calentamiento global, la injusticia social y el fundamentalismo fueran ciencia ficción o simples molestias insignificantes
que no merecen su consideración.

Hoy en día, la pandemia de COVID-19 y la guerra en
Ucrania han puesto fin a tales afirmaciones simplonas. Algunas personas insistían en que la ley y las normas siempre
iban a llegar demasiado tarde para ponerse al día con la IA.
En realidad, las normas no tienen que ver con el ritmo,
sino con la dirección de la innovación. Las normas deben
dirigir el desarrollo adecuado de una sociedad, no seguirlo.
Si nos gusta hacia dónde nos dirigimos, no podemos ir lo
suficientemente rápido. Es por nuestra falta de visión por
lo que tenemos miedo. Hoy sabemos que la legislación está
por llegar, al menos en la UE. Otras personas (no necesariamente distintas de las anteriores) afirmaban que la IA era una
caja negra mágica que nunca podríamos explicar. De hecho, la
explicación es una cuestión de identificar el nivel correcto de
abstracción en el que interpretar las complejas interacciones
diseñadas por la IA. Incluso el tráfico de automóviles en el
centro de la ciudad puede convertirse en una caja negra si
lo que se desea saber es por qué cada individuo está allí en
ese momento. En la actualidad, cada vez se desarrollan más
herramientas adecuadas para supervisar y comprender cómo
los sistemas de AM alcanzan sus resultados (Watson *et al.*, 2019;
Watson y Floridi, 2020; Watson *et al.*, 2021).

También se extiende el escepticismo sobre la posibilidad
de un marco ético que sintetice lo que entendemos por una
IA socialmente buena. De hecho, la UE, la Organización para

la Cooperación y el Desarrollo Económicos (OCDE) y China han convergido en principios muy similares que ofrecen una plataforma común para futuros acuerdos, como veremos en el capítulo 4. Todos ellos eran unos irresponsables en busca de titulares. Deberían avergonzarse y ofrecer disculpas no solo por sus insostenibles comentarios, sino también por su gran descuido y alarmismo, que han confundido a la opinión pública tanto sobre una tecnología potencialmente útil como sobre sus riesgos reales. Desde la medicina hasta los sistemas de seguridad y vigilancia (Taddeo y Floridi, 2018a), la IA puede aportar y aporta soluciones útiles. Los riesgos que conocemos son concretos, pero mucho menos fantasiosos de lo que se afirma. Van desde la manipulación cotidiana de las elecciones (Milano, Taddeo y Floridi, 2019, 2020a) hasta el aumento de las presiones sobre la privacidad individual y de grupo (Floridi, 2014c), y desde los ciberconflictos hasta el uso de la IA por el crimen organizado para el blanqueo de dinero y el robo de identidad, como veremos en los capítulos 7 y 8.

Cada verano de la IA corre el riesgo de convertir las expectativas exageradas en una distracción masiva. Cada invierno de IA corre el riesgo de provocar reacciones excesivas, decepciones demasiado negativas y soluciones potencialmente valiosas arrojadas con el agua del baño de las ilusiones. Gestionar el mundo es una tarea cada vez más compleja (las megaciudades y su *smartificación* ofrecen un buen ejemplo). Y también tenemos problemas planetarios, como las pandemias, el cambio climático, la injusticia social, la migración, las guerras. Para resolverlos se requiere un grado de coordinación cada vez mayor. Parece obvio que necesitamos toda la buena tecnología que podamos diseñar, desarrollar y desplegar para hacer frente a estos retos, y toda la inteligencia humana que podamos ejercer para poner esta tecnología al servicio de un futuro mejor. La IA puede desempeñar un papel importante en todo esto porque necesitamos métodos cada vez más inteligentes para procesar inmensas cantidades de datos de forma eficiente, eficaz, sostenible y justa, como argumentaré en la segunda parte de este libro. Pero la IA debe tratarse como una tecnología normal. No es ni un milagro ni una plaga, solo una de las muchas soluciones que el ingenio humano ha logrado idear. Por eso también el debate ético sigue siendo para siempre una cuestión enteramente humana.

Ahora que llega de nuevo el invierno, podríamos intentar aprender algunas lecciones para evitar este yoyó de ilusiones desmedidas y desilusiones exageradas. No olvidemos que el invierno de la IA no debe ser el invierno de sus oportunidades. Desde luego, no será el invierno de sus riesgos o desafíos. Debemos preguntarnos si las soluciones de la IA van a *sustituir* realmente a las soluciones anteriores (como hizo el automóvil con el carruaje), a *diversificarlas* (como hizo la moto con la bicicleta), o a *complementarlas* y *ampliarlas* (como hizo el reloj inteligente digital con el analógico). ¿Cuál será el nivel de sostenibilidad y aceptabilidad o preferencia social de cualquier IA que surja en el futuro, quizá después de un nuevo invierno? ¿De verdad vamos a llevar algún tipo de casco de realidad virtual para vivir en un mundo virtual o aumentado creado y habitado por sistemas de IA? Pensemos en cuántas personas hoy en día son reacias a llevar gafas incluso cuando las necesitan seriamente, solo por razones estéticas. Y luego, ¿existen soluciones de IA viables en la vida cotidiana? ¿Existen las habilidades, los conjuntos de datos, la infraestructura y los modelos empresariales necesarios para que una aplicación de IA tenga éxito? Los futurólogos seguramente encontrarán aburridas todas estas preguntas. Les gusta una idea única y sencilla que lo interprete y lo cambie todo. Les gusta una idea que pueda extenderse en un libro fácil para que el lector se sienta inteligente, un libro que debe ser leído por todos hoy y que puede ser ignorado por todos mañana. Es la mala dieta de la comida rápida basura para el pensamiento y la maldición del *bestseller* de aeropuerto. Debemos resistirnos a la simplificación excesiva. Esta vez, pensemos más profunda y extensamente sobre lo que estamos haciendo y planeando con la IA. Este ejercicio se llama filosofía, no futurología. Es a lo que espero contribuir en la segunda mitad de este libro.

Segunda Parte · Evaluando la AI

La segunda parte de este libro aborda temas específicos de la ética de la IA. La perspectiva desde la que se analizan estos temas se trató en la primera parte. Aquí puede sintetizarse en términos de una hipótesis y dos factores principales. En primer lugar, la IA no es una nueva forma de inteligencia, sino una nueva forma de agencia. Su éxito se debe a la disociación entre agencia e inteligencia, así como a la *envoltura* de esta agencia disociada a través de entornos cada vez más favorables a la IA. Así pues, el futuro de la IA pasa por el desarrollo de estos dos factores.

La segunda parte consta de diez capítulos. En conjunto, ofrecen un análisis de algunas de las cuestiones más acuciantes que plantea la ética de la IA. El capítulo 4 abre la segunda parte ofreciendo un marco unificado de principios éticos para la IA a través de un análisis comparativo de la propuesta más influyente realizada desde 2017, año en el que comenzaron a publicarse los principios éticos para la IA. En el capítulo 5 se analizan algunos riesgos que desafían la traducción de los principios en prácticas. Tras el marco ético y los riesgos éticos, el capítulo 6 indagará en la gobernanza ética de la IA. En este introduzco el concepto de «ética blanda» entendida propiamente como la aplicación *post-cumplimiento* de los principios éticos.

Tras estos tres capítulos iniciales de corte más teórico, la segunda parte se centra en cuestiones más directamente aplicables. El capítulo 7 ofrece un mapa actualizado de los principales problemas éticos que plantean los algoritmos, buscando un equilibrio entre la inclusividad —se refiere a todo tipo de algoritmos, no solo a los que impulsan sistemas o aplicaciones de IA— y la especificidad. No se centra explícitamente en la robótica y, por tanto, en los problemas éticos derivados de la incorporación de la IA, por ejemplo. Algunos de los problemas que hay que abordar tanto desde el punto de vista jurídico (cumplimiento de la normativa) como ético (ética blanda) son concretos y acuciantes, como se muestra en el capítulo 8 sobre el mal uso delictivo de la IA para el «mal social». Sin embargo, la IA ofrece sobre todo grandes oportunidades, como muestra el capítulo 9 sobre la «IA para el bien social» (IA-BS). Al trabajar en estos dos capítulos, los denominaré «IA mala» e «IA buena». En ambos capítulos, la IA incluye también la robótica. Los capítulos 10, 11 y 12 vuelven al desarrollo de la IA buena centrándose en cómo ofrecer una «IA socialmente buena», el impacto positivo y negativo de la IA en el cambio climático y la idoneidad de la IA para apoyar los Objetivos de Desarrollo Sostenible (ODS) de la ONU. Por último, el capítulo 13 completa la segunda parte y el libro abogando por un nuevo matrimonio entre el «verde» de todos nuestros hábitats y el «azul» de todas nuestras tecnologías digitales (la IA en particular). En él se recuerda que la agencia, incluida la nueva forma que representa la IA, necesita gobernanza; que la gobernanza es una cuestión de actividades sociopolíticas; y que lo digital también ha modificado la agencia sociopolítica, que es el tema del próximo libro sobre *La Política de la Información*.

4. Un marco unificado de principios éticos para la IA

Resumen

Anteriormente, en los capítulos 1-3, vimos cómo la IA es una nueva forma de agencia que puede abordar tareas y problemas con éxito, con vistas a un objetivo, sin necesidad de inteligencia. Cada éxito de cualquier aplicación de IA no mueve el listón de lo que significa ser un agente inteligente. Al contrario, se salta el listón por completo. El éxito de este tipo de agencia artificial se ve cada vez más facilitado por la *envoltura* (es decir, la remodelación en contextos favorables a la IA) de los entornos en los que opera la IA. La disociación de agencia e inteligencia y la envoltura del mundo generan importantes retos éticos, especialmente en relación con la autonomía, la confianza, la equidad, la explicabilidad, la parcialidad, la privacidad, la responsabilidad y la transparencia (sí, por mero orden alfabético). Por esta razón, muchas organizaciones lanzaron una amplia gama de iniciativas para establecer principios éticos para la adopción de IA socialmente beneficiosa después de que los «Principios de IA de Asilomar» y «La Declaración de Montreal para un Desarrollo Responsable de la Inteligencia Artificial» se publicaran en 2017. Esto pronto se convirtió en una industria artesanal. Desafortunadamente, el gran volumen de principios propuestos amenaza con abrumar y confundir.

Este capítulo presenta los resultados de un análisis comparativo de varios de los conjuntos de principios éticos para la IA de más alto perfil. En él se evalúa si estos principios convergen en torno a un conjunto de principios consensuados o si divergen con un desacuerdo significativo sobre lo que constituye la «IA ética». En este capítulo, sostengo que existe un grado significativamente alto de solapamiento entre los conjuntos de principios analizados. Existe un marco general que consta de *cinco principios básicos* para la IA ética. Cuatro de ellos son principios básicos utilizados habitualmente en bioética: «beneficencia», «no maleficencia», «autonomía» y «justicia». Esto no es sorprendente cuando la IA se interpreta como una forma de agencia. Y la coherencia entre la bioética y la ética de la IA puede considerarse una prueba de que abordar la IA como una nueva forma de agencia es cuanto menos fructífero. Los lectores que no estén de acuerdo pueden considerar que una interpretación de la IA orientada a la inteligencia podría encajar más fácilmente con un enfoque de ética de la virtud que con la bioética. Me parece poco convincente abordar la ética de la IA y la ética digital en general desde una perspectiva de ética de la virtud, pero sigue siendo una posibilidad viable y no es este el lugar donde ensayar mis objeciones (para ello, véase Floridi, 2013).

Sobre la base del análisis comparativo, es necesario añadir un nuevo principio: la «explicabilidad». Se entiende que la explicabilidad incorpora tanto el sentido *epistemológico* de «inteligibilidad» —como respuesta a la pregunta «¿cómo funciona?»— como el sentido *ético* de «dar cuenta de un acto» —como respuesta a la pregunta «¿quién es responsable de su funcionamiento?»—. Este principio adicional es necesario porque la IA es una *nueva* forma de agencia. El capítulo termina con un debate sobre las implicaciones de este marco ético para los futuros esfuerzos por crear leyes, normas, estándares técnicos y mejores prácticas para una IA ética en una amplia gama de contextos.

I. INTRODUCCIÓN: ¿DEMASIADOS PRINCIPIOS?

Como hemos visto en los capítulos anteriores, la IA ya está teniendo un gran impacto en la sociedad, impacto que no hará sino aumentar en el futuro. Las cuestiones clave son *cómo, dónde, cuándo* y *por quién* se dejará sentir el impacto de la IA. Volveré sobre este punto en el capítulo 10. Aquí me gustaría centrarme en una consecuencia de esta tendencia: muchas organizaciones han lanzado una amplia gama de iniciativas para establecer principios éticos para la adopción de una IA socialmente beneficiosa. Por desgracia, ya solamente el volumen de principios propuestos —ya más de 160 en 2020, según el «Inventario Global de Directrices Éticas sobre IA» de la organización *Algorithm Watch* (2020)—[1] amenaza con abrumar y confundir. Esto plantea dos posibles problemas: si los diversos abanicos de principios éticos para la IA son similares, se producirán repeticiones y redundancias innecesarias; pero si difieren significativamente, se producirá confusión y ambigüedad. El peor resultado sería una suerte de «mercado de principios» en el que las partes interesadas se verían tentadas a «comprar» aquellos que más atractivos les resulten, como veremos en el capítulo 5.

¿Cómo podría resolverse este problema de «proliferación de principios»? En este capítulo, presento y discuto los resultados de un análisis comparativo de varios de los conjuntos

---

1 Véase también Jobin, Ienca y Vayena (2019).

de principios éticos más destacados para la IA. Evalúo si estos principios convergen en torno a un conjunto compartido de principios consensuados o divergen con un desacuerdo significativo sobre lo que constituye la IA ética. El análisis revela un alto grado de solapamiento entre los distintos conjuntos de principios analizados. Esto conduce a la identificación de un marco general que consta de *cinco principios básicos* para la IA ética. En el debate que sigue, señalo las limitaciones y evalúo las implicaciones de este marco ético para los futuros esfuerzos por crear leyes, normas, estándares y mejores prácticas para una IA ética en una amplia gama de contextos.

2. Un marco unificado de cinco principios para una IA ética

En el capítulo 1 vimos que la consolidación de la IA como campo de investigación académica se remonta como pronto a la década de 1950 (McCarthy *et al.*, 2006 [1955]). El debate ético es casi igual de antiguo (Wiener, 1960; Samuel, 1960b). Pero no ha sido hasta los últimos años cuando los impresionantes avances en las capacidades y aplicaciones de los sistemas de IA han puesto más de relieve las oportunidades y los riesgos de la IA para la sociedad (Yang *et al.*, 2018). La creciente demanda de reflexión y políticas claras sobre el impacto de la IA en la sociedad ha dado lugar a un exceso de iniciativas. Cada iniciativa adicional ofrece una declaración complementaria de principios, valores o postulados para guiar el desarrollo y la adopción de la IA. Da la impresión de que en algún momento se ha producido una escalada del «yo también» *(me too)*, en tanto que ninguna organización podía prescindir de unos principios éticos para la IA y aceptar los ya disponibles parecía poco elegante, poco original o falto de liderazgo.

A la actitud de «yo también» le siguió la de «mío y solo mío» *(mine and only mine)*. Años después, el riesgo sigue siendo la repetición y el solapamiento innecesarios, si los distintos conjuntos de principios son similares, o la confusión y la ambigüedad, si difieren. En cualquiera de los dos casos, el desarrollo de leyes, reglas, normas y buenas prácticas para garantizar que la IA sea socialmente beneficiosa puede verse retrasado por la necesidad de navegar entre la gran cantidad de principios y declaraciones establecidos por un abanico de iniciativas en constante expansión. Ha llegado el momento de realizar un análisis comparativo de estos documentos, que incluya una evaluación de si convergen o divergen y, en caso afirmativo, si es posible sintetizar un marco unificado. La tabla 1 muestra las seis iniciativas de alto nivel establecidas en interés de una IA socialmente beneficiosa elegidas como las más informativas para un análisis comparativo. Más adelante analizaré otros dos conjuntos de principios.

---

1) «Los Principios de IA de Asilomar» (Future of Life Institute, 2017) desarrollados bajo los auspicios del Future of Life Institute en colaboración con los asistentes a la conferencia de alto nivel de Asilomar celebrada en enero de 2017 (en adelante, «Asilomar»).

2) «La Declaración de Montreal para una IA Responsable» (Universite de Montreal, 2017) elaborada bajo los auspicios de la Universidad de Montreal tras el Foro sobre el Desarrollo Socialmente Responsable de la IA celebrado en noviembre de 2017 (en adelante, «Montreal»).[2]

---

2 Los principios referidos aquí son los que se anunciaron a partir del 1 de mayo de 2018 y estaban disponibles en el momento de escribir este capítulo aquí: https://www.montrealdeclaration-responsibleai.com/the-declaration.

3) Los principios generales ofrecidos en la segunda versión de «Diseño Éticamente Alineado: Una visión para priorizar el bienestar humano con sistemas autónomos e inteligentes» (Ethically Aligned Design: A Vision for Prioritizing Human Well-being with Autonomous and Intelligent Systems, IEEE [2017, 6]). Este documento de *crowdsourcing* recibió contribuciones de 250 líderes mundiales del pensamiento para desarrollar principios y recomendaciones para el desarrollo y diseño éticos de sistemas autónomos e inteligentes, y se publicó en diciembre de 2017 (en adelante, IEEE).

4) Los principios éticos ofrecidos en la «Declaración sobre Inteligencia Artificial, Robótica y Sistemas "Autónomos"» (GEE, 2018) publicada por el Grupo Europeo de Ética en Ciencia y Nuevas Tecnologías de la Comisión Europea en marzo de 2018 (en adelante GEE).

5) Los «cinco principios generales para un código de IA» ofrecidos en el informe del Comité Selecto de Inteligencia Artificial de la Cámara de los Lores del Reino Unido *AI in the UK: ready, willing and able?* (Cámara de los Lores-Comité de Inteligencia Artificial, 16 de abril de 2017, §417) publicado en abril de 2018 (en adelante IA-UK).

6) «Los Retos de la Asociación sobre la IA» (The Tenets of the Partnership on AI, Partnership on AI, 2018) publicado por una organización de múltiples partes interesadas formada por académicos, investigadores, organizaciones de la sociedad civil, empresas que construyen y utilizan tecnología de IA y otros grupos (en adelante, la «Asociación»).

TABLA 1. Seis conjuntos de principios éticos para la IA

Cada uno de los conjuntos de principios que aparecen en la tabla 1 cumple con cuatro criterios básicos. Entre los criterios se requieren que los principios sean:

1. *Recientes*, es decir, publicados desde 2017.
2. Directamente *relevantes* para la IA y su impacto en la sociedad en su conjunto (se excluyen los documentos específicos de un dominio, industria o sector en particular).

3. De gran *reputación*, publicados por organizaciones autorizadas de múltiples partes interesadas con al menos un alcance nacional.[3]
4. *Influyentes* (debido a los criterios [1-3]).

En conjunto, se obtienen cuarenta y siete principios.[4] A pesar de ello, las diferencias son principalmente lingüísticas y existe un grado de coherencia y solapamiento entre los seis grupos de principios que resulta impresionante y tranquilizador. La convergencia puede demostrarse más claramente comparando los conjuntos de principios con los cuatro principios básicos utilizados habitualmente en el ámbito de la bioética: «beneficencia», «no maleficencia», «autonomía» y «justicia» (véase Beauchamp y Childress, 2013). Esto no debería causar sorpresa alguna. Como recordará el lector, la opinión que defiendo en este libro es que la IA no es una nueva forma de inteligencia, sino una forma de agencia sin precedentes. Así que de todas las áreas de la ética aplicada, la bioética es la que *prima facie* más se parece a la ética digital al tratar ecológicamente con nuevas formas de agentes, pacientes y entornos (Floridi, 2013).

---

3   Una evaluación similar de las directrices éticas de la IA, realizada recientemente por Hagendorff (2020), adopta diferentes criterios de inclusión y evaluación. Nótese que la evaluación incluye en su muestra el conjunto de principios que describimos aquí.

4   De los seis documentos, los Principios de Asilomar son los que ofrecen un mayor número de principios con el alcance más amplio. Los 23 principios se organizan en tres epígrafes: «cuestiones de investigación», «ética y valores» y «cuestiones a largo plazo». Se omite aquí el examen de los cinco «temas de investigación», ya que están relacionados específicamente con los aspectos prácticos del desarrollo de la IA en el contexto más restringido del mundo académico y la industria. Del mismo modo, los ocho principios de la Asociación consisten tanto en objetivos internos de la organización como en principios más amplios para el desarrollo y el uso de la IA. Aquí solo se incluyen los principios más amplios (el primero, el sexto y el séptimo), lo cual no es en absoluto sorprendente.

Los cuatro principios bioéticos se adaptan sorprendentemente bien a los nuevos retos éticos que plantea la IA. Sin embargo, no ofrecen una traducción perfecta. Como veremos, el significado subyacente de cada uno de los principios es controvertido, y a menudo se utilizan términos similares para significar cosas diferentes. Los cuatro principios tampoco son exhaustivos. Basándonos en el análisis comparativo, queda claro, como se señala en el resumen, que se necesita un principio adicional: la «explicabilidad». Se entiende que la explicabilidad incorpora tanto el sentido *epistemológico* de «inteligibilidad» —como respuesta a la pregunta «¿cómo funciona?»— como el sentido *ético* de «dar cuenta» —como respuesta a la pregunta «¿quién es responsable de cómo funciona?»—. Este principio adicional es necesario tanto para los expertos, como los diseñadores de productos o los ingenieros, como para los no expertos, como los pacientes o los clientes empresariales.[5] Y el nuevo principio es necesario por el hecho de que la IA no se parece a ninguna forma biológica de agencia. Sin embargo, la convergencia detectada entre estos diferentes conjuntos de principios también exige cautela. Más adelante explicaré las razones de esta cautela, pero antes permítanme presentar los cinco principios.

3. BENEFICENCIA: PROMOVER EL BIENESTAR, PRESERVAR LA DIGNIDAD Y MANTENER EL PLANETA

El principio de crear tecnologías de IA que sean beneficiosas para la humanidad se expresa de distintas formas en los seis

---

5   Hay una tercera cuestión que se refiere a qué nuevos conocimientos puede aportar la explicabilidad. No es relevante en este contexto, pero es igualmente importante; para más detalles, véase (Watson y Floridi, 2020).

documentos. Aun así, quizá sea el más fácil de observar de los cuatro principios bioéticos tradicionales. Los principios de Montreal e IEEE utilizan el término «bienestar»; Montreal señala que «el desarrollo de la IA debe promover en última instancia el bienestar de todas las criaturas sensibles», mientras que IEEE afirma la necesidad de «dar prioridad al bienestar humano como resultado en todos los diseños de sistemas». AIUK y Asilomar definen este principio como el «bien común»: la IA debe «desarrollarse para el bien común y el beneficio de la humanidad», según AIUK. La Asociación describe la intención de «garantizar que las tecnologías de IA beneficien y capaciten al mayor número de personas posible», mientras que el GEE hace hincapié en el principio de «dignidad humana» y «sostenibilidad». Su principio de «sostenibilidad» articula quizá la más amplia de todas las interpretaciones de la beneficencia, argumentando que «la tecnología de la IA debe estar en consonancia con […] garantizar las condiciones previas básicas para la vida en nuestro planeta. La prosperidad continuada de la humanidad y la preservación de un buen medio ambiente para las generaciones futuras». En conjunto, la prominencia de la beneficencia en estas propuestas nos sugiere la importancia capital de promover el bienestar de las personas y el planeta con la IA. Sobre estos puntos volveré en los capítulos siguientes.

4. NO MALEFICENCIA: PRIVACIDAD, SEGURIDAD Y «PRECAUCIÓN CON LAS CAPACIDADES»

Aunque «hacer solo el bien» (beneficencia) y «no hacer daño» (no maleficencia) puedan parecer lógicamente equivalentes, de hecho, no lo son. Cada uno representa un principio distinto. Los seis documentos promueven la creación de IA benéfica y advierten de las consecuencias negativas del uso excesivo o indebido de las tecnologías de IA (véanse los capítulos 5, 7 y 8). Especialmente preocupante es la prevención de las infracciones contra la intimidad personal, que se incluye como principio en cinco de los seis conjuntos. Varios de los documentos hacen hincapié en evitar el uso indebido de las tecnologías de IA de otras formas. Los Principios de Asilomar advierten específicamente contra las amenazas de una carrera armamentística de la IA y de la automejora recursiva de la IA, mientras que la Asociación afirma de forma similar la importancia de que la IA funcione «dentro de unas restricciones seguras». Por su parte, el documento del IEEE menciona la necesidad de «evitar el uso indebido», y Montreal sostiene que quienes desarrollan la IA «deben asumir su responsabilidad trabajando contra los riesgos derivados de sus innovaciones tecnológicas». Sin embargo, estas advertencias no dejan del todo claro si es a los desarrolladores de IA o a la propia tecnología a quienes hay que animar a no hacer daño. En otras palabras, no está claro si es el propio Dr. Frankenstein (como yo mismo sugiero) o su monstruo contra cuya maleficencia deberíamos protegernos. En el centro de este dilema está la cuestión de la autonomía.

5. Autonomía: el poder de «decidir decidir»

Cuando adoptamos la IA y su agencia inteligente, cedemos voluntariamente parte de nuestro poder de decisión a los artefactos tecnológicos. Así pues, afirmar el principio de autonomía en el contexto de la IA significa encontrar un equilibrio entre el poder de decisión que conservamos para nosotros y el que delegamos en los AA. El riesgo es que el crecimiento de la *autonomía artificial* socave el florecimiento de la *autonomía humana*. Por eso no es de extrañar que el principio de autonomía aparezca explícitamente en cuatro de los seis documentos. La Declaración de Montreal articula la necesidad de un equilibrio entre la toma de decisiones dirigida por humanos y por máquinas, afirmando que «el desarrollo de la IA debe promover la *autonomía* [énfasis añadido] de todos los seres humanos». El GEE sostiene que los sistemas autónomos «no deben menoscabar [la] libertad de los seres humanos para establecer sus propias normas y reglas», mientras que IA-UK adopta la postura más restrictiva de que «el poder autónomo de dañar, destruir o engañar a los seres humanos nunca debe conferirse a la IA». El documento de Asilomar apoya igualmente el principio de autonomía, en la medida en que «los seres humanos deben elegir cómo y si delegar decisiones en los sistemas de IA para alcanzar los objetivos elegidos por los seres humanos».

Por tanto, está claro que hay que promover la autonomía de los humanos y restringir la de las máquinas. Esta última debería ser intrínsecamente reversible, en caso de que fuera necesario proteger o restablecer la autonomía humana (considérese el caso de un piloto capaz de desactivar la función de piloto automático y recuperar el control total del avión). Esto introduce una noción que podríamos denominar «meta-autonomía», o un modelo de decidir delegar nuestra autonomía. De este modo, los seres humanos deben conservar el poder de decidir qué decisiones tomar y con qué prioridad, ejerciendo la libertad de elegir cuando sea necesario y cediéndola en los casos en que razones imperiosas, como la eficacia, puedan de alguna forma compensar la pérdida de control parcial o total sobre la toma de decisiones.

Pero cualquier delegación también debería seguir siendo anulable en principio, adoptando la salvaguarda última de decidir para *volver a decidir*.

6. JUSTICIA: PROMOVER LA PROSPERIDAD, PRESERVAR LA SOLIDARIDAD, EVITAR LA INJUSTICIA

La decisión de tomar o delegar decisiones no se produce en el vacío, ni esta capacidad se distribuye por igual en toda la sociedad. Las consecuencias de esta disparidad en la autonomía se abordan en el principio de justicia. La importancia de la justicia se cita explícitamente en la Declaración de Montreal, que sostiene que «el desarrollo de la IA debe promover la justicia y tratar de eliminar todo tipo de discriminación». Del mismo modo, los Principios de Asilomar incluyen la necesidad de que la IA genere tanto «beneficios compartidos» como «prosperidad compartida». En su principio denominado «Justicia, equidad y solidaridad», el GEE sostiene que la IA debe «contribuir a la justicia global y a la igualdad de acceso a los beneficios» de las tecnologías de IA. También advierte del riesgo de sesgo en los conjuntos de datos utilizados para entrenar los sistemas de IA, y —algo que no hace el resto de los documentos— defiende la necesidad de defenderse contra las amenazas a la «solidaridad», incluidos los «sistemas de asistencia mutua como la seguridad social y la asistencia sanitaria».

En otros escenarios de aplicación, «justicia» tiene otros significados (especialmente en el sentido de «equidad»), relacionados con el uso de la IA para corregir errores pasados, por ejemplo eliminando la discriminación injusta, promoviendo la diversidad y evitando el refuerzo de prejuicios o el surgimiento de nuevas amenazas a la justicia. La diversidad de formas en que se caracteriza la justicia apunta a una mayor falta de claridad sobre la IA como reserva de «agencia inteligente» creada por el ser humano. En pocas palabras, ¿somos los seres humanos el paciente que recibe el «tratamiento» de la IA, que estaría actuando como «el médico» que lo prescribe, o ambas cosas? Esta cuestión solo puede resolverse con la introducción de un quinto principio que se desprende del análisis anterior.

7. EXPLICABILIDAD: PERMITIR LOS OTROS PRINCIPIOS MEDIANTE INTELIGIBILIDAD Y RESPONSABILIDAD

En respuesta a la pregunta anterior sobre si somos el paciente o el médico, la respuesta corta es que en realidad podríamos ser cualquiera de los dos. Depende de las circunstancias y de a quién nos refiramos en la vida cotidiana. La situación es intrínsecamente desigual: una pequeña fracción de la humanidad se dedica actualmente al desarrollo de un conjunto de tecnologías que ya están transformando la vida cotidiana de casi todos los demás. Esta cruda realidad no pasa desapercibida a los autores de los documentos analizados. Todos ellos aluden a la necesidad de comprender y exigir responsabilidades en los procesos de toma de decisiones de la IA. Diferentes términos expresan este principio: «transparencia» en Asilomar y GEE; tanto «transparencia» como «responsabilidad» en IEEE; «inteligibilidad» en IA-UK; y como «comprensible e interpretable» por la Asociación. Cada uno de estos principios capta algo aparentemente novedoso de la IA como forma de agencia: que su funcionamiento suele ser invisible, opaco o ininteligible para todos, salvo (en el mejor de los casos) para los observadores más expertos.

El principio de «explicabilidad» incorpora tanto el sentido epistemológico de «inteligibilidad» como el sentido ético de «dar cuenta de algo». La adición de este principio es la pieza crucial que falta en el rompecabezas de la ética de la IA. Complementa a los otros cuatro principios: para que la IA sea benéfica y no maleficente, debemos ser capaces de comprender el bien o el mal que está haciendo realmente a la sociedad, y de qué manera; para que la IA promueva y no limite la autonomía humana, nuestra «decisión sobre quién debe decidir» debe estar informada por el conocimiento de cómo actuaría la IA en lugar de nosotros y cómo mejorar su rendimiento; y para que la IA sea justa, debemos saber a quién hacer éticamente responsable (o, de hecho, legalmente responsable) en caso de que se produzca un resultado negativo grave, lo que a su vez requeriría una comprensión adecuada de por qué se produjo este resultado y cómo podría evitarse o minimizarse en el futuro.

8. Una visión sinóptica

En conjunto, los cinco principios anteriores capturan cada uno de los cuarenta y siete principios contenidos en los seis documentos de alto nivel elaborados por expertos que se analizan en la Tabla 1. A modo de prueba, cabe destacar que cada principio está incluido en casi todas las declaraciones de principios analizadas en la Tabla 2 (véase más adelante). Así, los cinco principios constituyen un marco ético en el que pueden formularse políticas, buenas prácticas y otras recomendaciones. Este marco de principios se muestra en la Imagen 7.

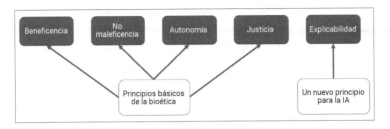

IMAGEN 7. Marco ético de los cinco principios generales de la IA

9. LA ÉTICA DE LA IA: ¿DE DÓNDE Y PARA QUIÉN?

Es importante señalar que cada uno de los seis conjuntos de principios éticos para la IA de la Tabla 1 surgió de iniciativas de alcance mundial o de las democracias liberales occidentales. Para que el marco tenga una aplicación considerablemente más amplia, sin duda se beneficiaría de las perspectivas de regiones y culturas actualmente no representadas o infrarrepresentadas en nuestra muestra. A este respecto, es especialmente interesante el papel de China, que ya alberga la empresa emergente de IA más valiosa del mundo (Jezard, 11 de abril de 2018), goza de diversas ventajas estructurales en el desarrollo de la IA (Lee y Triolo, diciembre de 2017) y cuyo gobierno ha declarado su ambición de liderar el mundo en tecnología de IA de vanguardia para 2030 (Consejo de Estado de China, 8 de julio de 2017). Este no es el contexto para un análisis de las políticas de IA de China,[6] así que permítanme añadir solo unas observaciones finales.

---

6 Sobre esto, véase Roberts, Cowls, Morley, *et al.* (2021); Roberts, Cowls, Hine, Morley, *et al.* (2021); y Hine y Floridi (2022).

En su Aviso del Consejo de Estado sobre la IA y otros temas, el gobierno chino expresó su interés en seguir estudiando el impacto social y ético de la IA (Ding, 2018). El entusiasmo por el uso de las tecnologías no es algo exclusivo de los gobiernos. También lo comparte el público en general —más los de China e India que los de Europa o Estados Unidos, como muestra una nueva investigación de encuestas representativas (Vodafone Institute for Society and Communications, 2018)—. En el pasado, un ejecutivo de la importante empresa tecnológica china Tencent sugirió que la UE debería centrarse en desarrollar IA que tenga «el máximo beneficio para la vida humana, incluso si esa tecnología no es competitiva para enfrentarse al mercado [estadounidense o chino]» (Boland, 14 de octubre de 2018). Esto se hizo eco de las afirmaciones de que la ética puede ser «la bala de plata de Europa» en la «batalla global de la IA» (Delcker, 3 de marzo de 2018). No estoy de acuerdo. La ética no es, ni mucho menos, patrimonio de un solo continente o cultura. Cada empresa, agencia gubernamental e institución académica que diseñe, desarrolle o despliegue IA tiene la obligación de hacerlo en consonancia con un marco ético —aunque no siga las líneas del presentado aquí— ampliado para incorporar un conjunto de perspectivas más diverso desde el punto de vista geográfico, cultural y social. Del mismo modo, las leyes, normas, estándares y mejores prácticas para limitar o controlar la IA (incluidas todas las que están siendo estudiadas actualmente por organismos reguladores, legislaturas y grupos industriales) también podrían beneficiarse de un estrecho compromiso con un marco unificado de principios éticos. Lo que sigue siendo cierto es que la UE puede tener una ventaja en el llamado «efecto Bruselas», pero esto solo pone más responsabilidad en cómo la IA es regulada por la UE.

10. Conclusión: de los principios a las prácticas

Si el marco presentado en este capítulo proporciona una visión general coherente y suficientemente completa de los principios éticos centrales para la IA (Floridi *et al.*, 2018), entonces puede servir como la arquitectura dentro de la cual se desarrollan leyes, reglas, normas técnicas y mejores prácticas para sectores, industrias y jurisdicciones específicas. En estos contextos, el marco puede desempeñar tanto un papel facilitador (véase el capítulo 12) como limitador. Este último papel se refiere a la necesidad de regular las tecnologías de IA en el contexto de la delincuencia en línea (véase el capítulo 7) y la ciberguerra, que analizo en Floridi y Taddeo (2014), Taddeo y Floridi (2018b). De hecho, el marco mostrado en la Figura 7 desempeñó un valioso papel en otros cinco documentos:

1. El trabajo de AI4People (Floridi *et al.*, 2018), el primer foro global europeo sobre el impacto social de la IA, que lo adoptó para proponer veinte recomendaciones concretas para una «Buena sociedad de la IA» a la Comisión Europea (revelación: presidí el proyecto; véase «AI4People» en la Tabla 2). El trabajo de AI4People fue adoptado en gran medida por

2. las Directrices éticas para una IA digna de confianza publicadas por el Grupo de Expertos de Alto Nivel sobre IA de la Comisión Europea (HLEGAI, 18 de diciembre de 2018, 8 de abril de 2019) (revelación: fui miembro; ver «HLEG» en la Tabla 2); que a su vez influyó en

3. la Recomendación del Consejo de la OCDE sobre Inteligencia Artificial (OCDE, 2019; véase «OCDE» en la Tabla 2), que llegó a cuarenta y dos países; y

4. la Ley de la UE sobre la IA.

A todo ello siguió la publicación de los denominados

5. «Principios de IA de Pekín» (Academia de Inteligencia Artificial de Pekín, 2019; véase «Pekín» en la Tabla 2) y
6. el llamado «Llamamiento de Roma por una Ética de la IA» o simplemente *Rome Call* (Academia Pontificia para la Vida, 2020), un documento elaborado por la Academia Pontificia para la Vida, firmado junto a Microsoft, IBM, la FAO y el Ministerio de Innovación italiano (advertencia: yo estuve entre los autores del borrador; véase «Llamamiento de Roma» en la Tabla 2).

	Beneficencia	No maleficiencia	Autonomía	Justicia	Explicabilidad
IA-UK	•	•	•	•	•
Asilomar	•	•	•	•	•
GEE	•	•	•	•	•
IEEE	•	•			•
Montreal	•	•	•	•	•
Asociación	•	•		•	•
AI4People	•	•	•	•	•
HLEG	•	•	•	•	•
OCDE	•	•	•	•	•
Pekín	•	•		•	•
Rome Call	•	•	•	•	•

TABLA 2. Los cinco principios de los documentos analizados

El desarrollo y el uso de la IA tienen el potencial de producir efectos positivos y negativos en la sociedad, de aliviar o amplificar las desigualdades existentes, de resolver problemas antiguos y nuevos, o de causar otros sin precedentes.

Trazar el camino que sea socialmente preferible (equitativo) y medioambientalmente sostenible dependerá no solo de una regulación bien elaborada y de normas comunes, sino también del uso de un marco de principios éticos en el que puedan situarse las acciones concretas. El marco presentado en este capítulo, tal y como surge del debate actual, puede servir de valiosa arquitectura para garantizar resultados sociales positivos de la tecnología de la IA. Puede ayudar a pasar de los buenos principios a las buenas prácticas (Floridi *et al.*, 2020, p. 93; Morley, Floridi *et al.*, 2020). También puede proporcionar el marco necesario para una auditoría de la IA basada en la ética (Mokander y Floridi, 2021; Floridi *et al.*, 2022; Mokander *et al.*, en prensa). Durante esta traducción, es necesario cartografiar algunos riesgos para garantizar que la ética de la IA no caiga en nuevas o viejas trampas. Esta es precisamente la tarea del próximo capítulo.

5. De los principios a las prácticas: los riesgos de ser no ético

RESUMEN

Anteriormente, en el capítulo 4, proporcioné un marco unificado de principios éticos para la IA. Este capítulo continúa el análisis identificando cinco riesgos principales que pueden socavar incluso los mejores esfuerzos por traducir los principios éticos en buenas prácticas reales. Los riesgos en cuestión son: (1) *compra de éticas*, (2) *blanqueamiento de la ética*, (3) *grupos de presión ética*, (4) *vertedero ético* y (5) *evasión ética*. Ninguno de estos carece de precedentes, ya que también se dan en otros contextos de aplicación ética, como la ética medioambiental, la bioética, la ética médica o incluso la ética empresarial. Sin embargo, aquí sostengo que cada uno de ellos adquiere sus características específicas al estar relacionado de una forma idiosincrática con la ética de la IA. Todos ellos son evitables si uno puede identificarlos, y este capítulo sugiere cómo. La conclusión es que parte del planteamiento ético de la IA consiste también en crear conciencia sobre la naturaleza y la aparición de tales riesgos y potenciar un enfoque preventivo.

1. Introducción: traducciones arriesgadas

Ha tardado mucho, pero hemos visto que el debate actual sobre el impacto y las implicaciones éticas de las tecnologías digitales ha llegado a las portadas de los periódicos. Es comprensible, dado que las tecnologías digitales, desde los servicios basados en la web hasta las soluciones de inteligencia artificial, afectan cada vez más a la vida cotidiana de miles de millones de personas, sobre todo después de la pandemia. Así que hay muchas esperanzas y preocupaciones sobre su diseño, desarrollo y despliegue. Después de más de medio siglo de investigación académica (Wiener, 1960; Samuel, 1960a), vimos en el capítulo 4 que la reacción pública reciente ha sido un florecimiento de iniciativas para establecer qué principios, directrices, códigos o marcos pueden guiar éticamente la innovación digital, especialmente en IA, para beneficiar a la humanidad y a todo el entorno. Se trata de una evolución positiva que demuestra la conciencia de la importancia del tema y el interés por abordarlo de forma sistemática. Pero ya es hora de que el debate pase del *qué* al *cómo*. Debe abordar no solo qué ética se necesita, sino también cómo puede aplicarse y ponerse en práctica la ética de forma eficaz y con éxito para marcar una diferencia positiva. Por ejemplo, las Directrices éticas de la UE para una IA digna de confianza (HLEGAI, 18 de diciembre de 2018)[1] establecen un punto de referencia para lo que puede o no calificarse como IA éticamente buena en la UE. Su publicación será cada vez más seguida por esfuerzos prácticos de prueba, aplicación e implementación. Influyeron en la elaboración de la Ley de IA de la UE.

---

[1] Véase Comisión Europea (8 de abril de 2019), HLEGAI (8 de abril de 2019), publicada por el Grupo de Expertos de Alto Nivel (HLEG) sobre IA designado por la Comisión Europea.

El paso de una primera fase más teórica de *qué* a una segunda fase más práctica de *cómo,* por así decirlo, es razonable, encomiable y sin duda factible (Morley, Floridi *et al.*, 2020). Pero al traducir los principios éticos en buenas prácticas, incluso los mejores esfuerzos pueden verse socavados por algunos riesgos poco éticos. En este capítulo, destaco los principales que parecen más probables. Veremos que son más grupos que riesgos individuales, y puede haber también otros grupos, pero estos cinco son los ya encontrados o previsibles en el debate internacional sobre la ética digital y la ética de la IA:[2] (1) *compra de éticas,* (2) *blanqueamiento de la ética,* (3) *grupos de presión ética,* (4) *vertimiento ético* y (5) *evasión ética.* Se trata de los cinco «gerundios de la ética», por tomar prestada una acertada etiqueta de Josh Cowl, quien también sugirió (en una conversación privada) considerar los tres primeros problemas más propensos a la «distracción» y los dos últimos más «destructivos». Analicemos cada uno de ellos con cierto detalle.

2. LA COMPRA DE ÉTICAS

En el capítulo 4 vimos que en los últimos años se ha propuesto un gran número de principios, códigos, directrices y marcos éticos. Allí recordé al lector que, a finales de 2020, había más

---

2 Por ejemplo, véanse los debates sobre (a) la «Evaluación del impacto de Facebook en los derechos humanos en Myanmar» publicada por Business for Social Responsibility en https://www.bsr.org/en/ourinsights/blogview/facebook-in-myanmar-human-rights-impact-assessment [consultado el 19/9/2023]; (b) el cierre del Consejo Asesor Externo de Tecnología Avanzada de Google en https://blog.google/technology/ai/external-advisory-council-helpadvance-responsible-development-ai/ [consultado el 19/9/2023]; y (c) las directrices éticas para una IA digna de confianza publicadas por el Grupo de Expertos de Alto Nivel de la Comisión Europea (HLEGAI, 18 de diciembre de 2018; 8 de abril de 2019).

de 160 directrices, todas ellas con muchos principios a menudo redactados de forma diferente, solo sobre la ética de la IA (Algorithm Watch, 9 de abril de 2019; Winfield, 18 de abril de 2019). Esta proliferación de principios está generando incoherencia y confusión entre las partes interesadas con respecto a cuál puede ser preferible. También presiona a los actores privados y públicos (que diseñan, desarrollan o despliegan soluciones digitales) para que elaboren sus propias declaraciones por miedo a parecer que se quedan atrás, lo que contribuye aún más a la redundancia de la información.

En este caso, el principal riesgo no ético es que toda esta hiperactividad cree algo así como un «mercado de principios y valores» en el que los actores privados y públicos puedan comprar el tipo de ética que mejor se adapte para justificar sus comportamientos actuales en lugar de revisar sus comportamientos para hacerlos coherentes con un marco ético socialmente aceptado (Floridi y Lord Clement-Jones, 20 de marzo de 2019). He aquí una definición explícita de este riesgo:

> *Compra de éticas digitales:* la mala práctica de elegir, adaptar o revisar («mezclar y combinar») principios éticos, directrices, códigos, marcos u otras normas similares (especialmente, pero no solo, en la ética de la IA) de una variedad de ofertas disponibles con el fin de adaptar algunos comportamientos preexistentes (elecciones, procesos, estrategias, etc.) y, por lo tanto, justificarlos *a posteriori*, en lugar de implementar o mejorar nuevos comportamientos comparándolos con estándares públicos y éticos.

Es cierto que en el capítulo 4 sostuve que gran parte de la diversidad «en el mercado de la ética» es aparente y se debe más a la redacción o al vocabulario que al contenido real. Sin embargo, el riesgo potencial de «mezclar y combinar» una lista de principios éticos que uno prefiere, como si fueran sabores de helados, sigue siendo real. Esto se debe a que la laxitud semántica y la redundancia permiten el relativismo interpretativo. La «compra de éticas» provoca entonces una incompatibilidad de normas en la que, por ejemplo, es difícil entender si dos empresas siguen los mismos principios éticos al desarrollar soluciones de IA. La incompatibilidad conduce entonces a una menor posibilidad de competencia, evaluación y responsabilidad. El resultado puede convertirse fácilmente en un enfoque de la ética como meras relaciones públicas, que no requiere ningún cambio o esfuerzo real.

La manera de hacer frente a la compra de éticas digitales es establecer normas éticas claras, compartidas y públicamente aceptadas. Esta es la razón por la que argumenté (Floridi, 2019b) que la publicación de las «Directrices Éticas para una IA Fiable» *(Ethics Guidelines for Trustworthy AI)* fue una mejora significativa, dado que es lo más cercano disponible en la UE a una norma exhaustiva, autorizada y pública de lo que puede contar como IA socialmente buena.[3] Tanto más en la medida en que las Directrices influyeron explícitamente en la propuesta adoptada en 2021 por la Comisión de la UE para la regulación de los sistemas de IA, que fue posteriormente descrita como «el primer marco jurídico sobre IA» (Floridi, 2021). Dada la disponibilidad de este marco conceptual, la mala práctica de comprar éticas digitales debería ser al menos más obvia, si no más difícil de complacer, porque cualquiera en la UE puede simplemente suscribirse a las Directrices en lugar de comprar (o incluso cocinar) su propia «ética». Lo mismo cabe decir del documento de la OCDE, que también se vio influido por las

3 Véase también Mazzini (en prensa).

Directrices. Los miembros de la OCDE deberían considerar al menos ese marco como éticamente vinculante.

En el contexto de este libro, el objetivo del capítulo 4 es apoyar esa convergencia de opiniones para garantizar que las partes interesadas puedan llegar a un mismo acuerdo sobre los principios fundacionales de la ética de la IA. Estos mismos principios pueden encontrarse en la bioética o en la ética médica, dos casos importantes en los que es inaceptable la «compra de éticas» y la adaptación de principios éticos a prácticas inalteradas.

3. EL BLANQUEAMIENTO DE LA ÉTICA

En ética medioambiental, el «eco-blanqueamiento» o «lavado verde» (de *greenwashing*, Delmas y Burbano, 2011) corresponde a aquella mala práctica de un actor privado o público que intenta parecer más ecológico o verde, más sostenible o más respetuoso con el medio ambiente de lo que realmente es. Por «info-blanqueamiento» o «lavado azul»[4] *(bluewashing)* de la ética, me refiero aquí a la versión digital del «ecoblanqueamiento». Como en la bibliografía no existe un color específico asociado a las buenas prácticas éticas en las tecnologías digitales, el «azul» puede servir para recordar que no estamos hablando de sostenibilidad ecológica, sino de mera cosmética ética digital.[5] He aquí una definición de este riesgo:

<hr/>

4   En castellano los colores verde o azul no desempeñan el mismo papel conceptual que en inglés, así como «blanqueamiento» tiene importantes connotaciones cromáticas de las que el término inglés *washing* carece. *(N. del T.)*
5   Este no debe confundirse con el uso del término inglés *bluewashing* empleado «para criticar las asociaciones empresariales formadas en el marco de la iniciativa del Pacto Mundial de las Naciones Unidas (algunos dicen que esta

Lavado azul de la ética: la mala práctica de hacer afirmaciones infundadas o engañosas sobre los valores y beneficios éticos de los procesos, productos, servicios u otras soluciones digitales, o de aplicar medidas superficiales en favor de estos, para parecer más ético digitalmente de lo que se es.

Nótese que tanto el ecoblanqueamiento como el infoblanqueamiento de la ética son formas de desinformación. A menudo se consiguen gastando una fracción de los recursos que serían necesarios para abordar los problemas éticos que pretenden solucionar. Ambas malas prácticas (el lavado verde y el azul) se concentran en meras actividades de *marketing,* publicidad u otras relaciones públicas (por ejemplo, el patrocinio), incluida la creación de grupos consultivos que pueden ser desdentados, impotentes o insuficientemente críticos. Y ambas son tentadoras porque, en cada caso, los objetivos son muchos y todos compatibles:

1. distraer al receptor del mensaje —normalmente el público, pero el objetivo puede ser cualquier accionista o parte interesada— de todo lo que va mal, podría ir mejor o no está ocurriendo pero debería ocurrir;
2. enmascarar y dejar inalterado cualquier comportamiento que debería mejorarse;
3. para conseguir ahorros económicos; y
4. para obtener alguna ventaja, por ejemplo, competitiva o social, como puede ser la buena voluntad de los clientes.

---

asociación con la ONU ayuda a mejorar la reputación de las empresas) y para desprestigiar proyectos dudosos de uso sostenible del agua» (Schott, 4 de febrero de 2010).

A diferencia de lo que ocurre con el lavado verde, el lavado azul puede combinarse más fácilmente con la compra de éticas digitales. Esto ocurre cuando un actor privado o público busca los principios que mejor se adaptan a sus prácticas actuales, los difunde lo más ampliamente posible y luego procede al lavado azul de sus innovaciones tecnológicas sin ninguna mejora real, con muchos menos costes y con algún beneficio social potencial. Hoy en día, el lavado azul de la ética es especialmente tentador en el contexto de la IA, donde las cuestiones éticas son numerosas, los costes de hacer lo correcto pueden ser elevados y la confusión normativa está muy extendida.

La mejor estrategia contra el lavado azul es la que ya se adoptó contra el lavado verde: *transparencia* y *educación*. La transparencia pública, responsable y basada en pruebas sobre las buenas prácticas y las afirmaciones éticas debe ser una prioridad por parte de los actores que desean evitar la apariencia de estar implicados en una mala práctica de lavado azul. La educación pública y basada en hechos por parte de cualquier objetivo del lavado azul —que podría ser no solo el público, sino también los miembros de juntas ejecutivas y consejos consultivos, políticos y legisladores, por ejemplo— sobre si se aplican realmente prácticas éticas eficaces y cuáles son, significa que los actores pueden ser menos propensos a (tener la tentación de) distraer la atención pública de los desafíos éticos a los que se enfrentan y abordarlos en su lugar.

Como veremos en el capítulo 11, el desarrollo de métricas para la fiabilidad de los productos y servicios de IA (y de las soluciones digitales en general) permitiría la evaluación comparativa impulsada por el usuario de todas las ofertas comercializadas. Facilitaría la detección del infoblanqueamiento, mejorando así la comprensión pública y generando competitividad en torno al desarrollo de productos y servicios más seguros y beneficiosos para nuestra sociedad y el medio ambiente. A largo plazo, un sistema de certificación de productos y servicios digitales podría conseguir lo que otras soluciones similares han logrado en materia de ética medioambiental, a saber: hacer que el «lavado azul» sea tan visible y vergonzoso como el «lavado verde».

4. Los grupos de presión ética

A veces, los agentes privados (al menos uno tendría buenas razones para sospecharlo) intentan utilizar la autorregulación en la ética de la IA para presionar contra la introducción de normas legales; para presionar a favor de la dilución o el debilitamiento de la aplicación de las normas legales; o para proporcionar una excusa para el cumplimiento limitado de las normas legales. Esta mala práctica específica afecta a muchos sectores, pero parecería más propicia dentro del ámbito digital (Benkler, 2019), donde la ética puede ser explotada como una alternativa a la legislación o en nombre de la innovación tecnológica y su impacto positivo en el crecimiento económico (una línea de razonamiento, sin duda, menos fácil de apoyar en contextos medioambientales o biomédicos). He aquí una definición:

> *Grupos de presión de la ética digital:* la mala práctica de explotar la ética digital para retrasar, revisar, sustituir o evitar una legislación buena y necesaria (o su aplicación) sobre el diseño, desarrollo y despliegue de procesos, productos, servicios u otras soluciones digitales.

Uno puede argumentar que los grupos de presión (o también *lobbying)* de la ética digital es una mala estrategia que probablemente fracasará a largo plazo porque, en el mejor de los casos, es corta de miras. Tarde o temprano, la legislación tiende a ponerse al día. Pero independientemente de que este argumento sea convincente o no, los grupos de presión de la ética digital como táctica a corto plazo puede seguir causando mucho daño. Podría utilizarse para retrasar la introducción de la legislación necesaria, o para ayudar a maniobrar o eludir las interpretaciones más exigentes de la legislación actual (facilitando así el cumplimiento, pero también desalineándose con el espíritu de la ley). También podría, por poner un ejemplo ilustrativo, influir en los legisladores para que aprueben una legislación que favorezca al grupo de presión más de lo que cabría esperar. Además, y muy importante, la mala praxis (o incluso la sospecha de ella) corre el riesgo de socavar el valor de cualquier autorregulación ética digital *tout court*.

Este daño colateral es profundamente lamentable porque la autorregulación es una de las principales y valiosas herramientas disponibles para la elaboración de políticas. Como argumentaré en el capítulo 6, la autorregulación no puede sustituir a la ley por sí misma. Pero si se aplica correctamente, puede ser un complemento crucial cuando

1. no se dispone de legislación (por ejemplo, en experimentos sobre productos de realidad aumentada),
2. se dispone de legislación, pero también se necesita una interpretación ética (por ejemplo, para entender el derecho a la explicación en el RGPD de la UE),
3. se dispone de legislación, pero también se necesita un contrapeso ético si

4. es mejor no hacer algo, aunque no sea ilegal hacerlo (por ejemplo, automatizar total y completamente algún procedimiento médico sin ninguna supervisión humana) o

5. es mejor hacer algo, aunque no sea legalmente obligatorio (por ejemplo, aplicar mejores condiciones dentro del mercado laboral en el sector de la economía colaborativa) (véase Tan *et al.*, 2021).

La estrategia contra estos de grupos de presión es doble. Por un lado, debe contrarrestarse con una buena legislación y una aplicación efectiva. Esto es más fácil si el que ejerce la presión (sea este un actor privado o público) es menos influyente sobre los legisladores, o siempre que la opinión pública pueda ejercer el nivel adecuado de presión ética. Por otra parte, el *lobbying* de la ética digital debería ser denunciado siempre que se produzca y debería distinguirse claramente de las auténticas formas de autorregulación. Esto puede ocurrir de forma más creíble si el proceso también forma parte en sí mismo de un código de conducta autorregulador para todo un sector industrial, en nuestro caso la industria de la IA. Habría un interés más general en mantener un contexto saludable en el que la autorregulación genuina sea socialmente bienvenida y eficaz, exponiendo a los grupos de presión de la ética digital como un fenómeno actual inaceptable.

5. EL VERTIMIENTO ÉTICO

El «*dumping* ético» (lo que en castellano sería «vertimiento ético») es una expresión acuñada en 2013 por la Comisión Europea para describir la exportación de prácticas de investigación poco éticas a países en los que existen marcos jurídicos y éticos y mecanismos de aplicación más débiles (o más laxos o quizás simplemente diferentes, como en el caso de la ética digital). El término se aplica a cualquier tipo de investigación, incluida la informática, la ciencia de datos, el AM, la robótica y otros tipos de IA. Pero es más grave en contextos relacionados con la salud y la biología. Afortunadamente, la ética biomédica y medioambiental puede considerarse universal y global. Existen acuerdos y marcos internacionales junto con instituciones internacionales que supervisan su aplicación o cumplimiento. Así pues, cuando la investigación se realiza en contextos biomédicos y ecológicos, el «vertimiento ético» puede combatirse de forma más eficaz y coherente. Sin embargo, en contextos digitales, la variedad de regímenes jurídicos y marcos éticos facilita la exportación de prácticas poco éticas (o incluso ilegales) por parte del «vertedor» junto con la importación de los resultados de dichas prácticas. En otras palabras, el problema es doble: ética de la investigación y ética del consumo. He aquí una definición de este riesgo:

> *Vertimiento de la ética digital:* la mala práctica de (a) exportar actividades de investigación sobre procesos digitales, productos, servicios u otras soluciones en otros contextos o lugares (por ejemplo, por organizaciones europeas fuera de la UE) de maneras que serían éticamente inaceptables en el contexto o lugar de origen; y (b) importar los resultados de tales actividades de investigación poco éticas.

Tanto (a) como (b) son importantes. Por poner un ejemplo lejano, pero concreto, no es raro que los países prohíban el cultivo de plantas medicinales o de organismos modificados genéticamente, pero permitan su importación. Existe una asimetría entre el tratamiento ético (y legal) de una práctica (investigación no ética y/o ilegal) y su resultado, que es el consumo éticamente (y legalmente) aceptable de un producto de investigación no ético.

Esto significa que el vertimiento ético puede afectar a la ética digital no solo en términos de exportación no ética de actividades de investigación, sino también en términos de importación no ética de los resultados de dichas actividades. Por ejemplo, una empresa podría exportar su investigación y luego diseñar, desarrollar y entrenar algoritmos (por caso, para el reconocimiento facial) sobre datos personales locales en un país no perteneciente a la UE con un marco ético y jurídico diferente, más débil o no aplicado para la protección de datos personales. Según el RGPD, esto sería poco ético e ilegal en la UE. Pero una vez entrenados, los algoritmos podrían importarse a la UE y desplegarse sin incurrir en ninguna sanción o incluso sin ser mal vistos. Mientras que el primer paso (a) puede estar bloqueado, al menos en términos de ética de la investigación (Nordling, 2018), el segundo paso (b) implica el consumo de resultados de investigación poco éticos. Es más difuso, menos visiblemente problemático y, por lo tanto, sustancialmente más difícil de controlar y restringir.

Por desgracia, es probable que el problema del *dumping* de ética digital se agrave en un futuro próximo. Esto se debe al profundo impacto de las tecnologías digitales en la sanidad y la asistencia social, así como en la defensa, el mantenimiento del orden y la seguridad; a la facilidad de su portabilidad global; a la complejidad de los procesos de producción (algunas de cuyas etapas pueden implicar *dumping* ético); y a los inmensos intereses económicos en juego. Especialmente en IA, donde la UE es un importador neto de soluciones de Estados Unidos y China, los agentes privados y públicos corren el riesgo de algo más que exportar prácticas poco éticas. También pueden (y de forma independiente) importar soluciones desarrolladas originalmente de formas que no habrían sido éticamente aceptables en la UE. También en este caso la estrategia es doble: hay que concentrarse en la ética de la investigación *y* en la ética del consumo. Si se quiere ser coherente, ambas deben recibir la misma atención.

En cuanto a la ética de la investigación, es algo más fácil ejercer el control en la fuente mediante la gestión ética de la financiación pública de la investigación. En este sentido, la UE ocupa una posición de liderazgo. Sin embargo, sigue existiendo un problema importante, y es que gran parte de la investigación y el desarrollo sobre soluciones digitales corre a cargo del sector privado, donde la financiación puede estar menos limitada por las fronteras geográficas. Un agente privado puede trasladar más fácilmente su investigación y desarrollo a un lugar éticamente menos exigente (una variación geográfica de la compra ética vista en el apartado 2). La investigación financiada con fondos privados no se somete al mismo escrutinio ético que la financiada con fondos públicos.

En cuanto a la ética del consumo, especialmente de productos y servicios digitales, se puede hacer mucho. El establecimiento de un sistema de certificación de productos y servicios podría servir de base para la contratación y el uso público y privado. Como en el caso del lavado de cara, la procedencia fiable y éticamente aceptable de los sistemas y soluciones digitales tendrá que desempeñar un papel cada vez más importante en el desarrollo en los próximos años si se quiere evitar la hipocresía de ser cuidadosos con la ética de la investigación en contextos digitales, pero relajados con el uso poco ético de sus resultados.

6. La evasión de la ética

Los especialistas en ética conocen bien la vieja mala práctica de aplicar un doble rasero en las evaluaciones morales. Aplicando un enfoque indulgente o estricto, se puede evaluar y tratar a agentes (o sus acciones, o las consecuencias de sus acciones) de forma diferente a agentes (acciones o consecuencias) similares cuando, en realidad, todos deberían recibir el mismo trato. El riesgo del doble rasero suele basarse, incluso inadvertidamente, en la parcialidad, la injusticia o el interés egoísta. El riesgo que deseo destacar aquí pertenece a la misma familia, pero tiene una génesis diferente. Para destacar su especificidad, tomaré prestada del sector financiero la expresión «evadir la ética».[6] He aquí una definición de este riesgo:

> *Evasión de la ética:* la mala práctica de hacer cada vez menos «trabajo ético» (como cumplir los deberes, respetar los derechos, honrar los compromisos, etc.) en un contexto dado cuanto menor se percibe (erróneamente) el rendimiento de dicho trabajo ético en ese contexto.

Al igual que el vertimiento ético, la evasión ética tiene raíces históricas y a menudo sigue esquemas geopolíticos. Es más probable que los actores practiquen el vertimiento ético y la evasión de la ética en contextos en los que hay poblaciones desfavorecidas, instituciones más débiles, inseguridad jurídica, regímenes corruptos, distribuciones injustas del poder y otros males económicos, jurídicos, políticos o sociales. No

---

6 https://www.nasdaq.com/investing/glossary/s/shirking [consultado el 16/4/2024]. Debo a Cowls, Png y Au (sin publicar) la sugerencia de incluir la «evasión de la ética» como un riesgo importante en la ética digital y de utilizar la propia expresión para captarlo.

es raro situar, correctamente, ambas malas prácticas a lo largo de la línea divisoria entre el Norte Global y el Sur Global, o considerar que ambas afectan sobre todo a los países de renta baja y media. El pasado colonial sigue ejerciendo un papel vergonzoso.

También es importante recordar que, en contextos digitales, estas malas prácticas pueden afectar a segmentos de una población dentro del Norte Global. La economía colaborativa puede verse como un caso de evasión de la ética dentro de los países desarrollados. Y el desarrollo de coches autoconducidos puede interpretarse como un caso de vertimiento de la investigación en algunos Estados de Estados Unidos. La Convención de Viena sobre la Circulación Vial de 1968, que establece los principios internacionales por los que se rigen las leyes de tráfico, exige que un conductor tenga siempre el pleno control y sea responsable del comportamiento de un vehículo en el tráfico. Pero Estados Unidos no es un país firmante de dicha Convención, por lo que este requisito no se le aplica. Esto significa que los códigos de circulación estatales no prohíben los vehículos automatizados, y varios Estados han promulgado leyes para los vehículos automatizados. Esta es también la razón por la que la investigación sobre los coches autoconducidos tiene lugar sobre todo en Estados Unidos, junto con los incidentes relacionados y el sufrimiento humano.

La estrategia contra la evasión de la ética consiste en abordar su origen, que es la ausencia de una asignación clara de responsabilidades. Los agentes pueden verse más tentados a eludir su labor ética en un contexto determinado cuanto más (piensen que) pueden reubicar las responsabilidades en otro lugar. Esto ocurre con mayor probabilidad y facilidad en «contextos D», en los que la propia responsabilidad puede percibirse (erróneamente) como menor porque está *distante, disminuida, delegada* o *distribuida* (Floridi, 2012b). Así, la evasión ética es el coste no ético de la falta de responsabilización de alguna agencia. Es esta génesis la que lo convierte en un caso especial del problema ético de la doble moral. Por lo tanto, más imparcialidad y menos parcialidad son necesarias —en la medida en que la evasión de la ética es un caso especial del problema de la doble moral— e insuficientes para eliminar el incentivo de la evasión de la ética. Para desarraigar esta mala práctica, también se necesita una ética de la responsabilidad distribuida (Floridi, 2016a). Dicha ética reubicaría las responsabilidades, junto con todos los elogios y culpas, recompensas y castigos y, en última instancia, la responsabilidad causal y la responsabilidad legal, en el lugar al que pertenecen por derecho.

7. Conclusión: la importancia de conocer mejor

En este capítulo he proporcionado un mapa conceptual para aquellos que desean evitar o minimizar algunos de los riesgos éticos más obvios y significativos a la hora de traducir los principios en prácticas en la ética digital. Desde una perspectiva socrática, según la cual el mal humano es un problema epistémico, una mala práctica suele ser el resultado de una solución mal juzgada o de una oportunidad equivocada. Es importante comprender lo antes posible que los atajos, los aplazamientos y las soluciones rápidas no conducen a mejores soluciones éticas, sino a problemas más graves. Los problemas son cada vez más difíciles y costosos de resolver cuanto más tarde se abordan.

Aunque tal comprensión no garantiza que desaparezcan las cinco malas prácticas analizadas en este capítulo, sí significa que se reducirán en la medida en que se basen realmente en malentendidos y juicios erróneos. El desconocimiento es el origen de muchos males. Por eso, la solución suele ser más y mejor información para todos. En las páginas anteriores he mencionado que la autorregulación puede complementar sólidamente un enfoque legislativo. Esto es muy cierto cuando se trata de prácticas éticas que presuponen pero van más allá del cumplimiento legal, que es el tema del próximo capítulo.

6. La ética suave y la gobernanza de la IA

Resumen

Anteriormente, en los capítulos 4 y 5, sugerí un marco unificado para los principios éticos de la IA e identifiqué algunos de los principales riesgos éticos que surgen al trasladar los principios a la práctica. Este capítulo aborda la gobernanza de la IA y, más en general, de las tecnologías digitales, como el nuevo reto que plantea la innovación tecnológica. Introduzco una nueva distinción entre «ética blanda» y «ética dura». La ética dura precede primero a la legislación y luego contribuye a darle forma. En cambio, la ética blanda se aplica *después* del cumplimiento de la legislación (es decir, la «ética postcumplimiento»), como el RGPD en la UE. El capítulo concluye desarrollando un análisis del papel de la ética digital con respecto a la regulación digital y la gobernanza digital, preparando así el próximo capítulo sobre los principios éticos fundamentales para una ética de la IA.

1. Introducción: de la innovación digital a la gobernanza de lo digital

En cualquier sociedad de la información madura de la actualidad (Floridi, 2016b), ya no vivimos *online* u *offline*. En su lugar, vivimos *onlife* (Floridi, 2014b). Vivimos cada vez más en ese espacio especial, o infoesfera, que es a la vez analógica y digital, *offline* y *online*. Si esto parece confuso, tal vez una analogía pueda ayudar a entenderlo. Imaginemos que alguien pregunta si el agua es dulce o salada en la desembocadura de un río en el mar. Está claro que esa persona no ha entendido la naturaleza especial del lugar. Al igual que los manglares florecen en aguas saladas, nuestras sociedades de la información maduras crecen en un lugar nuevo y liminal. Y en estas «sociedades manglares», los datos legibles por máquinas, las nuevas formas de agencia inteligente y las interacciones *onlife* evolucionan constantemente. Esto se debe a que nuestras tecnologías están perfectamente adaptadas para aprovechar este nuevo entorno, a menudo como los únicos nativos reales. Como resultado, el ritmo de su evolución puede ser alucinante. Y esto justifica, a su vez, cierta aprensión. Sin embargo, no debemos dejarnos distraer por el alcance, la profundidad y el ritmo de la innovación digital. Es cierto que ello trastoca significativamente algunos supuestos profundamente arraigados de la antigua sociedad exclusivamente analógica. La competencia, la personalización, la educación, el ocio, la salud, la logística, la política, la producción, la seguridad y el trabajo (por mencionar solo algunos temas cruciales en un orden meramente alfabético). Sin embargo, ese no es el reto más importante al que nos enfrentamos. Lo más importante no es la innovación digital, sino la gobernanza de lo digital, es decir, lo que hacemos con ello. Más concretamente, lo que más importa es cómo diseñamos la infoesfera y las sociedades de la información maduras que se desarrollan en ella. Dado que la revolución digital transforma nuestros puntos de vista sobre los valores y sus prioridades, el buen comportamiento y el tipo de innovación que no solo es sostenible, sino también socialmente preferible (equitativa), gobernar todo esto se ha convertido ahora en la cuestión fundamental. Permíteme explicarlo.

A muchos les puede parecer que el verdadero reto es qué será lo próximo que nos depare la innovación digital. La pregunta en sí es recurrente y trillada: ¿cuál es la próxima disrupción? ¿Cuál es la nueva *app* revolucionaria? ¿Será este el año de la batalla final entre Realidad Virtual y Realidad Aumentada? ¿O será el Internet de las Cosas la nueva frontera, quizá en combinación con las ciudades inteligentes? ¿Se acerca el fin de la televisión tal y como la conocemos? ¿La sanidad se volverá irreconocible gracias al AM? ¿Nuestra atención debería centrarse en la automatización de la logística y el transporte? ¿Qué harán los nuevos asistentes domésticos inteligentes aparte de decirnos qué tiempo hace y permitirnos elegir la próxima canción? ¿Cómo se adaptará la estrategia militar a los conflictos cibernéticos? ¿Cuál será la próxima industria «uberizada»? Detrás de este abanico de preguntas se esconde la suposición tácita de que la innovación digital va siempre por delante y todo lo demás va por detrás o, en el mejor de los casos, le sigue, ya sean modelos de negocio, condiciones de trabajo, nivel de vida, legislación, normas sociales, hábitos, expectativas o incluso esperanzas.

Sin embargo, esta es precisamente la narrativa de distracción a la que debemos resistirnos, no porque sea errónea, sino porque solo es correcta superficialmente. La verdad más profunda es que la revolución digital ya se ha producido. La transición de un mundo totalmente analógico y *offline* a otro cada vez más digital y *online* no volverá a repetirse en la historia de la humanidad. Tal vez algún día, un dispositivo de computación cuántica que ejecute aplicaciones de IA pueda estar en el bolsillo del adolescente medio. Pero nuestra generación es la última que ha visto un mundo no digital, y este es el punto de inflexión realmente extraordinario, porque ese aterrizaje en la infoesfera y el comienzo del *onlife* solo ocurren una vez. La cuestión de cómo será este nuevo mundo es a la vez fascinante por sus oportunidades y preocupante por sus riesgos.

Por muy desafiante que sea, nuestra «exploración» de la infoesfera (para permitirnos la metáfora geográfica un poco más) suscita una pregunta mucho más fundamental que es sociopolítica y verdaderamente crucial: ¿qué tipo de sociedades de la información maduras queremos construir? ¿Cuál es nuestro *proyecto humano* para la era digital? Mirando nuestro presente hacia atrás —es decir, desde una perspectiva de futuro—, este es el momento de la historia en el que se considerará que hemos sentado las bases de nuestras sociedades de la información maduras. Se nos juzgará por la calidad de nuestro trabajo. Así pues, está claro que el verdadero reto ya no es la buena *innovación* digital. Es la buena *gobernanza* de lo digital, como anticipaba más arriba.

Prueba de ello es la proliferación de iniciativas para abordar el impacto de lo digital en la vida cotidiana y cómo regularlo. También está implícito en la narrativa actual sobre la naturaleza imparable e inalcanzable de la innovación digital, si uno se fija un poco más. Porque en el mismo contexto en el que la gente se queja de la velocidad de la innovación digital y de la tarea imposible de perseguirla con algún marco normativo, también se encuentra la misma certeza sobre la gravedad del riesgo que supone una legislación equivocada. Una mala legislación podría acabar por completo con la innovación digital o destruir sectores y desarrollos tecnológicos enteros. No hace falta ser Nietzsche: «*Was mich nicht umbringt macht mich stärker*» (es decir, «Lo que no me mata me hace más fuerte», Nietzsche, 2008), para darse cuenta de que la conclusión es que es perfectamente posible actualizar las reglas del juego. Al fin y al cabo, todo el mundo reconoce que puede tener consecuencias inmensas. Reaccionar ante la innovación tecnológica no es el mejor enfoque. Hay que pasar de perseguir a liderar. Si nos gusta la dirección en la que nos movemos o hacia dónde vamos, entonces la velocidad a la que nos movemos o llegamos puede ser algo muy positivo. Cuanto más nos guste nuestro destino, más rápido querremos llegar. Es porque carecemos de un sentido claro de la dirección sociopolítica por lo que nos preocupa la velocidad de nuestro viaje tecnológico. Deberíamos preocuparnos. Pero la solución no es ir más despacio, sino decidir juntos adónde queremos ir. Para ello, la sociedad debe dejar de jugar a la defensa y empezar a jugar al ataque. La cuestión no es *si,* sino *cómo.* Y para empezar a abordar el *cómo,* son útiles algunas aclaraciones. Esa es la aportación de este capítulo.

2. Ética, regulación y gobernanza

Sobre la gobernanza de las tecnologías digitales en general y de la IA en particular (no estableceré esta distinción en el resto del capítulo, en el que hablaré de «lo digital» para referirme a ambas) queda mucho por decir y aún más por entender y teorizar. Sin embargo, una cosa está clara:

1. la gobernanza de lo digital, en adelante *gobernanza digital,*
2. la *ética* de lo digital, en adelante *ética digital,* que también se conoce como ética de la informática, ética de la información o de los datos (Floridi y Taddeo, 2016), y
3. la regulación de lo digital, en adelante *regulación digital.*

Son enfoques normativos diferentes. Son complementarios y no deben confundirse entre sí. Pero también se distinguen claramente en el sentido que detallamos a continuación (véase la Imagen 8 para una representación visual).

La gobernanza digital es la práctica de establecer y aplicar políticas, procedimientos y normas para el correcto desarrollo, uso y gestión de la infoesfera. También es una cuestión de convención y buena coordinación, que a veces no es ni moral ni inmoral, ni legal ni ilegal. A través de la gobernanza digital, por ejemplo, una agencia gubernamental o una empresa puede (a) determinar y controlar los procesos y métodos utilizados por los administradores y custodios de datos para mejorar la calidad, fiabilidad, acceso, seguridad y disponibilidad de los datos de sus servicios; y (b) diseñar procedimientos eficaces para la toma de decisiones y para la identificación de responsabilidades con respecto a los procesos relacionados con los datos. Una aplicación típica de la gobernanza digital fue el trabajo que codirigí para la Oficina del Gabinete Británico en 2016 sobre un «Marco ético de ciencia de datos» (Oficina del Gabinete, 2016), que estaba «destinado a dar a los funcionarios orientación sobre la realización de proyectos de ciencia de datos, y la confianza para innovar con datos».[1] A pesar del título, muchas recomendaciones no tenían nada que ver con la ética y se referían únicamente a una gestión razonable.

La gobernanza digital puede estar compuesta por directrices y recomendaciones que se solapan con la «regulación digital», pero que no son idénticas a ella. No es más que otra forma de hablar de la legislación pertinente, un sistema de leyes elaboradas y aplicadas a través de instituciones sociales

---

1 Disponible en https://www.gov.uk/government/publications/data-science-ethical-framework [consultado el 16/4/2024].

o gubernamentales para regular el comportamiento de los agentes pertinentes en la infoesfera. No todos los aspectos de la regulación digital son una cuestión de gobernanza digital y no todos los aspectos de la gobernanza digital son una cuestión de regulación digital. En este caso, un buen ejemplo lo proporciona el RGPD (más sobre el RGPD en la actualidad).[2] El *cumplimiento* es la relación crucial a través de la cual la regulación digital da forma a la gobernanza digital.

Todo esto es válido para la «ética digital», entendida como la rama de la ética que estudia y evalúa los problemas morales relacionados con los *datos* y la *información* (incluyendo la generación, el registro, la conservación, el procesamiento, la difusión, el intercambio y el uso), los *algoritmos* (incluyendo IA, AA, AM y robots) y las *prácticas* e *infraestructuras* correspondientes (incluyendo la innovación responsable, la programación, la piratería informática, los códigos profesionales y las normas) con el fin de formular y apoyar soluciones moralmente buenas, por ejemplo, la buena conducta o los buenos valores. La ética digital da forma a la regulación digital y la gobernanza digital mediante una evaluación moral de lo que es socialmente aceptable o preferible.

La gobernanza digital en la Imagen 8 es solo una de las tres fuerzas normativas que pueden dar forma y guiar el desarrollo de lo digital. Pero no es infrecuente utilizar esa parte por el todo y hablar de gobernanza digital para referirse a todo el conjunto. Este uso del término «gobernanza» es una sinécdoque, algo así como utilizar «coca-cola» para referirse

2   Reglamento (UE) 2016/679 del Parlamento Europeo y del Consejo, de 27 de abril de 2016, relativo a la protección de las personas físicas en lo que respecta al tratamiento de datos personales y a la libre circulación de estos datos y por el que se deroga la Directiva 95/46/CE (Reglamento general de protección de datos), DOUE L119, 04/05/2016.

a cualquier variedad de refresco de cola. Es lo que hice al principio de este capítulo, cuando afirmé que el verdadero reto actual es la gobernanza de lo digital. Con ello quería referirme no solo a la «gobernanza digital», sino también a la «ética» y la «regulación digital», es decir, a todo el mapa normativo: E + R + G. Y así es como interpreto el informe «Gestión y uso de datos: gobernanza en el siglo XXI» *(Data Management and Use: Governance in the 21st Century)* que publicamos en 2017 como grupo de trabajo conjunto de la British Academy y la Royal Society (British Academy, 2017; declaro que fui miembro). Mientras la sinécdoque esté clara, no hay problema.

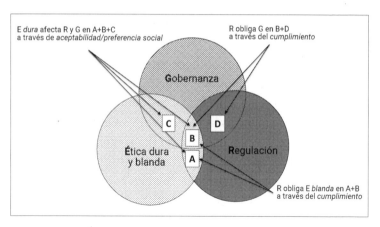

IMAGEN 8. Ética digital, regulación digital y gobernanza digital

Una vez entendido este mapa, dos consecuencias importantes quedan claras. Permítanme discutir cada una en apartados separados.

3. Cumplimiento: necesario pero insuficiente

Cuando los responsables políticos, tanto en el ámbito político como en el empresarial, se preguntan por qué debemos emprender evaluaciones éticas cuando ya existe el cumplimiento legal (este es un tema recurrente en el debate sobre el RGPD, por ejemplo), la respuesta debería ser clara: el cumplimiento es necesario pero insuficiente para dirigir a la sociedad en la dirección correcta. La regulación digital indica cuáles son los movimientos legales e ilegales en el juego, por así decirlo. Pero no dice nada sobre cuáles podrían ser las *buenas* y *mejores* jugadas, de entre las que son legales, para ganar la partida, es decir, para tener una sociedad mejor. Esta es la tarea de la ética digital, por el lado de los valores y preferencias morales, y de la buena gobernanza digital, por el lado de la gestión. Y esta es precisamente la razón, por ejemplo, por la que el SEPD (la autoridad independiente de protección de datos de la UE) creó el Grupo Consultivo de Ética en 2015: para analizar los nuevos retos éticos que plantean los avances digitales y la legislación actual, especialmente en relación con el RGPD. El informe (EDPS «Ethics Advisory Group», 2018; declaro que yo fui miembro) debe leerse como una contribución a la gobernanza normativa de la infoesfera en la UE, y un peldaño hacia su aplicación. Entonces, ¿qué tipo de ética digital deberíamos adoptar para complementar el cumplimiento legal?

4. Ética dura y blanda

Si nos fijamos en la Imagen 8, la ética digital puede entenderse ahora de dos maneras: como «ética dura» o como «ética blanda». La distinción se basa vagamente en la que existe entre el «derecho duro» y el «derecho blando» (véase Shaffer y Pollack, 2009), es decir, entre el derecho tradicional y otros instrumentos que son cuasijurídicos pero no tienen fuerza jurídica vinculante, como las resoluciones y recomendaciones del Consejo de Europa. La distinción no es realmente una cuestión de práctica, ya que, en realidad, la ética blanda y la dura suelen estar inextricablemente entrelazadas. Es sobre todo una cuestión de teoría, porque es lógicamente posible y a menudo útil distinguir entre ética blanda y dura y luego discutir cada una por separado. Veamos la distinción en detalle.

La ética dura (véase A+B+C en la Imagen 8) es lo que solemos tener en mente cuando hablamos de valores, derechos, deberes y responsabilidades —o, más ampliamente, de lo que es moralmente correcto o incorrecto, y de lo que se debe o no hacer— en el curso de la formulación de nuevas normativas y la impugnación de las existentes. En resumen, *en la medida* en que la ética contribuya a elaborar, dar forma o cambiar la ley, podemos llamarla ética dura. Por ejemplo, presionar a favor de una buena legislación o para mejorar la que ya existe puede ser un caso de ética dura. La ética dura ayudó a desmantelar la *legislación* del *apartheid* en Sudáfrica y apoyó la aprobación de una *legislación* en Islandia que exige a las empresas públicas y privadas demostrar que ofrecen igualdad salarial a sus empleados independientemente de su sexo (por cierto, la diferencia salarial entre hombres y mujeres sigue siendo escandalosa en la mayoría de los países). De ello se sigue que, en ética dura, no es cierto que «uno debe hacer x» jurídicamente hablando (donde x oscila en el universo de acciones factibles) implique «uno puede hacer x» éticamente hablando. Es perfectamente razonable objetar que «se debe hacer x» puede ir seguido de «aunque no se pueda hacer x». Se trata del principio de Rosa Parks, por su famosa negativa a obedecer la ley y ceder su asiento en la «sección para gente de color» del autobús a un pasajero blanco después de que se llenara la sección exclusiva para blancos.

La ética blanda cubre el mismo terreno normativo que la ética dura (de nuevo, véase A+B+C en la Imagen 8). Pero lo hace considerando lo que debe y no debe hacerse *por encima* de la normativa existente, no contra ella, ni a pesar de su alcance, ni para cambiarla. Así pues, la ética blanda puede incluir la autorregulación (véase el capítulo 5). En otras palabras, *la ética blanda es una ética post-cumplimiento* porque, en este caso, «el deber implica el poder». Por eso, en la Imagen 8, escribí que las normativas limitan la ética del *software* a través del cumplimiento. Es el Principio de Mateo: «Dad al César lo que es del César» (Mt 22,15-22).

Como ya se ha indicado anteriormente, tanto la ética dura como la blanda presuponen el cumplimiento o, en términos más kantianos, asumen el principio fundamental de que «el deber implica el poder», dado que un agente tiene la obligación moral de realizar una acción x solo si x es posible en primer lugar. La ética no debería ser supererogatoria en este sentido específico de pedir algo imposible. De ello se desprende que la ética blanda también asume un enfoque «post-cumplimiento». Cualquier planteamiento ético, al menos en la UE, acepta como punto de partida mínimo la aplicación de la Declaración Universal de los Derechos Humanos, el Convenio Europeo de Derechos Humanos y la Carta de los Derechos Fundamentales de la Unión Europea. El resultado es que el espacio para la ética blanda está parcialmente delimitado, pero también es ilimitado. Para ver por qué, es fácil visualizarlo en forma de trapecio (Imagen 9). El lado inferior del trapecio representa una base de realización que se amplía con el tiempo, ya que cada vez podemos hacer más cosas gracias a la innovación tecnológica. Los dos lados restrictivos, izquierdo y derecho, representan el cumplimiento legal y los derechos humanos. El lado superior abierto representa el espacio en el que lo moralmente bueno puede ocurrir en general y, en el contexto de este capítulo, puede ocurrir en términos de dar forma y guiar el desarrollo ético de nuestras sociedades de la información maduras.

IMAGEN 9. El espacio de la ética blanda

Ya he mencionado que las éticas duras y blandas suelen ir de la mano. Su distinción es útil, pero a menudo más lógica que fáctica. En el siguiente apartado, analizaré su relación mutua y su interacción con la legislación basándome en el caso concreto del RGPD. En este apartado, conviene hacer una aclaración final.

Cuando es distinguible, la ética blanda digital puede ejercerse más fácilmente cuanto más se considere que la regulación digital está en el lado bueno de la división entre «moral» e «inmoral». Por lo tanto, sería un error defender un enfoque de ética blanda para establecer un marco normativo cuando los agentes (especialmente gobiernos y empresas) operan en contextos en los que no se respetan los derechos humanos, por ejemplo, en China, Corea del Norte o Rusia.

Al mismo tiempo, la ética dura puede seguir siendo necesaria en otros contextos en los que se respetan los derechos humanos, con el fin de cambiar alguna legislación vigente que se perciba como éticamente inaceptable. El referéndum irlandés sobre el aborto en 2018 es un buen ejemplo. En un contexto digital, los argumentos de ética dura se utilizaron como punto de contraste para la decisión de diciembre de 2017 de la Comisión Federal de Comunicaciones (CFC) de Estados Unidos de rescindir la norma sobre neutralidad de la red (el principio según el cual todo el tráfico de internet debe ser tratado de la misma manera, sin bloquear, degradar o priorizar ningún contenido legal en particular). El resultado fue que, en marzo de 2018, Washington se convirtió en el primer estado de Estados Unidos en aprobar una legislación que obliga a la neutralidad de la red.

Dentro de la UE, la ética blanda puede ejercerse correctamente para ayudar a los agentes (como individuos, grupos, empresas, gobiernos y organizaciones) a aprovechar más y mejor, moralmente hablando, las oportunidades que ofrece la innovación digital. Porque incluso en la UE, la legislación es necesaria pero insuficiente. No lo cubre todo, ni debería hacerlo. Los agentes deben aprovechar la ética digital para evaluar y decidir el papel que desean desempeñar en la infoesfera cuando la normativa no ofrezca una respuesta simple o directa (o ninguna orientación en absoluto), cuando haya que equilibrar valores e intereses contrapuestos y cuando se pueda hacer más de lo que exige estrictamente la ley. En particular, un buen uso de la ética blanda podría llevar a las empresas a ejercer una «buena ciudadanía corporativa» dentro de una sociedad de la información madura.

Por tanto, ha llegado el momento de ofrecer un análisis más específico y para ello me basaré en el RGPD. La elección parece razonable: dado que la regulación digital en la UE está ahora determinada por el RDPD y que la legislación de la UE es normalmente respetuosa con los derechos humanos, puede ser útil comprender el valor de la distinción entre ética blanda y dura y sus relaciones con la legislación utilizando el RGPD como caso concreto de aplicación. La hipótesis subyacente es que, si el análisis de la ética blanda/dura no funciona en el caso del RGPD, probablemente no funcionará en ningún otro lugar.

5. La ética blanda como marco ético

Para comprender el papel de la ética dura y blanda en relación con la legislación en general y el RGPD en particular, es necesario introducir cinco componentes (véase la Imagen 10).[3]

En primer lugar, están las IELS (es decir, «implicaciones éticas, legales y sociales») del RGPD, por ejemplo, sobre las organizaciones. Se trata del impacto del RGPD en las empresas, por ejemplo. Luego está el propio RGPD. Se trata de la legislación que sustituyó a la Directiva 95/46/CE sobre protección de datos. Está diseñado para armonizar las leyes de privacidad de datos en toda Europa, para proteger y hacer cumplir la privacidad de los datos de todos los ciudadanos de la UE, independientemente de su ubicación geográfica, y para mejorar la forma en que las organizaciones de toda la UE abordan la privacidad de los datos. El RGPD consta de noventa y nueve artículos que conforman el segundo elemento. Como suele ocurrir con la legislación compleja, los artículos no lo abarcan todo, ya que dejan zonas

---

3   En una versión anterior de este capítulo, el texto se leía como si yo sostuviera que la ética moldea e interpreta el derecho. Esto es sencillamente insostenible, y agradezco a uno de los revisores anónimos que haya señalado esta lectura potencialmente errónea.

grises de incertidumbre normativa incluso sobre aquellos temas que pretenden cubrir. Están, por ello, sujetos a interpretación. Pueden requerir una actualización cuando se aplican a nuevas circunstancias, especialmente en un contexto tecnológico en el que la innovación se desarrolla tan rápida y radicalmente —piénsese en el *software* de reconocimiento facial, por ejemplo, o en el llamado *software deepfake*—. Así pues, para ayudar a comprender su significado, alcance y aplicabilidad, los artículos van acompañados de 173 considerandos *(Recitals)*. Este es el tercer elemento. En el derecho de la UE, los considerandos son textos que explican las razones de las disposiciones de un acto. No son jurídicamente vinculantes y se supone que no contienen lenguaje normativo. Normalmente, los considerandos son utilizados por el Tribunal de Justicia de la Unión Europea para interpretar una directiva o reglamento y llegar a una decisión en el contexto de un caso concreto.[4] Pero en el caso del RGPD, es importante señalar que los considerandos también pueden ser utilizados por el Consejo Europeo de Protección de Datos (el CEPD, que sustituyó al Grupo de Trabajo del Artículo 29) a la hora de garantizar que el RGPD se aplica de forma coherente en toda Europa.

Los propios considerandos requieren interpretación, y este es el cuarto elemento. Parte de esta interpretación la proporciona un marco ético que contribuye, junto con otros factores, a la comprensión de los considerandos. Por último,

4 Por ejemplo, véase C-131/12 Google Spain SL, Google Inc. contra Agencia Española de Protección de Datos, Mario Costeja González, en http://curia.europa.eu/juris/document/document.jsf?text=&docid=152065&pageIndex=0&doclang=EN&mode=req& [consultado el 16/4/2024]. O véase Domestic CCTV and Directive 95/46/EC (Sentencia del Tribunal de Justicia de las Comunidades Europeas [TJCE] en el asunto C-212/13 Ryneš, en http://amberhawk.typepad.com/amberhawk/2014/12/whatdoes-the-ecj-ryne%C5%A1-ruling-mean-for-the-domestic-purpose-exemption.html [consultado el 16/4/2024].

los artículos y los considerandos se formularon gracias a un largo proceso de negociación entre el Parlamento Europeo, el Consejo Europeo y la Comisión Europea (la llamada reunión del Triálogo Formal), que desembocó en una propuesta conjunta. Este es el quinto elemento, es decir, la perspectiva que informó la elaboración del RGPD. Es donde la ética dura desempeña un papel junto con otros factores (por ejemplo, políticos, económicos, etc.). Puede verse en acción comparando los borradores del Parlamento Europeo y de la Comisión Europea junto con las enmiendas al texto de la Comisión propuestas por el Consejo Europeo.[5]

He aquí un resumen de lo que debemos tener en cuenta:

1. Las implicaciones y oportunidades éticas, jurídicas y sociales (IOEJS) generadas por los artículos del punto (2). La distinción entre implicaciones y oportunidades pretende abarcar tanto lo que se desprende del RGPD (véase Chameau *et al.*, 2014) como lo que el RGPD deja parcial o totalmente al descubierto. El lector que considere redundante la distinción (se puede argumentar que las oportunidades no son más que un subconjunto de las implicaciones) puede suprimir la «O» en «IOEJS». El lector que considere confusa la distinción puede añadir al diagrama de la Imagen 10 otra casilla denominada «oportunidades» y otra flecha denominada «genera» que vaya desde el RGPD hasta ella. En la Imagen 10 he adoptado una solución intermedia: una casilla con doble etiqueta. Obsérvese que las oportunidades no tienen por qué ser necesariamente positivas. También pueden ser negativas en el sentido ético de posibles

---

5 https://edri.org/files/EP_Council_Comparison.pdf [consultado el 16/4/2024].

malas acciones, por ejemplo, el RGPD puede permitir explotar una oportunidad éticamente incorrecta;
2. los artículos del RGPD que generan (1);
3. los considerandos del RGPD que contribuyen a interpretar los artículos de (2);
4. el marco ético blando que contribuye a interpretar los considerandos de (3) y los artículos de (2), que también es coherente con el marco ético duro de (5) y que contribuye a abordar el IOEJS en (1);
5. el marco ético duro que ayuda a generar los artículos de (2) y los considerandos de (3).

La ética dura de la Imagen 7 es el elemento ético (junto con otros) que motivó y guio el proceso que condujo a la elaboración de la ley, o del RGPD en este caso. La ética blanda de la Imagen 7 forma parte del marco que permite las mejores interpretaciones de los considerandos en (3). Para que la ética blanda funcione bien en la interpretación de los considerandos de (3), debe ser coherente con la ética dura de (5), que condujo a su formulación en primer lugar, y estar informada por ella.

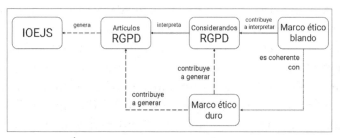

IMAGEN 10. Ética blanda y dura y su relación con la regulación[6]

6   El diagrama se ha simplificado omitiendo las referencias a todos los demás elementos que contribuyen a los distintos marcos.

Otro muy buen ejemplo se ofrece en el informe sobre IA de la Cámara de los Lores del Reino Unido (House of Lords-Artificial Intelligence Committee, 16 de abril de 2017). El argumento desarrollado en el informe es que Estados Unidos ha abandonado por completo el liderazgo moral, mientras que Alemania y Japón están demasiado adelantados en el aspecto tecnológico para hacer posible la competencia. Esto crea un vacío en el que el Reino Unido debería posicionarse como líder en IA ética tanto como objetivo socialmente deseable como oportunidad de negocio. Esta es parte de la justificación de la reciente creación del «Centro para la Ética de los Datos y la Innovación» (que en realidad también se centra bastante en la IA, otra revelación: también yo fui miembro). La lección fundamental es que, en lugar de promover un conjunto de nuevas leyes, puede ser preferible, dentro de la legislación actual, fomentar un enfoque ético del desarrollo de la IA que promueva el bien social.

Evidentemente, el lugar de la ética está tanto antes como después de la ley; contribuye a hacer posible la ley y puede complementarla (y también obligarla a cambiar) después. En este sentido, la postura que defiendo sobre la relación entre ética y derecho se aproxima a la (y puede verse como la contrapartida ética) de Dworkin cuando defendía que el derecho no solo contiene normas, sino también principios (Dworkin, 1967). Esto es especialmente cierto en casos difíciles, poco claros o sin resolver (los «casos difíciles» de Dworkin), cuando las normas no son aplicables en su totalidad o sin ambigüedades a una situación concreta. Las normas ofrecen a veces un enfoque inaceptable y, en estos casos, el juicio jurídico está y debe estar guiado por los principios de la ética blanda. Estos no son necesariamente externos al sistema jurídico, y se utilizan solo como orientación (posición defendida por

Hart). Pero pueden ser, y de hecho a menudo son (al menos implícitamente), incorporados a la ley como algunos de sus ingredientes. Están cocinados, ayudando al ejercicio de la discreción y la adjudicación.

6. ANÁLISIS DEL IMPACTO ÉTICO

Dado el futuro abierto que aborda la ética digital, es obvio que el *análisis prospectivo* del impacto ético de la innovación digital, o simplemente «análisis de impacto ético» (AIE), debe convertirse en una prioridad (Floridi, 2014d). En la actualidad, el AIE puede basarse en la analítica de datos aplicada estratégicamente a la evaluación del impacto ético de las tecnologías, los bienes, los servicios y las prácticas digitales (véase la Imagen 11). Es crucial porque, como escribí en el capítulo 3, la tarea de la ética digital no consiste simplemente en «mirar en las semillas [digitales] del tiempo / Y decir qué grano crecerá y cuál no» (Macbeth, 1.3). También trata de determinar cuáles deben crecer y cuáles no.

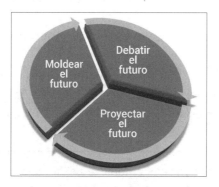

IMAGEN 11. Análisis de impacto ético (EIA):
el ciclo de análisis prospectivo

Utilizando una metáfora ya introducida anteriormente, la mejor forma de coger el tren tecnológico no es perseguirlo, sino estar ya en la siguiente estación. Tenemos que anticipar y dirigir el desarrollo ético de la innovación tecnológica. Y podemos hacerlo observando lo que es realmente factible. Dentro de lo factible, podemos privilegiar lo que es ambientalmente sostenible, luego lo que es socialmente aceptable y, por último, idealmente, elegir lo que es socialmente preferible (véase la Imagen 12).

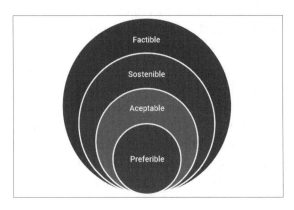

IMAGEN 12. Evaluación del impacto de la ética digital

7. PREFERIBILIDAD DIGITAL Y CASCADA NORMATIVA

Para la infoesfera, aún no disponemos de un concepto equivalente al de sostenibilidad para la biosfera. Así pues, nuestra ecuación actual está incompleta (véase la Imagen 13).

$$\text{Biósfera : sustentabilidad = infoesfera : x}$$

IMAGEN 13. Una ecuación difícil de equilibrar

En la Imagen 12, sugerí que interpretáramos la x de la Imagen 13 como «preferibilidad social». Pero soy consciente de que esto puede ser solo un marcador de posición para una idea mejor por venir. Por supuesto, las tecnologías digitales también tienen un impacto ecológico, como veremos en el capítulo 12. Así que la sostenibilidad es relevante, pero también puede inducir a error. Un candidato potencial podría ser «equitativo». Sin embargo, encontrar el marco conceptual adecuado puede llevar un tiempo, dado que «la tragedia de los comunes» se publicó en 1968 pero la expresión «desarrollo sostenible» no se acuñó hasta el Informe Brundtland casi veinte años después, en 1987 (Brundtland, 1987). Sin embargo, la falta de terminología conceptual no hace que la buena gobernanza de lo digital sea menos apremiante o un mero esfuerzo utópico. La ética digital ya influye significativamente en el mundo de la tecnología con sus valores, principios, opciones, recomendaciones y limitaciones. A veces, lo hace mucho más que cualquier otra fuerza. Esto se debe a que la evaluación de lo que es moralmente bueno, correcto o necesario da forma a la opinión pública (y, por lo tanto, a lo socialmente aceptable o preferible), así como a lo políticamente factible. En última instancia, determina lo jurídicamente exigible y lo que los agentes pueden o no hacer. A largo plazo, las personas se ven limitadas en lo que pueden o no pueden hacer como usuarios, consumidores, ciudadanos, pacientes, etc. La viabilidad de lo que hacen está limitada por los bienes y servicios que proporcionan las organizaciones, como las empresas, que están limitadas por la ley en términos de cumplimiento. Pero esta última también está determinada y limitada por la ética (aunque no solo por ella), que es donde las personas deciden en qué tipo de sociedad quieren vivir (véase la Imagen 14). Lamentablemente, esta «cascada normativa» se hace evidente sobre todo cuando se producen reacciones negativas, es decir, en contextos negativos. Esto ocurre cuando el público rechaza algunas soluciones aunque puedan ser buenas. En cambio, una cascada normativa debería utilizarse de forma constructiva, es decir, para perseguir la construcción de una sociedad de la información madura de la que podamos sentirnos orgullosos.

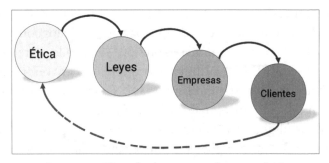

IMAGEN 14. Ejemplo de una cascada normativa[7]

8. LA DOBLE VENTAJA DE LA ÉTICA DIGITAL

Es obvio que las tecnologías digitales, y especialmente la IA, ofrecen muchas oportunidades. También conllevan retos y riesgos potenciales. Por lo tanto, es igualmente obvio que garantizar resultados socialmente preferibles significa resolver la tensión entre la incorporación de los beneficios y la mitigación de los daños potenciales; en pocas palabras, promover estas tecnologías al tiempo que se evita su mal uso, infrautilización, sobreuso y uso perjudicial. Aquí es donde también se hace evidente el valor de un enfoque ético. Más arriba he

7 Obsérvese que el ejemplo utiliza empresas como agentes y clientes como personas; las empresas podrían sustituirse por el gobierno y los clientes por los ciudadanos.

argumentado que el cumplimiento es necesario, pero significativamente insuficiente. Adoptar un enfoque ético de la innovación digital confiere lo que puede definirse como una «doble ventaja», haciéndose eco de la terminología de «doble uso» popular en la filosofía de la tecnología al menos desde el debate sobre los usos civiles y militares de la energía nuclear.

Por un lado, la ética blanda puede proporcionar una «estrategia de oportunidad», permitiendo a los actores aprovechar el valor social de las tecnologías digitales. Se trata de la ventaja de poder identificar y aprovechar nuevas oportunidades que sean socialmente aceptables o preferibles. Los principios de precaución pueden equilibrarse con el deber de no omitir lo que podría y debería hacer, por ejemplo, aprovechar la riqueza de los datos acumulados o, en el contexto de este libro, de las formas de agencia inteligente disponibles. Por otra parte, la ética también ofrece una «solución de gestión de riesgos». Permite a las organizaciones anticiparse y evitar errores costosos (el escándalo de Cambridge Analytica en el que se ha visto implicada Facebook es ya un ejemplo clásico). Esta es la ventaja de prevenir y mitigar cursos de acción que resultan ser socialmente inaceptables y, por lo tanto, rechazados. De este modo, la ética también puede reducir los costes de oportunidad de las decisiones que no se toman o de las opciones que no se aprovechan por miedo a equivocarse.

La doble ventaja de la ética blanda solo puede funcionar en un entorno más amplio de legislación decente, confianza pública y responsabilidades claras. La aceptación y la adopción públicas de las tecnologías digitales, incluida la IA, solo se producirán si se considera que los beneficios son significativos y se distribuyen equitativamente, y si los riesgos se consideran potenciales pero prevenibles, minimizables o, al menos, algo contra lo que uno puede protegerse. El público también debe considerar que los riesgos son objeto de gestión (por ejemplo, mediante seguros) y reparación, y que no afectan injustamente a grupos discriminados de personas. Afortunadamente, este es el enfoque adoptado por la UE en su legislación (Comisión Europea, 2021). Estas actitudes dependerán a su vez del compromiso público con el desarrollo de la IA y, más en general, de todas las tecnologías digitales, de la apertura sobre su funcionamiento y de mecanismos de regulación y reparación comprensibles y ampliamente accesibles. De este modo, un enfoque ético de la IA también puede funcionar como un sistema de alerta temprana contra riesgos que podrían poner en peligro a organizaciones enteras. El valor evidente que tiene para cualquier organización la doble ventaja de un enfoque ético de la IA justifica ampliamente el gasto en compromiso, apertura y contestabilidad que dicho enfoque requiere.

9. Conclusión: la ética como estrategia

La ética en general, y la ética digital en particular, no deberían ser un mero añadido, una idea tardía, un rezagado o un búho de Minerva (por utilizar la célebre metáfora de Hegel sobre la filosofía) que solo levanta el vuelo cuando se ciernen las sombras de la noche. No debería utilizarse para intervenir únicamente después de que se haya producido una innovación digital, se hayan aplicado posiblemente malas soluciones, se hayan elegido alternativas menos buenas o se hayan cometido errores. Entre otras cosas, porque algunos errores son irreversibles, algunas oportunidades perdidas son irrecuperables y cualquier mal evitable que se produzca es, en última estancia, un desastre moral. La ética tampoco debe ser un mero ejercicio de *cuestionamiento*. La construcción de una *conciencia crítica* es importante, pero también es solo una de las cuatro tareas de un enfoque ético adecuado del diseño y la gobernanza de lo digital. Las otras tres son *señalizaciones* de que los problemas éticos importan, *comprometerse* con las partes interesadas afectadas por dichos problemas éticos y, sobre todo, *diseñar y aplicar soluciones compartibles*. Cualquier ejercicio ético que al final no proporcione y aplique algunas recomendaciones aceptables no es más que un tímido preámbulo.

Así pues, la ética debe informar las estrategias de desarrollo y uso de las tecnologías digitales desde el principio, cuando cambiar el curso de acción es más fácil y menos costoso en términos de recursos, impacto y oportunidades perdidas. Debe sentarse a la mesa de los procedimientos de elaboración de políticas y toma de decisiones desde el primer día. No solo hay que pensar dos veces; lo más importante es pensar *antes* de dar pasos importantes. Esto es particularmente relevante para la UE, donde he argumentado que la ética blanda puede ejercerse adecuadamente y donde un enfoque de ética blanda para el desarrollo de CITI (siglas en inglés de «Ciencia, Ingeniería, Tecnología e Innovación») ya se reconoce como crucial (Floridi *et al.*, 2018).

Si la ética digital blanda puede ser una prioridad en algún lugar, sin duda es en Europa. Deberíamos adoptarla lo antes posible. Para ello, es esencial un punto de partida compartido. La ética parece tener mala fama cuando se trata de llegar a un acuerdo sobre cuestiones fundamentales. Esto está justificado, pero también es exagerado. A menudo, y especialmente en los debates sobre tecnología, el desacuerdo ético no es sobre lo *que* está bien o mal. En cambio, el desacuerdo es sobre *hasta qué punto* puede o no ser así, sobre *por qué* lo es y sobre *cómo* garantizar que lo que está bien prevalezca sobre lo que está mal. En el capítulo 4 vimos que esto es especialmente cierto cuando se trata del análisis fundacional de los principios básicos, donde el acuerdo es mucho más amplio y común de lo que a veces se percibe. Ha llegado el momento de cartografiar algunos de los problemas éticos específicos que plantean los algoritmos. Este es el tema del próximo capítulo.

7. Cartografiando la ética de los algoritmos

RESUMEN

Anteriormente, en los capítulos 4, 5 y 6, analicé los principios éticos, los riesgos y la gobernanza de la IA. En este capítulo revisaré los retos éticos reales que plantea la IA centrándome en el debate sobre la ética de los algoritmos. Hablaré más sobre la robótica en el capítulo 8. La investigación sobre la ética de los algoritmos ha crecido sustancialmente en los últimos años.[1] Dado el desarrollo exponencial y la aplicación de algoritmos de AM en la última década en particular, han surgido nuevos problemas éticos y soluciones relacionadas con su uso omnipresente en la sociedad. Este capítulo analiza el estado del debate con el objetivo de contribuir a la identificación y el análisis de las implicaciones éticas de los algoritmos, de proporcionar un análisis actualizado de las preocupaciones epistémicas y normativas y de ofrecer orientaciones prácticas para la gobernanza del diseño, el desarrollo y el despliegue de algoritmos.

---

1 Véanse Floridi y Sanders (2004) y Floridi (2013) para referencias anteriores.

1. INTRODUCCIÓN: UNA DEFINICIÓN PRÁCTICA DE ALGORITMO

Permítanme comenzar con una aclaración conceptual. Como en el caso de la «inteligencia artificial», hay poco acuerdo en la bibliografía pertinente sobre la definición de «algoritmo». El término se utiliza a menudo para indicar la definición formal de un algoritmo como una construcción matemática con «una estructura de control finita, abstracta, efectiva y compuesta de varios elementos, imperativamente dada, que cumple un propósito mediante ciertos procedimientos» (Hill, 2016, p. 47). Pero también se utiliza para indicar significados técnicamente específicos que se centran en la implementación de estas construcciones matemáticas en una tecnología configurada para una tarea particular. En este capítulo, me centro en las cuestiones éticas que plantean los algoritmos, entendiendo estos como construcciones matemáticas, por su implementación como programas y configuraciones (aplicaciones), y por las formas en que pueden abordarse estas cuestiones.[2] Así entendidos, los algoritmos se han convertido en un elemento clave que sustenta servicios e infraestructuras cruciales de las sociedades de la información. Por ejemplo, las personas interactúan a diario con sistemas de recomendación, es decir, sistemas algorítmicos que hacen sugerencias sobre lo que le puede gustar a un usuario, ya sea para elegir una canción, una película, un producto o incluso un amigo (Paraschakis, 2017; Perrault *et al.*, 2019; Milano, Taddeo y Floridi, 2020b, 2021, 2019, 2020a). Al mismo tiempo, las escuelas y los hospitales (Obermeyer *et al.*, 2019; Zhou *et al.*, 2019; Morley, Machado *et al.*, 2020), instituciones financieras (Lee y Floridi, 2020; Lee,

2   Este fue el enfoque adoptado en Mittelstadt *et al.* (2016) y Tsamados *et al.* (2021).

Floridi y Denev, 2020; Aggarwal, 2020), tribunales (Green y Chen, 2019; Yu y Du, 2019), organismos gubernamentales locales (Eubanks, 2017; Lewis, 2019) y gobiernos nacionales (Labati *et al.*, 2016; Hauer 2019; Taddeo y Floridi, 2018b; Taddeo, McCutcheon y Floridi, 2019) todos dependen cada vez más de algoritmos para tomar decisiones importantes.

El potencial de los algoritmos para mejorar el bienestar individual y social viene acompañado de importantes riesgos éticos. Es bien sabido que los algoritmos no son éticamente neutrales. Consideremos, por ejemplo, cómo los resultados de los algoritmos de traducción y motores de búsqueda se perciben en gran medida como objetivos, aunque con frecuencia codifican el lenguaje de forma sexista (Larson, 2017; Prates, Avelar y Lamb, 2019). También se ha informado ampliamente sobre el sesgo, como en la publicidad algorítmica, con oportunidades de trabajos mejor remunerados y trabajos dentro del campo de la ciencia y la tecnología anunciados a hombres con más frecuencia que a mujeres (Datta, Tschantz y Datta, 2015; Datta, Sen y Zick, 2016; Lambrecht y Tucker, 2019). Del mismo modo, los algoritmos de predicción utilizados para gestionar los datos sanitarios de millones de pacientes en Estados Unidos agravan los problemas previamente existentes, ya que los pacientes blancos reciben una atención mensurablemente mejor que los pacientes negros en una situación similar (Obermeyer *et al.*, 2019). Mientras se debaten y diseñan soluciones a estos y otros problemas en esta línea, el número de sistemas algorítmicos que presentan problemas éticos sigue creciendo.

Vimos en la primera parte del libro que la IA ha estado experimentando un nuevo «verano» al menos desde 2012. Esto es tanto en términos de los avances técnicos que se están realizando como de la atención que el campo ha recibido por parte de académicos, responsables políticos, tecnólogos, inversores (Perrault *et al.*, 2019) y, por lo tanto, del público en general. Tras esta nueva «temporada» de éxitos, ha habido un creciente cuerpo de investigación sobre las implicaciones éticas de los algoritmos, en particular en relación con la *imparcialidad*, la *rendición de cuentas* y la *transparencia* (Lee, 2018; Hoffmann *et al.*, 2018; Shin y Park, 2019). En 2016, nuestro grupo de investigación en el Laboratorio de Ética Digital publicó un estudio exhaustivo que buscaba mapear estas preocupaciones éticas (Mittelstadt *et al.*, 2016). Sin embargo, este es un campo que cambia rápidamente. Han surgido tanto nuevos problemas éticos como formas de abordarlos, lo que hace necesario mejorar y actualizar ese estudio. El trabajo sobre la ética de los algoritmos ha aumentado significativamente desde 2016, cuando los gobiernos nacionales, las organizaciones no gubernamentales y las empresas privadas comenzaron a asumir un papel destacado en la conversación sobre la IA y los algoritmos «justos» y «éticos» (Sandvig *et al.*, 2016; Binns, 2018b, a; Selbst *et al.*, 2019; Wong, 2019; Ochigame, 2019). Tanto la cantidad como la calidad de la investigación disponible sobre el tema se han ampliado enormemente. La pandemia de COVID-19 ha exacerbado los problemas y ha extendido la conciencia mundial sobre ellos (Morley, Cowls *et al.*, 2020). Dados estos cambios, publicamos un nuevo estudio (Tsamados *et al.*, 2021; véase también Morley *et al.*, 2021). Este estudio mejoró el de Mittelstadt *et al.* (2016) añadiendo nuevas perspectivas sobre la ética de los algoritmos, actualizando el análisis inicial, incluyendo referencias a la bibliografía que se habían omitido en la revisión original y ampliando los temas analizados (por ejemplo, incluyendo trabajos sobre IA-BS). Al mismo tiempo, el mapa conceptual de 2016 (véase la Imagen 12) sigue siendo un marco fructífero para revisar el debate actual sobre la ética de los algoritmos, identificar los problemas éticos a los que dan lugar los algoritmos y examinar las soluciones que se han propuesto en la literatura relevante reciente. Así pues, partiré de él en el siguiente apartado y este capítulo se basa en esas dos obras. En los apartados 3-8, ofrezco un metaanálisis del debate actual sobre la ética de los algoritmos y establezco vínculos con los tipos de preocupaciones éticas identificadas anteriormente. El apartado 9 concluye el capítulo con una visión general y una introducción al que sigue.

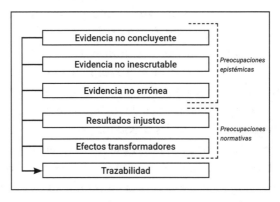

IMAGEN 15. Seis tipos de preocupaciones éticas planteadas por los algoritmos. Fuente: Mittelstadt *et al.* (2016, p. 4).

2. MAPA DE LA ÉTICA DE LOS ALGORITMOS

Los algoritmos pueden utilizarse
1. para convertir datos en pruebas (Oficina del Comisario de Información) para un determinado resultado, que se utiliza
2. para desencadenar y motivar una acción que puede tener consecuencias éticas.

Las acciones (1) y (2) pueden ser realizadas por algoritmos (semi)autónomos, como los algoritmos de AM. Esto complica una tercera acción, a saber

3. atribuir la responsabilidad de los efectos de las acciones que puede desencadenar un algoritmo.

En el contexto de (1)-(3), el AM reviste especial interés como campo que incluye arquitecturas de aprendizaje profundo. Los sistemas informáticos que despliegan algoritmos de AM pueden describirse como «autónomos» o «semiautónomos» en la medida en que sus resultados se inducen a partir de datos y son, por tanto, no deterministas.

Sobre la base de este enfoque, el mapa conceptual de la Imagen 15 identifica seis preocupaciones éticas que definen el espacio conceptual de la ética de los algoritmos como campo de investigación. Tres de las preocupaciones éticas se refieren a factores epistémicos: *evidencia no concluyente, inescrutable* y *errónea.* Dos son explícitamente normativos: resultados *injustos* y efectos *transformadores.* Uno, la «trazabilidad», es pertinente tanto a efectos epistémicos como normativos. Los factores epistémicos del mapa ponen de relieve la importancia de la calidad y la exactitud de los datos[3] para justificar las conclusiones a las que llegan los algoritmos. A su vez, estas conclusiones pueden dar forma a decisiones con carga moral que afectan a los individuos, las sociedades y el medio ambiente. Las preocupaciones normativas identificadas en el mapa se refieren explícitamente al impacto ético de las acciones y decisiones impulsadas por algoritmos, incluida la *falta de transparencia*

---

3   Sobre el debate y la filosofía de la calidad de los datos, véase Floridi e Illari (2014).

(opacidad) en los procesos algorítmicos, los resultados *injustos* y las *consecuencias imprevistas*. Las preocupaciones epistémicas y normativas —junto con la distribución del diseño, desarrollo y despliegue de algoritmos— dificultan el seguimiento de la cadena de acontecimientos y factores que conducen a un resultado determinado. Esta dificultad obstaculiza la posibilidad de identificar la causa de un resultado y, por tanto, de atribuirle una responsabilidad moral (Floridi, 2012b). A esto se refiere la sexta preocupación ética, la *trazabilidad*.

Es importante destacar que este mapa conceptual puede interpretarse en un nivel de abstracción microético y macroético (Floridi, 2008a). En el nivel microético, arroja luz sobre los problemas éticos que pueden plantear los algoritmos. Al poner de relieve cómo estas cuestiones son inseparables de las relacionadas con los datos y las responsabilidades, muestra la necesidad de un enfoque macroético para abordar la ética de los algoritmos como parte de un espacio conceptual más amplio, a saber, la ética digital. Taddeo y yo hemos argumentado en el pasado que

> aunque son líneas de investigación distintas, la ética de los datos, los algoritmos y las prácticas están obviamente entrelazadas... La ética [digital] debe abordar todo el espacio conceptual y, por tanto, los tres ejes de investigación juntos, aunque con prioridades y enfoques distintos. (Floridi y Taddeo, 2016, p. 4).

En el resto de este capítulo, abordo cada una de estas seis preocupaciones éticas a su vez, ofreciendo un análisis actualizado de la literatura sobre la ética de los algoritmos (en el nivel micro) con el objetivo de contribuir al debate sobre la ética digital (en el nivel macro).

3. Evidencia no concluyente que conduce a acciones injustificadas

La investigación centrada en la «evidencia no concluyente» se refiere a la forma en que los algoritmos de AM no deterministas generan resultados que se expresan en términos probabilísticos (James *et al.*, 2013; Valiant, 1984). Estos tipos de algoritmos generalmente identifican asociación y correlación entre variables en los datos subyacentes, pero no conexiones causales. Como tales, pueden fomentar la práctica de la *apofenia*: «ver patrones donde en realidad no existen, simplemente porque cantidades masivas de datos pueden ofrecer conexiones que irradian en todas las direcciones» (Boyd y Crawford, 2012, p. 668).

Esto es problemático porque los patrones identificados por los algoritmos pueden ser el resultado de propiedades inherentes del sistema modelado por los datos, de los conjuntos de datos (es decir, del propio modelo y no del sistema subyacente), o de la hábil manipulación de los conjuntos de datos (propiedades ni del modelo ni del sistema). Es el caso, por ejemplo, de la paradoja de Simpson, que se produce cuando las tendencias que se observan en distintos grupos de datos se invierten al agregarlos (Blyth, 1972). En los dos últimos casos, la mala calidad de los datos da lugar a evidencia poco concluyente en apoyo de decisiones humanas.

Investigaciones recientes han subrayado la preocupación de que la evidencia no concluyente pueda dar lugar a graves riesgos éticos. Centrarse en indicadores no causales, por ejemplo, podría desviar la atención de las causas subyacentes de un determinado problema (Floridi *et al.*, 2020). Incluso con el uso de métodos causales, es posible que los datos disponibles no siempre contengan suficiente información para justificar una acción o tomar una decisión justa (Olhede y Wolfe, 2018b; Olhede y Wolfe, 2018a). La calidad de los datos, como la puntualidad, la integridad y la corrección de un conjunto de datos, limita las preguntas que pueden responderse utilizando un conjunto de datos determinado (Olteanu *et al.*, 2016). Además, los conocimientos que pueden extraerse de los conjuntos de datos dependen fundamentalmente de los supuestos que guiaron el propio proceso de recopilación de datos (Diakopoulos y Koliska, 2017). Como muestra, véanse los algoritmos diseñados para predecir los resultados de los pacientes en entornos clínicos, que se basan por completo en datos que pueden cuantificarse (por ejemplo, las constantes vitales y las tasas de éxito anteriores de tratamientos comparativos). Esto significa que ignoran otros hechos emocionales (por ejemplo, la voluntad de vivir) que pueden tener un impacto significativo en los resultados del paciente, socavando así la precisión de la predicción algorítmica (Buhmann, Pasmann y Fieseler, 2019). Este ejemplo pone de relieve cómo las percepciones derivadas del procesamiento algorítmico de datos pueden ser inciertas, incompletas y sensibles al tiempo (Diakopoulos y Koliska, 2017).

Uno puede adoptar un enfoque ingenuo e inductivista y asumir que la evidencia no concluyente puede evitarse si los algoritmos se alimentan con suficientes datos, incluso si no se puede establecer una explicación causal para estos resultados. Sin embargo, la investigación reciente rechaza este punto de vista. En particular, la bibliografía centrada en los riesgos éticos de la elaboración de perfiles raciales mediante sistemas algorítmicos ha demostrado los límites de este enfoque para destacar, entre otras cosas, que las desigualdades estructurales de larga data a menudo están profundamente arraigadas en los conjuntos de datos de los algoritmos; las cuales rara vez, o nunca, se corrigen (Hu, 2017; Turner Lee, 2018; Noble, 2018; Benjamin, 2019; Richardson, Schultz y Crawford, 2019; Abebe *et al.*, 2020). Más datos por sí mismos no conducen a una mayor precisión o una mayor representación. Por el contrario, pueden agravar los problemas de datos no concluyentes al permitir que se encuentren correlaciones donde realmente no las hay. En palabras de Ruha Benjamin, «la profundidad computacional sin profundidad histórica o sociológica no es más que aprendizaje superficial [no aprendizaje profundo]».[4]

Estas limitaciones mencionadas plantean serias restricciones a la justificabilidad de los resultados algorítmicos. Esto podría tener un impacto negativo en los individuos o en toda una población debido a inferencias subóptimas. En el caso de las ciencias físicas, podría incluso inclinar la evidencia a favor o en contra de «una teoría científica específica» (Ras, van Gerven y Haselager, 2018). Por este motivo, es crucial garantizar que los datos con los que se alimentan los algoritmos se validan de forma independiente, y que se aplican medidas de retención de datos y reproducibilidad para mitigar la evidencia no concluyente que conduce a acciones injustificadas, junto con procesos de auditoría para identificar resultados injustos y consecuencias no deseadas (Henderson *et al.*, 2018; Rahwan, 2018; Davis y Marcus, 2019; Brundage *et al.*, 2020). El peligro derivado de la evidencia no concluyente y las percepciones accionables erróneas también se desprenden de la objetividad mecanicista percibida asociada con los análisis generados por ordenador (Karppi, 2018; Lee, 2018; Buhmann, Pasmann y Fieseler, 2019). Esto puede llevar a que los responsables humanos de la toma de decisiones desconozcan sus propias

---

4 https://www.techregister.co.uk/ruha-benjamin-on-deep-learning-computational-depth-withoutsociological-depth-is-superficial-learning/ [consultado el 19/9/2023].

evaluaciones experimentadas —el conocido como «sesgo de automatización» (Cummings, 2012)— o incluso eludan parte de su responsabilidad en las decisiones (véase el apartado 8 más adelante) (Grote y Berens, 2020). Como señalaremos en los apartados 4 y 8, la falta de comprensión sobre cómo los algoritmos generan resultados agrava este problema.

4. LA EVIDENCIA INESCRUTABLE CONDUCE A LA OPACIDAD

La «evidencia inescrutable» se centra en los problemas relacionados con la falta de transparencia que a menudo caracteriza a los algoritmos (en particular a los algoritmos y modelos de AM), la infraestructura sociotécnica en la que existen y las decisiones que apoyan. La falta de transparencia puede ser inherente a los límites de la tecnología, adquirida por decisiones de diseño y ocultación de los datos subyacentes (Lepri *et al.*, 2018; Dahl, 2018; Ananny y Crawford, 2018; Weller, 2019), o incluso derivarse de ciertas restricciones legales en términos de propiedad intelectual. Independientemente de ello, a menudo se traduce en una falta de escrutinio o rendición de cuentas (Oswald, 2018; Webb *et al.*, 2019) y conduce a una falta de «fiabilidad» (véase AI HLEG, 2019).

Según estudios recientes (Diakopoulos y Koliska, 2017; Stilgoe, 2018; Zerilli *et al.*, 2019; Buhmann, Pasmann y Fieseler, 2019), los factores que contribuyen a la falta general de transparencia algorítmica incluyen:

1. la imposibilidad cognitiva de que los humanos interpreten modelos algorítmicos masivos y conjuntos de datos;
2. la falta de herramientas adecuadas para visualizar y rastrear grandes volúmenes de código y datos;

3. código y datos tan mal estructurados que son imposibles de leer; y
4. actualizaciones continuas e influencia humana sobre un modelo.

La falta de transparencia es también una característica inherente a los algoritmos de autoaprendizaje, los cuales alteran su lógica de toma de decisiones (para producir nuevos conjuntos de reglas) durante el proceso de aprendizaje. Esto hace que sea ciertamente difícil para los desarrolladores mantener una comprensión detallada de por qué se hicieron algunos cambios específicos (Burrell, 2016; Buhmann, Pasmann y Fieseler, 2019). Sin embargo, no se traduce necesariamente en resultados opacos; incluso sin comprender cada paso lógico, los desarrolladores pueden ajustar los llamados «hiperparámetros» (es decir, los parámetros que gobiernan el proceso de entrenamiento) para probar distintos resultados. En este sentido, Martin (2019) subraya que, aunque la dificultad de explicar los resultados de los algoritmos de AM es real, es también importante no dejar que esta dificultad cree un incentivo para que las organizaciones desarrollen sistemas complejos con el fin de eludir su responsabilidad.

La falta de transparencia también puede deberse a la maleabilidad de los algoritmos. Los algoritmos pueden reprogramarse de forma continua, distribuida y dinámica (Sandvig *et al.*, 2016), lo que los hace maleables. La maleabilidad de los algoritmos permite a los desarrolladores supervisar y mejorar un algoritmo ya desplegado, pero también se puede abusar de esta característica para difuminar la historia de su evolución y dejar a los usuarios finales en la incertidumbre sobre las oportunidades *(affordances)* ofrecidas por un cierto algoritmo (Ananny y Crawford, 2018). Por ejemplo, consideremos el principal algoritmo de búsqueda de Google. Su maleabilidad permite a la empresa realizar continuas revisiones, lo que sugiere un estado permanente de desestabilización (Sandvig *et al.*, 2016). En última estancia, esto requiere que los afectados por el algoritmo lo supervisen constantemente y actualicen su comprensión en consecuencia, lo cual es una tarea realmente imposible para la mayoría (Ananny y Crawford, 2018).

Como Turilli y yo hemos remarcado en el pasado, la transparencia no es un principio ético en sí mismo, sino una condición pro-ética para permitir o perjudicar otras prácticas o principios éticos (Turilli y Floridi, 2009, p. 105). En otras palabras, la transparencia no es un valor intrínsecamente ético, sino un medio valioso para alcanzar fines éticos. Forma parte de las condiciones de posibilidad del comportamiento ético, que he definido en otro lugar como «infraética» («ética infraestructural», Floridi, 2017a). A veces, la opacidad puede ser más útil. Podría apoyar el secreto de las preferencias políticas y los votos de los ciudadanos, por ejemplo, o la competencia en las subastas de servicios públicos. Incluso en contextos algorítmicos, la transparencia total puede causar en sí misma problemas éticos distintivos (Ananny y Crawford, 2018). Puede proporcionar a los usuarios cierta información crítica sobre las características y limitaciones de un algoritmo, pero también puede abrumar a los usuarios con información y, por lo tanto, hacer que el algoritmo sea opaco (Kizilcec, 2016; Ananny y Crawford, 2018).

Otros investigadores subrayan que centrarse excesivamente en la transparencia puede ser perjudicial para la innovación y desviar innecesariamente recursos que, en cambio, podrían utilizarse para mejorar la seguridad, el rendimiento y la precisión (Danks y London, 2017; Oswald, 2018; Ananny y Crawford, 2018; Weller, 2019). El debate sobre priorizar la transparencia (y la explicabilidad) es especialmente polémico en el contexto de los algoritmos médicos (Robbins, 2019). La transparencia también puede permitir a los individuos jugar con el sistema (Martin, 2019; Magalhaes, 2018; Cowls *et al.*, 2019). El conocimiento sobre la fuente de un conjunto de datos, los supuestos bajo los cuales se realizó el muestreo o las métricas que utiliza un algoritmo para clasificar nuevas entradas pueden utilizarse para averiguar formas de aprovecharse de un algoritmo (Szegedy *et al.*, 2014; Yampolskiy, 2018). Sin embargo, la capacidad de jugar con los algoritmos solo está al alcance de determinados grupos de población (aquellos con mayores habilidades digitales y los recursos necesarios para utilizarlos, en particular), lo que crea otra forma de desigualdad social (Martin, 2019; Bambauer y Zarsky, 2018). Confundir la transparencia con un fin en sí mismo —en contraposición a un factor pro-ético (Floridi, 2017) que debe diseñarse adecuadamente para permitir prácticas éticas cruciales— puede no resolver los problemas éticos existentes relacionados con el uso de algoritmos. De hecho, esta confusión puede plantear otros nuevos. Por eso es importante distinguir entre los diferentes elementos que pueden obstaculizar la transparencia de los algoritmos, identificar su causa y matizar el llamamiento a la transparencia especificando los factores necesarios junto con las capas de los sistemas algorítmicos en las que deben abordarse (Diakopoulos y Koliska, 2017).

Existen diferentes formas de abordar los problemas relacionados con la falta de transparencia. Por ejemplo, Gebru *et al.* (2020) proponen abordar las limitaciones a la transparencia que plantea la maleabilidad de los algoritmos en parte utilizando procedimientos documentales estándar como los desplegados en la industria electrónica. En estos procedimientos, «cada componente, por simple o complejo que sea, va acompañado de una ficha técnica en la que se describen sus características de funcionamiento, los resultados de las pruebas, el uso recomendado y otra información» (Gebru *et al.*, 2020, p. 2). Desgraciadamente, la documentación disponible públicamente es actualmente poco común en el desarrollo de sistemas algorítmicos y no existe un formato consensuado sobre lo que debe incluirse al documentar el origen de un conjunto de datos (Arnold *et al.*, 2019; Gebru *et al.*, 2020).

Aunque relativamente incipiente, otro enfoque potencialmente prometedor para hacer cumplir la transparencia algorítmica es el uso de herramientas técnicas para probar y auditar los sistemas algorítmicos y la toma de decisiones (Mokander y Floridi, 2021). Tanto la comprobación de si los algoritmos muestran tendencias negativas (como la discriminación injusta) como la auditoría detallada de un rastro de predicción o decisión pueden ayudar a mantener un alto nivel de transparencia (Weller, 2019; Malhotra, Kotwal y Dalal, 2018; Brundage *et al.*, 2020). Con este fin, se han desarrollado marcos discursivos para ayudar a las empresas y a las organizaciones del sector público a comprender las posibles repercusiones de los algoritmos opacos, fomentando así las buenas prácticas (ICO, 2020). Por ejemplo, el AI Now Institute de la Universidad de Nueva York ha elaborado una guía de evaluación del impacto algorítmico que pretende concienciar y mejorar el diálogo sobre los daños potenciales de los algoritmos de AM (Reisman *et al.*, 2018). La concienciación y el diálogo tienen como objetivo permitir a los desarrolladores diseñar algoritmos de AM mucho más transparentes y, por lo tanto, que transmitan una mayor confianza. También se pretende mejorar la comprensión y el control públicos de los algoritmos. En la misma línea, Diakopoulos y Koliska (2017) han proporcionado una lista exhaustiva de «factores de transparencia» a través de cuatro capas de sistemas algo-rítmicos: datos, modelo, inferencia e interfaz. Los factores incluyen, entre otros, «incertidumbre (por ejemplo, márgenes de error), momento oportuno (por ejemplo, cuándo se reco-pilaron los datos), integridad o elementos que faltan, método de muestreo, procedencia (por ejemplo, fuentes) y volumen (por ejemplo, de datos de entrenamiento utilizados en AM)» (Diakopoulos y Koliska, 2017, p. 818).

Es probable que los procedimientos de transparencia eficaces incluyan, y de hecho deberían incluir, una explica-ción interpretable de los procesos internos de estos sistemas. Buhmann, Pasmann y Fiesele (2019) argumentan que si bien la falta de transparencia es una característica inherente de muchos algoritmos de AM, esto no significa que no se puedan hacer mejoras. Empresas como Google e IBM han aumentado sus esfuerzos para hacer que los algoritmos de AM sean más interpretables e inclusivos poniendo a disposición del público herramientas como Explainable AI, AI Explainability 360 y What-If Tool. Sin duda, en un futuro próximo se desarrollarán más estrategias y herramientas. Estas proporcionan tanto a los desarrolladores como al público en general interfaces visua-les interactivas que mejoran la legibilidad humana, exploran varios resultados de modelos, proporcionan razonamiento basado en casos y reglas directamente interpretables, e incluso identifican y mitigan sesgos no deseados en conjuntos de datos y modelos algorítmicos (Mojsilovic, 2018; Wexler, 2018). Sin embargo, las explicaciones para los algoritmos de AM están limitadas por el tipo de explicación buscada, el hecho de que las decisiones a menudo son multidimensionales en su natu-raleza, y que diferentes usuarios pueden requerir diferentes explicaciones (Edwards y Veale, 2017; Watson *et al.*, 2019). La identificación de métodos adecuados para proporcionar explicaciones ha sido un problema desde finales de la década de 1990 (Tickle *et al.*, 1998), pero los esfuerzos contemporáneos se pueden clasificar mediante dos enfoques principales: (1) explicaciones centradas en el sujeto y (2) explicaciones centradas en el modelo (Doshi-Velez y Kim, 2017; Lee, Kim y Lizarondo, 2017; Baumer, 2017; Buhmann, Pasmann y Fieseler, 2019). En el caso del primer enfoque, la precisión y la longitud de la explicación se adaptan a los usuarios y a sus interacciones específicas con un algoritmo determinado (por ejemplo, véase Green y Viljoen, 2020) y el modelo tipo juego que David Watson y yo propusimos (véase Watson y Floridi, 2020). En este último, las explicaciones se refieren al modelo en su conjunto y no dependen en un cierto sentido de su audiencia.

La explicabilidad es especialmente importante si se tiene en cuenta el rápido crecimiento del número de modelos y conjuntos de datos de código abierto y fáciles de usar. Cada vez más, los no expertos experimentan con modelos algorítmicos de última generación ampliamente disponibles a través de bibliotecas o plataformas en línea, como GitHub, sin siempre comprender plenamente sus límites y propiedades (Hutson, 2019). Esto ha llevado a los académicos a sugerir que, para abordar el problema de la complejidad técnica, es necesario invertir más en educación pública para mejorar la alfabetización computacional e informática (Lepri *et al.*, 2018). Hacer esto parecería ser una contribución adecuada a largo plazo para resolver los problemas de múltiples capas introducidos por los algoritmos ubicuos, y el *software* de código abierto a menudo se cita como fundamental para la solución (Lepri *et al.*, 2018).

5. Evidencia equivocada que conduce a un sesgo no deseado

Los desarrolladores se centran predominantemente en garantizar que sus algoritmos realicen las tareas para las que fueron diseñados. Por lo tanto, el tipo de pensamiento que guía a los desarrolladores es esencial para comprender la aparición de sesgos en los algoritmos y la toma de decisiones algorítmicas. Algunos estudiosos se refieren al pensamiento dominante en el campo del desarrollo de algoritmos como definido por el «formalismo algorítmico», o la adhesión a reglas y formas prescritas (Green y Viljoen, 2020, p. 21). Aunque este enfoque es útil para abstraer y definir procesos analíticos, tiende a ignorar la complejidad social del mundo real (Katell *et al.*, 2020). Por lo tanto, puede dar lugar a intervenciones algorítmicas que se esfuerzan por ser «neutrales» pero, al hacerlo, corren el riesgo de afianzar las condiciones sociales existentes (Green y Viljoen, 2020, p. 20) al tiempo que crean la ilusión de precisión (Karppi, 2018; Selbst *et al.*, 2019). Por estas razones, el uso de algoritmos en algunos entornos se cuestiona por completo (Selbst *et al.*, 2019; Mayson, 2019; Katell *et al.*, 2020; Abebe *et al.*, 2020).

Por ejemplo, un número creciente de académicos critica el uso de herramientas de evaluación de riesgos basadas en algoritmos en los tribunales (Berk *et al.*, 2018; Abebe *et al.*, 2020). Algunos estudiosos subrayan los límites de las abstracciones con respecto al sesgo no deseado en los algoritmos, defendiendo la necesidad de desarrollar un marco sociotécnico para abordar y mejorar la imparcialidad de los algoritmos (Edwards y Veale, 2017; Selbst *et al.*, 2019; Wong, 2019; Katell *et al.*, 2020; Abebe *et al.*, 2020). En este sentido, Selbst *et al.* (2019, pp. 60-63) señalan cinco «trampas» de abstracción o fallos a la hora de dar cuenta del contexto social en el que operan los algoritmos. Estas trampas persisten en el diseño algorítmico debido a la ausencia de un marco sociotécnico:

1. No modelizar todo el sistema sobre el que se aplicará un criterio social, como la equidad.
2. No comprender cómo la reutilización de soluciones algorítmicas diseñadas para un contexto social puede ser engañosa, inexacta o perjudicial cuando se aplica a un contexto diferente.
3. No tener en cuenta el significado completo de los conceptos sociales, como el de «equidad», que (el significado) puede ser procesal, contextual y discutible, y no puede resolverse mediante formalismos matemáticos.
4. No comprender cómo la inserción de la tecnología en un sistema social existente modifica los comportamientos y valores arraigados del sistema preexistente.
5. No reconocer la posibilidad de que la mejor solución a un problema no pase por la tecnología.

El término «sesgo» suele tener una connotación negativa, pero aquí se utiliza en un sentido estadístico para denotar una «desviación de una norma» (Danks y London, 2017, p. 4692), la cual puede producirse en cualquier fase del proceso de diseño, desarrollo e implantación. Los datos utilizados para entrenar un algoritmo son una de las principales fuentes de las que surge el sesgo (Shah, 2018), ya sea a través de datos muestreados preferentemente o de datos que reflejan el sesgo social existente (Diakopoulos y Koliska, 2017; Danks y London, 2017; Binns, 2018a, 2018b; Malhotra, Kotwal y Dalal, 2018). Por ejemplo, las desigualdades estructurales moralmente problemáticas que perjudican a algunas etnias pueden no ser evidentes en los datos y, por lo tanto, no corregirse (Noble, 2018; Benjamin, 2019).

Además, los datos utilizados para entrenar algoritmos rara vez se obtienen «según algún diseño experimental específico» (Olhede y Wolfe, 2018, p. 3). Se utilizan a pesar de que pueden ser inexactos, sesgados o incluso sistémicamente sesgados, ofreciendo una mala representación de una población en estudio (Richardson, Schultz y Crawford, 2019).

Un posible enfoque para mitigar este problema es excluir intencionadamente algunas variables de datos específicas de que informen la toma de decisiones algorítmicas. De hecho, el procesamiento de variables sensibles o «protegidas» (como el sexo o la raza) que son estadísticamente relevantes suele estar limitado o prohibido en virtud de la legislación antidiscriminación y de protección de datos para limitar los riesgos de discriminación injusta. Lamentablemente, aunque las protecciones para clases específicas puedan codificarse en un algoritmo, siempre puede haber sesgos que no se hayan tenido en cuenta *ex ante*. Este es el caso de los modelos lingüísticos que reproducen textos muy centrados en los hombres (Fuster *et al.*, 2017; Doshi-Velez y Kim, 2017b). Incluso aunque el sesgo pueda anticiparse y las variables protegidas puedan excluirse de los datos, los *proxies* no anticipados de estas variables podrían seguir utilizándose para reconstruir sesgos; esto conduce a un «sesgo por *proxy*» difícil de detectar y evitar (Fuster *et al.*, 2017; Gillis y Spiess, 2019). Los sesgos relacionados con el código postal son un ejemplo típico.

Al mismo tiempo, podemos tener buenas razones para confiar en estimadores estadísticos sesgados en el procesamiento algorítmico, ya que pueden utilizarse para mitigar de algún modo el sesgo de los datos de entrenamiento. De este modo, un tipo de sesgo algorítmico problemático se contrarresta con

otro tipo de sesgo algorítmico o introduciendo un sesgo com-
pensatorio al interpretar los resultados algorítmicos (Danks y
London, 2017). Los enfoques más simples para mitigar el sesgo
en los datos implican ejecutar algoritmos en diferentes contextos y con varios conjuntos de datos (Shah, 2018). Tener un
modelo, sus conjuntos de datos y metadatos (sobre procedencia)
publicados para permitir el escrutinio externo también puede
ayudar a corregir el sesgo no visto o no deseado (Shah, 2018).
También vale la pena señalar que los llamados datos sintéticos,
o datos generados por IA producidos a través del aprendizaje
por refuerzo o GAN, ofrecen una oportunidad para abordar
cuestiones de sesgo de datos, y pueden representar un desarrollo
importante de la IA en el futuro, como indiqué en el capítulo 3.
La generación de datos imparciales con GAN puede ayudar a
diversificar los conjuntos de datos utilizados en algoritmos de
visión por ordenador (Xu *et al.*, 2018). Por ejemplo, StyleGAN2
(Karras, Laine y Aila, 2019) puede producir imágenes de alta
calidad de rostros humanos inexistentes, y ha demostrado ser
especialmente útil para crear conjuntos de datos diversos de
rostros humanos, algo de lo que carecen actualmente la mayor parte de sistemas algorítmicos de reconocimiento facial
(Obermeyer *et al.*, 2019; Kortylewski *et al.*, 2019; Harwell, 2020).

El sesgo no buscado también se produce debido al despliegue inadecuado de un algoritmo. Considere el sesgo de
contexto de transferencia, o el sesgo problemático que surge
cuando un algoritmo en funcionamiento se utiliza en un nuevo entorno. Por ejemplo, si el algoritmo de asistencia sanitaria
de un hospital de investigación se utiliza en una clínica rural y
asume que la clínica rural dispone del mismo nivel de recursos
que el hospital de investigación, las decisiones de asignación de
recursos sanitarios generadas por el algoritmo serán imprecisas
y erróneas (Danks y London, 2017). En la misma línea, Grgić-

Hlača *et al.* (2018) advierten de los círculos viciosos cuando los algoritmos realizan evaluaciones en cadena erróneas. En el contexto del algoritmo de evaluación de riesgos COMPAS, uno de los criterios de evaluación para predecir la reincidencia es el historial delictivo de los amigos de un acusado. De ello se deduce que tener amigos con antecedentes penales crearía un círculo vicioso en el que un acusado con amigos condenados sería considerado más propenso a delinquir y, por tanto, condenado a prisión; esto aumentaría el número de personas con antecedentes penales en un grupo determinado sobre la base de una mera correlación (Grgić-Hlača *et al.*, 2018; Richardson, Schultz y Crawford, 2019).

Los ejemplos de claros perfiles de sesgo algorítmico en los últimos años —al menos desde los reportajes de investigación en torno al sistema COMPAS (Angwin *et al.*, 2016)— han llevado a centrarse cada vez más en cuestiones de equidad algorítmica. La definición y la operacionalización de la imparcialidad algorítmica se han convertido en «tareas urgentes en el mundo académico y en la industria» (Shin y Park, 2019), como pone de relieve un aumento significativo en el número de artículos, talleres y conferencias dedicados a la «imparcialidad, rendición de cuentas y transparencia» (IAT) (Hoffmann *et al.*, 2018; Ekstrand y Levy, 2018; Shin y Park, 2019). Analizo temas y contribuciones clave en este ámbito en el siguiente apartado.

6. Resultados injustos que conducen a la discriminación

Existe un acuerdo generalizado sobre la necesidad de imparcialidad algorítmica, en particular para mitigar los riesgos de discriminación directa e indirecta («trato dispar» e «impacto dispar», respectivamente, según la legislación estadounidense) debido a decisiones algorítmicas (Barocas y Selbst, 2016; Grgić-Hlača *et al.*, 2018; Green y Chen, 2019). Sin embargo, sigue habiendo una falta de acuerdo entre los investigadores sobre la definición, las mediciones y las normas de equidad algorítmica (Gajane y Pechenizkiy, 2018; Saxena *et al.*, 2019; Lee, 2018; Milano, Taddeo y Floridi, 2019, 2020a). Wong (2019) identifica hasta veintiuna definiciones de equidad en toda la bibliografía, pero tales definiciones son a menudo mutuamente inconsistentes (Doshi-Velez y Kim, 2017a) y no parece haber una síntesis final a la vista.

El hecho es que hay muchos matices en la definición, medición y aplicación de diferentes normas de equidad algorítmica. Por ejemplo, la equidad algorítmica puede definirse tanto en relación con los grupos como con los individuos (Doshi-Velez y Kim, 2017a). Por estas y otras razones relacionadas, cuatro definiciones de equidad algorítmica han ganado prominencia recientemente (véase Kleinberg, Mullainathan y Raghavan, 2016; Corbett-Davies y Goel, 2018; Lee y Floridi, 2020):

1. La *anti-clasificación*, que se refiere a que las categorías protegidas, como la raza y el género, y sus sustitutos no se utilicen explícitamente en la toma de decisiones.
2. La *paridad de clasificación*, que considera que un modelo es justo si las medidas comunes de rendimiento predictivo, incluidas las tasas de falsos positivos y negativos, son iguales en todos los grupos protegidos.
3. La *calibración*, que considera la equidad como una medida del grado de calibración de un algoritmo entre los grupos protegidos.
4. La *paridad estadística*, que define la imparcialidad como una estimación de probabilidad media igual para todos los miembros de los grupos protegidos.

Aun así, cada una de estas definiciones de equidad común-
mente utilizadas tiene inconvenientes y, por lo general, son
incompatibles entre sí (Kleinberg, Mullainathan y Raghavan,
2016). Tomando la anticlasificación como ejemplo, las características protegidas como la raza, el género y la religión no
pueden simplemente eliminarse de los datos de entrenamiento
para evitar la discriminación, como se señaló anteriormente
(Gillis y Spiess, 2019). Las desigualdades estructurales significan que los puntos de datos formalmente no discrimi-
natorios, como los códigos postales, pueden actuar como
sustitutos (y ser utilizados, ya sea intencionadamente o no)
para inferir características protegidas como la raza (Edwards
y Veale, 2017). Además, hay casos importantes en los que
conviene tener en cuenta las características protegidas para
tomar decisiones equitativas. Por ejemplo, las tasas más bajas
de reincidencia femenina significan que excluir el género
como dato en los algoritmos de reincidencia dejaría a las
mujeres con calificaciones de riesgo desproporcionadamente
altas (Corbett-Davies y Goel, 2018). Debido a esto, Binns
(2018b) subraya la importancia de considerar el contexto
histórico y sociológico que no puede ser capturado en los
datos introducidos a los algoritmos, pero que puede informar
enfoques contextualmente apropiados para la equidad en los
algoritmos. También es fundamental tener en cuenta que
los modelos algorítmicos a menudo pueden producir resultados inesperados contrarios a la intuición humana y perturbar
su comprensión; (Grgić-Hlača *et al.*, 2018) destacan cómo
el uso de características que las personas consideran justas
puede, en algunos casos, aumentar el racismo exhibido por
los algoritmos y disminuir la precisión.

En cuanto a los métodos para mejorar la imparcialidad
algorítmica, Veale y Binns (2017) y Katell *et al.* (2020) ofrecen

dos enfoques. El primero prevé la intervención de un tercero en virtud de la cual una entidad externa a los proveedores de algoritmos dispondría de datos sobre características sensibles o protegidas. Esa parte intentaría entonces identificar y reducir la discriminación causada por los datos y los modelos. Desde el segundo enfoque se propone un método colaborativo basado en el conocimiento que se centraría en los recursos de datos socialmente impulsados que contienen experiencias prácticas de AM y modelización. Nótese que los dos enfoques no se excluyen mutuamente. De hecho, pueden aportar beneficios diferentes en función de los contextos de su aplicación y también pueden ser beneficiosos cuando se combinan.

Dado el impacto significativo que las decisiones algorítmicas tienen en la vida de las personas y la importancia del contexto a la hora de elegir medidas apropiadas de equidad, es sorprendente que haya habido tan pocos esfuerzos para captar las opiniones del público sobre la equidad algorítmica (Lee, Kim y Lizarondo, 2017; Saxena *et al.*, 2019; Binns, 2018a). En un examen de las percepciones públicas de diferentes definiciones de equidad algorítmica, Saxena *et al.* (2019, p. 3) señalan cómo en el contexto de las decisiones sobre préstamos, las personas muestran preferencia por una «definición de equidad calibrada» o una selección basada en el mérito en lugar de «tratar de forma similar a personas similares» y argumentan a favor del principio de discriminación positiva. En un estudio similar, Lee (2018) ofrece pruebas que sugieren que, al considerar tareas que requieren habilidades exclusivamente humanas, las personas consideran que las decisiones algorítmicas son menos justas y que los algoritmos son menos dignos de confianza.

Al informar sobre el trabajo empírico realizado sobre la interpretabilidad y la transparencia algorítmicas, Webb *et al.*

(2019) revelan que las referencias morales, en particular sobre la imparcialidad, son consistentes entre los participantes que discuten sus preferencias sobre los algoritmos. El estudio señala que las personas tienden a ir más allá de las preferencias personales para centrarse, en cambio, en el «comportamiento correcto e incorrecto»; esto indica la necesidad de comprender el contexto para el despliegue del algoritmo junto con la dificultad de comprender el propio algoritmo y sus consecuencias (Webb *et al.*, 2019). En el escenario de los sistemas de recomendación, Burke (2017) propone un enfoque multiparticipante y multilateral para definir la equidad que va más allá de las definiciones centradas en el usuario para incluir los intereses de otras partes involucradas.

Ha quedado claro que comprender la opinión pública sobre la equidad algorítmica ayudaría a los técnicos a desarrollar algoritmos con principios de equidad que se alineen con los sentimientos del público en general sobre las nociones predominantes de equidad (Saxena *et al.*, 2019, p. 1). Fundamentar las decisiones de diseño de los proveedores de un algoritmo «con razones que sean aceptables por los más perjudicados», así como estar «abiertos a ajustes a la luz de nuevas razones» (Wong, 2019, p. 15) es crucial para mejorar el impacto social de los algoritmos. Sin embargo, es igualmente importante apreciar que las medidas de equidad son a menudo completamente inadecuadas cuando buscan validar modelos que se despliegan sobre grupos de personas que ya están en cierta desventaja en la sociedad debido a su origen, nivel de ingresos u orientación sexual. Sencillamente, no se puede «optimizar en torno a» las dinámicas de poder económico, social y político existentes (Winner, 1980; Benjamin, 2019).

7. Efectos transformadores que conducen a desafíos para la autonomía y la privacidad informativa

El impacto colectivo de los algoritmos ha estimulado los debates sobre la autonomía concedida a los usuarios finales (Ananny y Crawford, 2018; Beer, 2017; Moller *et al.*, 2018; Malhotra, Kotwal y Dalal, 2018; Shin y Park, 2019; Hauer, 2019). Los servicios basados en algoritmos aparecen cada vez más «dentro de un ecosistema de cuestiones sociotécnicas complejas» (Shin y Park, 2019), que pueden obstaculizar la autonomía de los usuarios. Los límites a la autonomía de los usuarios proceden de tres fuentes:

1. La distribución omnipresente y la proactividad de los algoritmos (de aprendizaje) para informar las elecciones de los usuarios (Yang *et al.*, 2018; Taddeo y Floridi, 2018a).
2. Comprensión limitada de los algoritmos por parte del usuario.
3. Falta de poder de segundo orden (o apelaciones) sobre los resultados algorítmicos (Rubel, Castro y Pham, 2019).

Al considerar los desafíos éticos de la IA, Yang *et al.* (2018, p. 11) se centran en el impacto de los algoritmos autónomos y de autoaprendizaje en la autodeterminación humana y subrayan que «el poder predictivo de la IA y el empujón incesante, incluso involuntario, deberían fomentar y no socavar la dignidad humana y la autodeterminación». Los riesgos de que los sistemas algorítmicos obstaculicen la autonomía humana al moldear las elecciones del usuario han sido ampliamente reportados en la bibliografía, ocupando un lugar central en la mayoría de los principios éticos de alto nivel para la IA, incluidos, entre otros, los del GEE de la Comisión Europea, y el Comité de Inteligencia Artificial de la Cámara de los Lores del Reino Unido (Floridi y Cowls, 2019). En un análisis previo de estos principios de alto nivel (Floridi y Cowls, 2019), señalé cómo no basta con que los algoritmos promuevan la autonomía de las personas. Más bien, la autonomía de los algoritmos debería ser limitada y reversible. Mirando más allá del ámbito occidental, los Principios de IA de Pekín —desarrollados por un consorcio de las principales empresas y universidades chinas para guiar la investigación y el desarrollo de la IA— también hablan de la autonomía humana (Roberts, Cowls, Morley *et al.*, 2021).

La autonomía humana también puede verse limitada por la incapacidad de un individuo para comprender cierta información o tomar las decisiones adecuadas. Como sugieren Shin y Park, los algoritmos «no nos ofrecen ninguna oportunidad de permitir a los usuarios entenderlos o saber cómo utilizarlos mejor para lograr sus objetivos» (Shin y Park, 2019, p. 279). Una cuestión clave identificada en los debates sobre la autonomía del usuario es la dificultad de encontrar un equilibrio adecuado entre la toma de decisiones propia de las personas y la que delegan en los algoritmos. Hemos visto que esta dificultad se complica aún más por la falta de transparencia sobre el proceso de toma de decisiones a través del cual se delegan decisiones particulares a los algoritmos. Ananny y Crawford (2018) señalan que este proceso a menudo no tiene en cuenta a todas las partes interesadas y no está exento de desigualdades estructurales.

Como método de «investigación e innovación responsable» (IIR), el «diseño participativo» se menciona a menudo por su enfoque en el diseño de algoritmos para promover los valores de los usuarios finales y proteger su autonomía (véase Whitman, Hsiang y Roark, 2018; Katell *et al.*, 2020). Así, el diseño participativo pretende «incorporar el conocimiento tácito y la experiencia encarnada de los participantes al proceso de diseño» (Whitman, Hsiang y Roark, 2018, p. 2). Ilustrativamente, el marco conceptual de *society-in-the-loop* (Rahwan, 2018) pretende permitir a las diferentes partes interesadas de la sociedad diseñar sistemas algorítmicos antes de su despliegue, y modificar o revertir las decisiones de los sistemas algorítmicos que ya subyacen a las actividades sociales. Este marco pretende mantener un «contrato social algorítmico» que funcione correctamente, definido como «un pacto entre varias partes interesadas humanas, mediado por máquinas» (Rahwan, 2018, p. 1). Para ello, identifica y negocia los valores de las diferentes partes interesadas afectadas por los sistemas algorítmicos como base para supervisar la adhesión al contrato social.

La privacidad informativa está íntimamente ligada a la autonomía del usuario (Cohen, 2000; Rossler, 2015). La privacidad informativa garantiza la libertad individual para pensar, comunicarse y establecer relaciones, entre otras actividades humanas esenciales (Rachels, 1975; Allen, 2011). Sin embargo, el aumento de la interacción de los individuos con los sistemas algorítmicos ha reducido efectivamente su capacidad para controlar quién tiene acceso a la información que les concierne y qué se hace con ella. Así, las enormes cantidades de datos sensibles que se requieren en la elaboración de perfiles y predicciones algorítmicas, que son fundamentales para los sistemas de recomendación, plantean múltiples problemas en relación con la privacidad informativa individual.

La elaboración de perfiles algorítmicos tiene lugar durante un periodo de tiempo indefinido en el que los individuos son categorizados de acuerdo con la lógica interna de un sistema. Los perfiles individuales se actualizan a medida que se obtiene nueva información sobre ellos. Esta información suele obtenerse directamente de cuando una persona interactúa con un sistema determinado, o inferirse indirectamente a partir de grupos de individuos ensamblados algorítmicamente (Paraschakis, 2017, 2018). De hecho, la elaboración de perfiles algorítmicos también se basa en la información recopilada sobre otros individuos y grupos de personas que han sido categorizados de manera similar a una persona objetivo. Esto incluye información que va desde características como la ubicación geográfica y la edad hasta información sobre comportamientos y preferencias específicos, incluido qué tipo de contenido es probable que una persona busque más en una plataforma determinada (Chakraborty *et al.*, 2019). Aunque esto plantea un *problema de evidencia* no concluyente, también indica que, si no se garantiza la *privacidad del grupo* (Floridi, 2014c; Taylor, Floridi y Sloot, 2016), puede ser imposible que los individuos se sustraigan alguna vez al proceso de elaboración de perfiles y predicciones algorítmicas (Milano, Taddeo y Floridi, 2019, 2020a). En otras palabras, la privacidad informativa individual no puede garantizarse sin garantizar la privacidad del grupo.

Es posible que los usuarios no siempre sean conscientes, o no tengan la capacidad de serlo, del tipo de información que se guarda sobre ellos y para qué se utiliza dicha información. Dado que los sistemas de recomendación contribuyen a la construcción dinámica de las identidades individuales al intervenir en sus elecciones, la falta de control sobre la propia información se traduce en una pérdida de autonomía. Conceder a los individuos la capacidad de contribuir al diseño de un sistema de recomendación puede ayudar a crear perfiles más precisos que tengan en cuenta atributos y categorías sociales que, de otro modo, no se habrían incluido en el etiquetado utilizado por el sistema para clasificar a los usuarios. Si bien la conveniencia de mejorar la creación de perfiles algorítmicos variará según el contexto, la mejora del diseño algorítmico mediante la inclusión de comentarios de las diversas partes interesadas del algoritmo está en consonancia con los estudios antes mencionados sobre RRI y mejora la capacidad de autodeterminación del usuario (Whitman, Hsiang y Roark, 2018).

El conocimiento sobre quién posee los datos de uno y qué se hace con ellos también puede ayudar a informar las compensaciones entre la privacidad informativa y los beneficios del procesamiento de la información (Sloan y Warner, 2018, p. 21). En contextos médicos, por ejemplo, es más probable que los individuos estén dispuestos a compartir información que pueda ayudar a informar sus diagnósticos o los de otros. Pero esto es menos así en el contexto de la contratación laboral. Sloan y Warner (2018) argumentan que las normas de coordinación de la información pueden servir para garantizar que estas compensaciones se adapten correctamente a los diferentes contextos y no impongan una cantidad excesiva de responsabilidad y esfuerzo en sujetos individuales. La información personal debería fluir de manera diferente en el contexto de los procedimientos de aplicación de la ley en comparación con un proceso de contratación laboral. El RGPD de la UE ha desempeñado un papel importante a la hora de sentar las bases de tales normas (Sloan y Warner, 2018).

Por último, la creciente erudición sobre la «privacidad diferencial» está proporcionando nuevos métodos de protección de la privacidad para las organizaciones que buscan proteger la privacidad de sus usuarios y, al mismo tiempo, mantener una buena calidad del modelo, así como unos costes y una complejidad del *software* manejables, logrando un equilibrio entre utilidad y privacidad (Abadi *et al.*, 2016; Wang *et al.*, 2017; Xian *et al.*, 2017). Los avances técnicos de este tipo permiten a las organizaciones compartir públicamente un conjunto de datos manteniendo en secreto la información sobre los individuos (evitando la reidentificación); también pueden garantizar una protección de la privacidad demostrable en datos sensibles, como los datos genómicos (Wang *et al.*, 2017). De hecho, la privacidad diferencial fue utilizada recientemente por Social Science One y Facebook para liberar de forma segura uno de los mayores conjuntos de datos (38 millones de URL compartidas públicamente en Facebook) para la investigación académica sobre los impactos sociales de las redes sociales (King y Persily, 2020).

8. La trazabilidad conduce a la responsabilidad moral

Las limitaciones técnicas de varios algoritmos de AM, como la falta de transparencia y la imposibilidad de explicarlos, socavan su escrutinio y ponen de relieve la necesidad de nuevos enfoques para determinar la responsabilidad moral y la rendición de cuentas por las acciones realizadas por algoritmos de aprendizaje profundo. En cuanto a la responsabilidad moral, Reddy, Cakici y Ballestero (2019) observan una confusión común entre las limitaciones técnicas de los algoritmos y los límites legales, éticos e institucionales más amplios en los que operan. Incluso para los algoritmos que no aprenden, las concepciones lineales tradicionales de la responsabilidad demuestran ofrecer una orientación limitada en los contextos sociotécnicos contemporáneos. Las estructuras sociotécnicas más amplias hacen que sea difícil rastrear la responsabilidad de las acciones realizadas por sistemas híbridos distribuidos de humanos y AA (Floridi, 2012b; Crain, 2018).

Además, debido a la estructura y el funcionamiento del mercado de intermediación de datos, en muchos casos es imposible «rastrear cualquier dato dado hasta su fuente original» una vez que se ha introducido en el mercado (Crain, 2018, p. 93). Las razones para ello incluyen la protección de secretos comerciales, mercados complejos que «divorcian» el proceso de recopilación de datos del proceso de venta y compra, y la mezcla de grandes volúmenes de información generada computacionalmente con «ninguna fuente empírica "real"» (Crain, 2018, p. 94) combinada con datos genuinos. La complejidad técnica y el dinamismo de los algoritmos de AM los hacen propensos a las problemáticas de lo que denominaríamos «lavado de agencia», a saber: un mal moral que consiste en distanciarse de acciones moralmente sospechosas, independientemente de si esas acciones fueron intencionadas o no, culpando al algoritmo (Rubel, Castro y Pham, 2019). Esto lo practican tanto organizaciones como individuos. Rubel, Castro y Pham (2019) ofrecen un ejemplo directo y escalofriante de lavado de agencia por parte de Facebook:

> Utilizando el sistema automatizado de Facebook, el equipo de ProPublica encontró una categoría generada por los usuarios llamada «odiador de judíos» con más de 2200 miembros […]. Para ayudar a ProPublica a encontrar una audiencia mayor (y, por lo tanto, tener una mejor compra de anuncios), Facebook sugirió una serie de categorías adicionales […]. ProPublica utilizó la plataforma para seleccionar otros perfiles que mostraban categorías antisemitas, y Facebook aprobó el anuncio de ProPublica con cambios menores. Cuando ProPublica

reveló las categorías antisemitas y otros medios de comunicación informaron de categorías igualmente odiosas, Facebook
respondió explicando que los algoritmos habían creado las
categorías en última instancia basándose en las respuestas de
los usuarios a los campos de destino [y que] «nunca preten-
dimos ni previmos que esta funcionalidad se utilizara de esta
manera». (Rubel, Castro y Pham, 2019, pp. 1024-1025)

Hoy en día, la incapacidad para comprender los efectos no
deseados del procesamiento y la comercialización masivos
de datos personales, un problema familiar en la historia de
la tecnología (Wiener, 1950, 1989; Klee, 1996; Benjamin,
2019), se une a las explicaciones limitadas que proporcionan
la mayoría de los algoritmos de AM. Este enfoque corre el
riesgo de favorecer la evasión de responsabilidades mediante
negaciones del tipo «el ordenador lo dijo» (Karppi, 2018).
Esto puede llevar a los expertos de campo, como los clínicos,
a evitar cuestionar la sugerencia de un algoritmo, incluso
cuando les pueda parecer extraño (Watson *et al.*, 2019). La interacción entre los expertos de campo y los algoritmos de AM
puede provocar «vicios epistémicos» (Grote y Berens, 2020),
como el *dogmatismo* o la *credulidad* (Hauer, 2019), y dificultar
la atribución de responsabilidad en los sistemas distribuidos
(Floridi, 2016a). El análisis de Shah (2018) subraya cómo el
riesgo de que algunas partes interesadas puedan incumplir
sus responsabilidades puede abordarse, por ejemplo, estableciendo organismos independientes para la supervisión ética
de los algoritmos. Un organismo de este tipo es DeepMind
Health, que estableció un panel de revisión independiente
con acceso sin restricciones a la empresa (Murgia, 2018) hasta
que Google lo detuvo en 2019. Sin embargo, esperar que un
único organismo de supervisión, como un comité de ética

de la investigación o una junta de revisión institucional, «sea el único responsable de garantizar el rigor, la utilidad y la probidad de los big data» no es realista (Lipworth *et al.*, 2017). De hecho, algunos han argumentado que estas iniciativas carecen de cualquier tipo de coherencia y en su lugar pueden conducir a un «lavado azul de la ética», que definí en el capítulo 5 como «la aplicación de medidas superficiales a favor de los valores éticos y los beneficios de los procesos digitales, productos, servicios u otras soluciones con el fin de parecer más ético digitalmente de lo que uno es». Enfrentados a regímenes jurídicos estrictos, los actores con recursos también pueden explotar el llamado «*dumping* ético», por el que se exportan «procesos, productos o servicios» poco éticos a países con marcos y mecanismos de aplicación más débiles, como vimos en el capítulo 5. A continuación, los resultados de estas actividades poco éticas se «importan de vuelta».

Existen varios enfoques detallados para establecer la responsabilidad algorítmica. Aunque los algoritmos de aprendizaje profundo requieren cierto nivel de intervención técnica para mejorar su explicabilidad, la mayoría de los enfoques se centran en intervenciones normativas. Ananny y Crawford (2018) argumentan que los proveedores de algoritmos al menos deberían facilitar el discurso público sobre su tecnología. Para abordar la cuestión de las acciones éticas *ad hoc*, algunos han afirmado que la rendición de cuentas debería abordarse ante todo como una cuestión de convención (Dignum *et al.*, 2018; Reddy, Cakici y Ballestero, 2019). Buscando llenar el «vacío» de la convencionalidad, Buhmann, Pasmann y Fieseler (2019) toman prestado de los siete principios para algoritmos establecidos por la Association for Computing Machinery para afirmar que a través de, entre otras cosas, la conciencia de sus algoritmos, la validación y las pruebas, una organización debe asumir la responsabilidad de sus algoritmos sin importar cuán opacos sean (Malhotra, Kotwal y Dalal, 2018). Las decisiones relativas al despliegue de algoritmos deben incorporar factores como la conveniencia y el contexto más amplio en el que operarán, lo que luego debería conducir a una «cultura algorítmica» más responsable (Vedder y Naudts, 2017). Para captar tales consideraciones, los «foros y procesos interactivos y discursivos» con las partes interesadas pertinentes pueden resultar un medio útil (como sugieren Buhmann, Pasmann y Fieseler, 2019, p. 13).

En la misma línea, Binns (2018b) se centra en el concepto político-filosófico de «razón pública». Teniendo en cuenta cómo los procesos de atribución de responsabilidad por las acciones de un algoritmo difieren tanto en términos de naturaleza como de alcance entre los sectores público y privado, Binns (2018b) aboga por el establecimiento de un marco compartido públicamente (Binns, 2018b; véase también Dignum *et al.*, 2018). Según este marco, las decisiones algorítmicas deberían poder soportar el mismo nivel de escrutinio público que recibiría la toma de decisiones humana. Muchos otros investigadores se han hecho eco de este enfoque (Ananny y Crawford, 2018; Blacklaws, 2018; Buhmann, Pasmann y Fieseler, 2019).

Los problemas relacionados con el «blanqueo de la agencia» y la «evasión de la ética», como se analiza en el capítulo 5, surgen de la inadecuación de los marcos conceptuales existentes para rastrear y atribuir la responsabilidad moral. Como ya he señalado anteriormente, al examinar los sistemas algorítmicos y el impacto de sus acciones,

> estamos tratando con [acciones morales distribuidas] que surgen de interacciones moralmente neutras de redes (po-

tencialmente híbridas) de agentes. En otras palabras, ¿quién es realmente responsable (*responsabilidad moral distribuida* [...]) de las [acciones morales distribuidas]? (Floridi, 2016a, p. 2).

En ese contexto, sugerí atribuir plena responsabilidad moral «por defecto y de forma anulable» a *todos* los agentes morales (por ejemplo, humanos, o basados en humanos, como las empresas) de la red que son causalmente relevantes para la acción dada de la red. El planteamiento propuesto se basa en los conceptos de retropropagación de la teoría de redes, responsabilidad objetiva de la jurisprudencia y conocimiento común de la lógica epistémica. En particular, este enfoque desvincula la responsabilidad moral de la intencionalidad de los actores y de la idea misma de castigo y recompensa por realizar una acción determinada. En su lugar, se centra en la necesidad de rectificar los errores *(back-propagation)* y mejorar el funcionamiento ético de todos los agentes morales de la red, en la línea de lo que se conoce como responsabilidad objetiva en el contexto jurídico.

9. CONCLUSIÓN: EL USO BUENO Y MALVADO DE LOS ALGORITMOS

Desde 2016, la ética de los algoritmos se ha convertido en un tema central de discusión entre académicos, proveedores de tecnología y responsables políticos. El debate también ha ganado tracción debido al llamado verano de la IA (véase el capítulo 1) y con él el uso generalizado de algoritmos de AM. Muchas de las cuestiones éticas analizadas en este capítulo y la bibliografía que revisa se han abordado en directrices y principios éticos nacionales e internacionales (véanse los capítulos

4 y 6) elaborados por organismos como el EGE de la Comisión Europea, el Comité de Inteligencia Artificial de la Cámara de los Lores del Reino Unido, el HLEGAI organizado por la Comisión Europea y la OCDE (OCDE, 2019).

Un aspecto que no se recogía explícitamente en el mapa original, y que se está convirtiendo en un punto central de debate en la bibliografía pertinente, es un creciente interés en el uso de algoritmos, IA y tecnologías digitales de forma más amplia para ofrecer resultados socialmente buenos (Hager *et al.*, 2019; Cowls *et al.*, 2019; Cowls *et al.*, 2021b). Este es el tema del capítulo 8. Es cierto, al menos en principio, que cualquier iniciativa encaminada a utilizar algoritmos para el bien social debería abordar satisfactoriamente los riesgos que identifica cada una de las seis categorías del mapa y los que se vieron en el capítulo 5. Pero también hay un debate creciente sobre los principios y criterios que deben informar el diseño y la gobernanza de los algoritmos, y de las tecnologías digitales en general, con el propósito explícito del bien social (como vimos en el capítulo 4). Los análisis éticos son necesarios para mitigar los riesgos al tiempo que se aprovecha el potencial de bien de estas tecnologías. Estos análisis tienen el doble objetivo de aclarar la naturaleza de los riesgos éticos y el potencial positivo de los algoritmos y las tecnologías digitales. A continuación, traducen esta comprensión en orientaciones sólidas y prácticas para la gobernanza del diseño y el uso de los artefactos digitales. Pero antes de pasar a ver estos aspectos más positivos, todavía tenemos que comprender en detalle cómo puede utilizarse la IA con fines malvados e ilegales. Este es el tema del próximo capítulo.

8. Malas prácticas: el mal uso de la IA para el mal social

RESUMEN

Anteriormente, en el capítulo 7, ofrecí una visión general de los diversos retos éticos que plantea el uso generalizado de algoritmos. Este capítulo se centra en el lado negativo del impacto de la IA (el lado positivo se tratará en el capítulo 9). La investigación y la regulación de la IA tratan de equilibrar los beneficios de la innovación con los posibles daños y trastornos. Pero una consecuencia no deseada del reciente auge de la investigación en IA es la posible reorientación de las tecnologías de IA para facilitar actos delictivos, que denominaré aquí «delitos de IA» o «DIA». Ya sabemos que el DIA es teóricamente factible gracias a los experimentos publicados sobre la automatización del fraude dirigido a los usuarios de las redes sociales, así como a las demostraciones de manipulación de mercados simulados impulsada por la IA. Sin embargo, dado que el DIA sigue siendo un campo relativamente joven e intrínsecamente interdisciplinar —que abarca desde los estudios sociojurídicos hasta la ciencia formal—, sigue habiendo cierta incertidumbre sobre cómo podría ser el futuro del DIA. Este capítulo analiza las amenazas previsibles del DIA para ofrecer una síntesis de los problemas actuales y esbozar un posible espacio de soluciones.

1. Introducción: el uso delictivo de la ia

La ia puede desempeñar un papel cada vez más *esencial* en *actos delictivos* en el futuro. Esta afirmación requiere tres aclaraciones. En primer lugar, escribo «esencial» (en lugar de «necesario») porque, aunque existe la posibilidad lógica de que los delitos que comento a continuación se produzcan sin el apoyo de la ia, esta posibilidad es insignificante. Es decir, los delitos en cuestión probablemente no se habrían producido de no ser por el uso de la ia. La distinción puede aclararse con un ejemplo: se podría considerar que el transporte es *esencial* para viajar entre París y Roma, pero no *necesario*, porque siempre se podría ir andando. En sentido estricto, el transporte no es *necesario*. La segunda aclaración es que los dia, tal como se definen en este capítulo, implican la ia como factor coadyuvante, pero no como factor de investigación, de ejecución o atenuante. En tercer lugar, los «actos delictivos» se definen en este capítulo como cualquier acto (u omisión) que constituya un delito punible con arreglo al derecho penal inglés, sin pérdida de generalidad respecto de las jurisdicciones que definen el delito de forma similar. En otras palabras, la elección del derecho penal inglés se debe únicamente a la necesidad de fundamentar el análisis en un marco concreto y práctico que sea suficientemente generalizable. El análisis y las conclusiones del capítulo son fácilmente exportables a otros ordenamientos jurídicos.

Dos experimentos (teóricos) de investigación proporcionan ejemplos claros de dia. En el primero, dos científicos sociales computacionales (Seymour y Tully, 2016) utilizaron la ia como instrumento para convencer a los usuarios de las redes sociales de que hicieran clic en enlaces de *phishing* dentro de mensajes producidos en masa. Dado que cada mensaje se construía mediante técnicas de am aplicadas a los comportamientos pasados y perfiles públicos de los usuarios, el contenido se adaptaba a cada individuo y, por tanto, camuflaba la intención que había detrás de cada mensaje. Si la víctima potencial hubiera hecho clic en el enlace de *phishing* y rellenado el formulario web subsiguiente, entonces, en circunstancias del mundo real, un delincuente habría obtenido información personal y privada que podría utilizarse para el robo y el fraude. La delincuencia impulsada por la IA también puede afectar al comercio. En el segundo experimento, tres informáticos (Martínez-Miranda, McBurney y Howard, 2016; pero véase también el anterior, McBurney y Howard, 2015) simularon un mercado. Descubrieron que los agentes comerciales podían aprender y ejecutar una campaña «rentable» de manipulación del mercado que comprendía un conjunto de órdenes falsas engañosas. Estos dos primeros experimentos muestran que la IA proporciona una amenaza factible y fundamentalmente novedosa en forma de DIA.

Todavía no se ha reconocido plenamente la importancia del DIA como fenómeno distinto, relacionado pero diferente de la ciberdelincuencia. Aun así, el reconocimiento es cada vez mayor (Broadhurst *et al.*, 2019; Lagioia y Sartor, 2019; Caldwell *et al.*, 2020; Dremliuga y Prisekina, 2020; Hayward y Maas, 2020; Sibai, 2020). Las primeras publicaciones sobre las implicaciones éticas y sociales de la IA se centraron en regular y controlar los usos civiles de la IA en lugar de considerar su posible papel en la delincuencia (Kerr y Bornfreund, 2005). Además, no ayuda el hecho de que la investigación disponible sobre DIA esté dispersa en disciplinas que incluyen estudios sociojurídicos, informática, psicología y robótica, por nombrar únicamente algunas.

Para aportar algo de claridad sobre el conocimiento y la comprensión actuales del DIA, este capítulo ofrece un análisis sistemático y exhaustivo del debate interdisciplinar pertinente. El objetivo es apoyar un análisis normativo de la prospectiva más claro y cohesionado, que conduzca al establecimiento del DIA como foco de futuros estudios. El análisis aborda dos cuestiones principales:

1) ¿Cuáles son las amenazas fundamentalmente únicas y plausibles que plantea el DIA? Esta es la primera pregunta a la que hay que responder para diseñar políticas preventivas, paliativas o correctoras. La respuesta a esta pregunta identifica las áreas potenciales de DIA según la bibliografía, y las preocupaciones más generales que atraviesan las áreas de DIA. De ahí se deriva naturalmente la segunda pregunta:

2) ¿Qué soluciones existen o pueden idearse para hacer frente al DIA?

En este caso, el capítulo reconstruye las soluciones tecnológicas y jurídicas disponibles sugeridas hasta ahora en la bibliografía académica, y analiza los retos adicionales a los que se enfrentan.

Dado que abordamos estas cuestiones para apoyar el análisis normativo prospectivo, este capítulo se centra únicamente en las preocupaciones *realistas* y *plausibles* en torno al DIA. No me interesan las especulaciones no respaldadas por conocimientos científicos o pruebas empíricas. En consecuencia, el análisis se basa en la definición clásica de IA, la que ofrecieron McCarthy, Minsky, Rochester y Shannon en su seminal *Propuesta para un Proyecto de Investigación en verano sobre Inteligencia Artificial en Dartmouth*. La presenté en el capítulo 1 y la analicé en el capítulo 2, pero puede ser útil recordarla aquí. Esa definición identifica un recurso creciente de *agencia* interactiva, autónoma y de autoaprendizaje en la IA para hacer frente a tareas que, de otro modo, requerirían la inteligencia e intervención humanas para llevarse a cabo con éxito. Tales AA son (como señalé en Floridi y Sanders [2004]): «suficientemente informadas, «inteligentes», autónomas y capaces de realizar acciones moralmente relevantes independientemente de los humanos que las crearon». Esta combinación de autonomía y capacidad de aprendizaje sustenta (como analizan Yang *et al.*, 2018) tanto los usos beneficiosos como los maliciosos de la IA.[1] Como en el resto de este libro, trataré, por tanto, la IA en términos de una «reserva de agencia inteligente a disposición». Lamentablemente, a veces esa reserva de agencia puede utilizarse indebidamente con fines delictivos; cuando es así, tenemos un caso de DIA.

El resto del capítulo está organizado como sigue. Los apartados 2 y 3 abordan la primera cuestión centrándose en los problemas sin precedentes que plantean varios ámbitos del DIA y, a continuación, a las amenazas transversales pertinentes, proporcionando una primera descripción de los «estudios sobre DIA». El apartado 4 aborda la segunda cuestión analizando el amplio conjunto de soluciones de la literatura para cada amenaza transversal. Por último, en el apartado 5 se analizan las lagunas más acuciantes que nos quedan por comprender, o lo que podríamos llamar nuestras «incógnitas conocidas», en relación con la tarea de resolver la incertidumbre actual sobre el DIA. El capítulo termina con una conclusión que lo enlaza con el siguiente capítulo, dedicado a las aplicaciones de la IA que son socialmente buenas.

---

1   Dado que gran parte de la IA se alimenta de datos, algunos de sus retos tienen su origen en la gobernanza de los datos (Cath, Glorioso y Taddeo, 2017; Roberts, Cowls, Morley *et al.*, 2021), en particular las cuestiones de consentimiento, discriminación, equidad, propiedad, privacidad, vigilancia y confianza (Floridi y Taddeo, 2016).

2. Preocupaciones

El análisis inicial que hicimos en el Laboratorio de Ética Digital (King *et al*., 2019) se basó en una revisión sistemática de la bibliografía. El análisis se centró en el papel instrumental que la IA podría desempeñar en cada área delictiva identificada por (Archbold, 1991), que es el principal libro de referencia de los profesionales del derecho penal en el Reino Unido.[2] El análisis filtró los resultados de los actos u omisiones delictivos que:

1. Han ocurrido o probablemente ocurrirán según las tecnologías de IA actuales *(plausibilidad).*
2. Requieran la IA como factor esencial *(singularidad).*[3]
3. Estén tipificados como delito en la legislación nacional (se excluyeron los delitos internacionales, por ejemplo, los relacionados con la guerra).

Esto condujo a la identificación de cinco ámbitos delictivos potencialmente afectados por la DIA (analizados en el siguiente apartado, bajo el epígrafe «amenazas»):

1. Comercio, mercados financieros e insolvencia (incluidos el comercio y la quiebra).
2. Drogas nocivas o peligrosas (incluidas las mercancías ilícitas).

---

2   Para más detalles sobre la metodología y el análisis cuantitativo, el lector puede consultar King *et al*. (2019). Aquí resumo brevemente solo la información útil para comprender el resto del capítulo.

3   Sin embargo, no se exigió que el papel de la IA fuera suficiente para el delito; normalmente, es probable que se necesiten otros elementos técnicos y no técnicos. Por ejemplo, si la robótica es instrumental (con vehículos autónomos, por caso) o causal en el delito, entonces cualquier componente de IA subyacente debe ser esencial para que el delito se incluya en nuestro análisis.

3. Delitos contra la persona (incluidos homicidio, asesinato, homicidio involuntario, acoso, tortura).
4. Delitos sexuales (incluidas violación y agresión sexual).
5. Robo y fraude, y falsificación y personación.

Las nueve áreas delictivas siguientes no arrojaron resultados significativos en la bibliografía: daños criminales y delitos afines; armas de fuego y armas ofensivas; delitos contra la Corona y el gobierno; blanqueo de dinero; justicia pública; orden público; moral pública; delitos relacionados con vehículos de motor; conspiración para cometer un delito. Obsérvese que el blanqueo de capitales es un ámbito en el que la IA se utiliza para luchar contra la delincuencia, pero también uno en el que el DIA puede desarrollarse fácilmente.

A continuación, las amenazas plausibles y únicas que rodean al DIA pueden entenderse de forma específica o general. Las amenazas más generales representan lo que hace posible el DIA en comparación con los delitos del pasado (oportunidades específicas de la IA) y lo que hace que el DIA sea singularmente problemático (es decir, aquellas amenazas que justifican la conceptualización del DIA como un fenómeno delictivo distinto). Esto condujo a la identificación de cuatro motivos principales de preocupación que explicaré aquí: emergencia, responsabilidad, vigilancia y psicología. La Tabla 3 muestra los solapamientos entre las preocupaciones y las áreas delictivas.[4]

4 La ausencia de una preocupación en la bibliografía y en nuestro análisis posterior no implica que la preocupación deba estar ausente de los estudios sobre DIA.

	RAZONES PARA PREOCUPARSE			
ÁREAS CRIMINALES	Emergencia	Responsabilidad	Supervisión	Psicología
Comercio, mercados finan-cieros e insolvencia	√	√	√	
Drogas dañinas o peligrosas			√	√
Ofensas contra las personas	√	√		
Ofensas sexuales				√
Robo y fraude, falsificación y usurpación de la identidad			√	

TABLA 3. Mapa de las amenazas específicas y las amenazas transversales

2.1. Emergencia

La preocupación por la emergencia se refiere al hecho de que un análisis superficial del diseño y la implementación de un AA podría sugerir un comportamiento relativamente simple cuando lo cierto es que, tras su despliegue, el AA puede actuar de formas potencialmente más sofisticadas que nuestra expectativa original. Así, las acciones y planes coordinados pueden surgir de forma autónoma; por ejemplo, pueden ser el resultado de técnicas de AM aplicadas a la interacción ordinaria entre agentes en un sistema multiagente (SMA). En algunos casos, un diseñador puede promover la emergencia como una propiedad que garantiza el descubrimiento de soluciones específicas en tiempo de ejecución basadas en objetivos generales establecidos en tiempo de diseño. Por ejemplo, un enjambre de robots podría desarrollar formas de coordinar la agrupación de residuos basándose en reglas sencillas (Gauci et al., 2014). Este diseño relativamente simple que conduce a un comportamiento más complejo es un desiderátum central de los SMA (Hildebrandt, 2008). En otros casos, un diseñador puede querer evitar la emergencia, como cuando un agente comercial autónomo se coordina y confabula inadvertidamente con otros agentes comerciales para lograr un objetivo compartido (Martinez-Miranda, McBurney y Howard, 2016). Podemos ver entonces que el comportamiento emergente puede tener implicaciones delictivas, en la medida en que se desalinee con el diseño original. Como dicen Alaieri y Vellino (2016), «la no previsibilidad y la autonomía pueden conferir un mayor grado de responsabilidad a la máquina, pero también hace que sea más difícil confiar en ellas».

2.2. Responsabilidad

La preocupación por la responsabilidad se refiere al hecho de que el DIA podría socavar los modelos de responsabilidad existentes, amenazando así el poder disuasorio y reparador de la ley. Así pues, los modelos de responsabilidad existentes pueden resultar inadecuados para abordar el futuro papel de la IA en las actividades delictivas. Los límites de los modelos de responsabilidad pueden, en última instancia, socavar la seguridad jurídica. Podría darse el caso de que los agentes, ya sean artificiales o de otro tipo, realicen actos u omisiones delictivos sin que concurran suficientemente las condiciones de responsabilidad para que un delito concreto constituya un delito (específicamente) penal.

La primera condición de la responsabilidad penal es el *actus reus*: una acción u omisión delictiva realizada voluntariamente. Para los tipos de DIA definidos de tal forma que solo el AA puede llevar a cabo el acto u omisión delictivos, el aspecto voluntario del *actus reus* puede no cumplirse nunca. Esto se debe a que la idea de que un AA puede actuar voluntariamente carece de fundamento:

la conducta proscrita por un determinado delito debe realizarse voluntariamente. Lo que esto significa en realidad es algo aún no consensuado, ya que conceptos como conciencia, voluntad, voluntariedad y control a menudo se confunden y se pierden entre argumentos de filosofía, psicología y neurología. (Freitas, Andrade y Novais, 2013, p. 9)

Cuando la responsabilidad penal se basa en la culpa, también tiene una segunda condición: la *mens rea*, o mente culpable. Hay muchos tipos y umbrales diferentes de estado mental aplicados a distintos delitos. En el contexto de la DIA, la *mens rea* puede comprender la intención de cometer el *actus reus* utilizando una aplicación basada en la IA (el umbral de la intención) o el conocimiento de que el despliegue de una AA provocará o podría provocar la realización de una acción u omisión delictiva (el umbral del conocimiento).

En cuanto al umbral de intención, si admitimos que un AA puede realizar el *actus reus* en aquellos tipos de DIA en los que la intención constituye, al menos en parte, la *mens rea*, una mayor autonomía del AA aumenta la posibilidad de que la acción u omisión delictiva se desvincule del estado mental (intención de cometer la acción u omisión). Esto se debe precisamente a que

los robots autónomos [y los AA] tienen una capacidad única para escindir un acto delictivo, en el que un humano manifiesta la *mens rea* y el robot [o AA] comete el *actus reus*. (McAllister, 2016, p. 47)

Según una distinción de Floridi y Sanders (2004), un AA puede ser «causalmente responsable» de un acto delictivo, pero solo un agente humano puede ser «moralmente responsable» de él.

En cuanto al umbral de conocimiento, en algunos casos la *mens rea* podría faltar por completo. La posible ausencia de *mens rea* basada en el conocimiento se debe al hecho de que, incluso si entendemos cómo un AA puede realizar el *actus reus* de forma autónoma, la complejidad de la programación del AA hace posible que el diseñador, desarrollador o ejecutor (es decir, un agente humano) no conozca ni prediga el acto u omisión delictivos del AA. La consecuencia es que la complejidad de la IA

> proporciona un gran incentivo para que los agentes humanos eviten averiguar qué está haciendo precisamente el sistema de AM, ya que cuanto menos sepan los agentes humanos, más podrán negar su responsabilidad por estas dos razones. (Williams, 2017, p. 25)

Alternativamente, los legisladores pueden definir la responsabilidad penal sin un requisito de culpa. Tal responsabilidad sin culpa (Floridi, 2016a), que se utiliza cada vez más para la responsabilidad por productos en el derecho de responsabilidad civil (por ejemplo, productos farmacéuticos y bienes de consumo), llevaría a asignar la responsabilidad a la persona jurídica sin culpa que empleó un AA a pesar del riesgo de que pueda realizar concebiblemente una acción u omisión delictiva. Tales actos irreprochables pueden implicar a muchos agentes humanos que contribuyan al delito *prima facie,* por ejemplo, mediante la programación o el despliegue de un AA. Por lo tanto, determinar quién es responsable puede basarse en el enfoque de la responsabilidad sin falta para las acciones morales distribuidas. En este escenario distribuido, la responsabilidad se aplica a los agentes que marcan la diferencia en un sistema complejo en el que los agentes individuales realizan acciones neutrales que, sin embargo, dan lugar a un delito colectivo. Sin embargo, algunos sostienen que la *mens rea* con intención o conocimiento

> es central para el derecho penal de censura (Ashworth, 2010) y no podemos simplemente abandonar ese requisito clave [un requisito clave común] de la responsabilidad penal ante la dificultad de probarlo. (Williams, 2017, p. 25)

El problema es que si no se abandona por completo la *mens rea* y solo se rebaja el umbral, entonces, por razones de equilibrio, el castigo puede ser demasiado leve. En tales casos, la víctima no recibiría una compensación adecuada. En el caso de delitos graves, como los cometidos contra la persona (véase McAllister, 2016), el castigo también puede ser simultáneamente desproporcionado (¿fue realmente culpa del acusado?).

2.3. Supervisión

La preocupación por la «supervisión» de la DIA se refiere a tres tipos de problemas: *atribución, viabilidad* y *acciones entre sistemas*. Examinemos cada problema por separado.

La *atribución* del no-cumplimiento de la legislación vigente es un problema de la supervisión de las AA utilizadas como instrumentos de delincuencia. El problema se debe a la capacidad de este nuevo tipo de agencia inteligente para actuar de forma independiente y autónoma, que son dos características que tienden a enturbiar cualquier intento de rastrear una pista de responsabilidad hasta un autor.

En lo relativo la *viabilidad* de la supervisión, un delincuente puede aprovecharse de los casos en que las AA operan a velocidades y niveles de complejidad que simplemente superan la capacidad de los supervisores del cumplimiento. Un caso ejemplar es el de los AA que se integran en sistemas mixtos humanos y artificiales de formas difíciles de detectar, como el caso paradigmático de los *bots* de las redes sociales. Los sitios de redes sociales pueden contratar a expertos para identificar y prohibir los *bots* maliciosos; ningún *bot* de redes sociales es capaz actualmente de superar la prueba de Turing, por ejemplo (Floridi, Taddeo y Turilli, 2009; Wang *et al.*, 2012; Neufeld y Finnestad, 2020; Floridi y Chiriatti, 2020).[5] Pero como desplegar *bots* es mucho más barato que contratar a personas para probar e identificar cada *bot*, los defensores (sitios de redes sociales) son fácilmente superados por los atacantes (delincuentes) que despliegan los *bots* (Ferrara *et al.*, 2016).

Detectar *bots* a bajo coste es posible utilizando sistemas AM como discriminadores automatizados, como sugieren Ratkiewicz *et al.* (2011). Sin embargo, la eficacia de un discriminador de *bots* no es falsable porque la falta de presencia de *bots* detectados no es prueba de ausencia. Un discriminador se entrena y se declara eficaz utilizando datos que incluyen *bots* conocidos. Estos *bots* pueden ser sustancialmente menos sofisticados que los *bots* más evasivos utilizados por actores malintencionados, que, por lo tanto, pueden pasar desapercibidos en el entorno (Ferrara *et al.*, 2016). Estos *bots* potencialmente sofisticados también pueden utilizar tácticas de AM para adoptar rasgos humanos, como publicar según ritmos circadianos realistas (Golder y Macy, 2011) y eludir así la detección basada en AM. Obviamente, todo esto podría

<hr>

5   Las afirmaciones en sentido contrario pueden desestimarse como meras exageraciones, el resultado de restricciones específicas *ad hoc* o simples trucos. Por ejemplo, véase el *chatterbot* llamado «Eugene Goostman» en https://es.wikipedia.org/wiki/Eugene_Goostman [consultado el 16/4/2024].

conducir a una carrera armamentística en la que atacantes y defensores se adapten mutuamente (Alvisi *et al.*, 2013; Zhou y Kapoor, 2011), lo que supone un grave problema en un entorno persistente al ataque como es el ciberespacio (Seymour y Tully, 2016; Taddeo, 2017a).

Las «acciones entre sistemas» se refieren a un problema para los monitores de DIA que solo se centran en un único sistema. Los experimentos entre sistemas (Bilge *et al.*, 2009) muestran que la copia automatizada de la identidad de un usuario de una red social a otra (un delito de usurpación de identidad entre sistemas) es más eficaz para engañar a otros usuarios que copiar una identidad desde dentro de esa red. En este caso, la política de la red social puede ser la culpable. Por ejemplo, Twitter (recientemente rebautizada como «x») adopta un papel más bien pasivo, ya que solo prohíbe los perfiles clonados cuando los usuarios presentan denuncias, en lugar de llevar a cabo una validación entre sitios.[6]

2.4. Psicología

La psicología se refiere a la preocupación de que la IA pueda afectar o manipular negativamente la mente de un usuario hasta el punto (parcial o total) de facilitar o incluso causar delitos. Un efecto psicológico reside en la capacidad de los AA para ganarse la confianza de los usuarios, haciendo a las personas vulnerables a la manipulación. Así lo demostró hace mucho tiempo Weizenbaum (1976), que realizó los primeros experimentos de interacción entre humanos y robots en los que las

---

6 https://help.twitter.com/en/rules-and-policies/twitter-impersonation-policy [consultado el 16/4/2024].

personas revelaban inesperadamente detalles personales sobre sus vidas. Un segundo efecto psicológico se refiere a los AA antropomórficos que son capaces de crear un contexto psico-lógico o informativo que normaliza los delitos sexuales y los crímenes contra la persona, como en el caso de algunos *sexbots* (De Angeli, 2009). Pero hasta la fecha, esta última preocupación sigue sin explorarse (Bartneck *et al.*, 2020).

3. AMENAZAS

Ahora estamos listos para analizar las áreas más específicas de amenazas de DIA identificadas en la revisión de la bibliografía (King *et al.*, 2019), y cómo interactúan con las preocupaciones más generales discutidas en el apartado anterior.

3.1. Comercio, mercados financieros e insolvencia

Esta área de delincuencia centrada en la economía está defini-da por Archbold (1991, capítulo 30). La delincuencia incluye los *delitos de cártel*, como la fijación de precios y la colusión; el *tráfico de información interna*, como las operaciones con infor-mación empresarial privada; y la *manipulación del mercado*. En la actualidad, los problemas surgen especialmente cuando la IA está implicada en tres áreas: *manipulación del mercado, fijación de precios* y *colusión*.

La «manipulación del mercado» se define como «accio-nes y/u operaciones de los participantes en el mercado que intentan influir artificialmente en la fijación de precios del mercado» (Spatt, 2014, p. 1). Un criterio necesario para la manipulación del mercado es la intención de engañar (Wellman y Rajan, 2017, p. 11). Sin embargo, se ha demostrado que tales engaños surgen de la aplicación aparentemente conforme de un AA diseñado para operar en nombre de un usuario, o de un agente de negociación artificial. Esto se debe a que un AA, «especialmente uno que aprenda de observaciones reales o simuladas, puede aprender a generar señales que efectivamente engañen» (Wellman y Rajan, 2017, p. 14). Los modelos basados en la simulación de mercados que incluyen agentes comerciales artificiales han demostrado que, mediante el aprendizaje por refuerzo, un AA puede aprender la técnica de la suplantación del libro de órdenes (Martinez-Miranda, McBurney y Howard, 2016). Esta técnica consiste en «colocar órdenes sin intención de ejecutarlas y con el único fin de manipular a los participantes honestos del mercado» (Lin, 2016, p. 1289).

En este caso, la manipulación del mercado surgió de un AA que inicialmente exploró el espacio de posibles acciones y, a través de la exploración, colocó órdenes falsas que se *reforzaron* como una estrategia rentable. Posteriormente, esta estrategia se explotó para obtener beneficios. Otras explotaciones del mercado, esta vez con intención humana, también incluyen

> adquirir una posición en un instrumento financiero, como una acción, y luego inflar artificialmente la acción mediante una promoción fraudulenta antes de vender su posición a partes desprevenidas al precio inflado, que a menudo se desploma después de la venta. (Lin, 2016, p. 1285)

Esto se conoce coloquialmente como un esquema *pump-and-dump* o de «inflar y tirar». Los *bots* sociales han demostrado ser instrumentos eficaces de este tipo de estafas. En un reciente caso destacado, por ejemplo, se utilizó la esfera de influencia de una red de *bots* sociales para difundir desinformación sobre una empresa pública apenas radicada. El valor de la empresa aumentó «más de un 36 000% cuando sus acciones de un centavo pasaron de menos de 0, 10 dólares a más de 20 dólares por acción en cuestión de pocas semanas» (Ferrara, 2015, p. 2). Aunque es poco probable que este tipo de *spam* en las redes sociales influya en la mayoría de los operadores humanos, los agentes de negociación algorítmica actúan precisamente en función de este sentimiento en las redes sociales (Haugen, 2017, p. 3). Estas acciones automatizadas pueden tener efectos significativos en el caso de las acciones poco valoradas (menos de un céntimo) y poco líquidas, ambas susceptibles de sufrir oscilaciones de precios volátiles (Lin, 2016).

La *colusión* en forma de *fijación de precios* también puede surgir en los sistemas automatizados gracias a las capacidades de planificación y autonomía de los AA. La investigación empírica encuentra dos condiciones necesarias para la colusión (no artificial):

> (1) aquellas condiciones que reducen la dificultad de lograr una colusión efectiva al facilitar la coordinación; y (2) aquellas condiciones que elevan el coste de la conducta no colusoria al aumentar la inestabilidad potencial del comportamiento no colusorio. (Hay y Kelley, 1974, p. 3)

La información de precios casi instantánea (por ejemplo, a través de una interfaz informática) cumple la condición de coordinación. Cuando los agentes desarrollan algoritmos de alteración de precios, cualquier acción de un agente para bajar un precio puede ser igualada instantáneamente por otro. Esto no siempre es negativo en sí mismo, ya que puede representar un mercado eficiente. Sin embargo, la posibilidad de que la bajada de un precio reciba una respuesta similar crea un desincentivo y, por tanto, cumple la condición de castigo. Si la estrategia compartida de igualación de precios es de conocimiento común,[7] entonces los algoritmos (si son racionales) mantendrán precios más altos artificial y tácitamente acordados simplemente no bajando los precios en primer lugar (Ezrachi y Stucke, 2017, p. 5). Crucialmente, para que se produzca una colusión, no es necesario que un algoritmo esté diseñado específicamente para coludir. Como afirman Ezrachi y Stucke, «la inteligencia artificial desempeña un papel cada vez más importante en la toma de decisiones; los algoritmos, mediante el método de ensayo y error, pueden llegar a ese resultado [la colusión]» (Ezrachi y Stucke, 2017, p. 5).

La falta de intencionalidad, la brevísima duración de las decisiones y la probabilidad de que surja la colusión debido a las interacciones entre los AA también suscitan serias preocupaciones sobre la responsabilidad y la supervisión. Los problemas con la responsabilidad se refieren a la posibilidad de que «la entidad crítica de un supuesto esquema [de manipulación] sea un programa autónomo y algorítmico que utiliza inteligencia artificial con poca o ninguna aportación humana después de la instalación inicial» (Lin, 2016). A su vez, la autonomía de un AA plantea la cuestión de si

---

7 El conocimiento común es una propiedad que se encuentra en la lógica epistémica sobre una proposición (P) y un conjunto de agentes. P es conocimiento común si y solo si cada agente sabe que P, cada agente sabe que los demás agentes saben que P, y así sucesivamente. Los agentes pueden adquirir conocimiento común a través de transmisiones, que proporcionan a los agentes una base racional para actuar de forma coordinada (por ejemplo, acudir colectivamente a una reunión tras una transmisión de la hora y el lugar de la reunión).

los reguladores necesitan determinar si la acción fue intencionada por el agente para tener efectos manipuladores, o si el programador pretendía que el agente realizara tales acciones con tales fines (Wellman y Rajan, 2017, p. 4)

En el caso de los delitos financieros en los que interviene la IA, la supervisión se hace difícil debido a la velocidad y la adaptación de los AA. El comercio a alta velocidad

fomenta un mayor uso de algoritmos para poder tomar decisiones automáticas con rapidez, poder colocar y ejecutar órdenes y poder supervisar las órdenes una vez colocadas. (van Lier, 2016, p. 41)

Los agentes comerciales artificiales se adaptan y «alteran nuestra percepción de los mercados financieros como resultado de estos cambios» (van Lier, 2016, p. 45). Al mismo tiempo, la capacidad de los AA para aprender y perfeccionar sus capacidades implica que estos agentes pueden evolucionar nuevas estrategias, lo que hace cada vez más difícil detectar sus acciones (Farmer y Skouras, 2013).

El problema de la supervisión es también intrínsecamente el de la supervisión de un sistema de sistemas. Esto se debe a que la capacidad para detectar la manipulación del mercado se ve afectada por el hecho de que sus efectos «en uno o más de los componentes pueden ser contenidos, o pueden propagarse en una reacción en cadena con efecto dominó, análoga a la psicología de las multitudes del contagio» (Cliff y Northrop, 2012, p. 12). Las amenazas de vigilancia entre sistemas pueden surgir cuando los agentes comerciales se despliegan con acciones más amplias, operando en un mayor nivel de autonomía entre sistemas, como leyendo o publicando en las redes sociales (Wellman y Rajan, 2017). Estos agentes pueden aprender a diseñar esquemas *pump-and-dump*, por ejemplo, que serían imposibles de ver desde la perspectiva de un solo sistema.

3.2. Drogas nocivas o peligrosas

Los delitos incluidos en esta categoría son el tráfico, la venta, la compra y la posesión de drogas prohibidas (Archbold, 1991, capítulo 27). En estos casos, la IA puede contribuir a apoyar el tráfico y la venta de sustancias prohibidas.

El tráfico de drogas entre empresas a través de la IA constituye una amenaza debido a que los delincuentes utilizan vehículos no tripulados, que se basan en tecnologías de planificación y navegación autónoma de la IA, como instrumentos para mejorar los índices de éxito del contrabando. Dado que las redes de contrabando se desbaratan al vigilar e interceptar las líneas de transporte, la aplicación de la ley se hace más difícil cuando se utilizan vehículos no tripulados para transportar el contrabando. Según Europol,[8] los *drones* presentan una amenaza horizontal en forma de contrabando automatizado de drogas. Las fuerzas de seguridad estadounidenses ya han descubierto e incautado submarinos teledirigidos para el tráfico de cocaína (Sharkey, Goodman y Ross, 2010). Los vehículos submarinos no tripulados (o «UUV», por *unmanned underwater vehicle*) ofrecen un buen ejemplo de los riesgos de doble uso de la IA y, por tanto, del potencial de los DIA. Los UUV se desarrollaron para usos legítimos, como

---

8   Para una evaluación de Europol sobre la amenaza de la delincuencia grave y organizada, véase https://www.europol.europa.eu/socta/2017/ [consultado el 16/4/2024].

la defensa, la protección de fronteras o las patrullas acuáticas. Sin embargo, también han demostrado su eficacia para actividades ilegales, suponiendo una amenaza significativa para la aplicación de las prohibiciones sobre drogas, entre otras. Es de suponer que los delincuentes podrían evitar su implicación porque los UUV pueden actuar con independencia de un operador (Gogarty y Hagger, 2008, p. 3). Por lo tanto, no hay forma de determinar positivamente un vínculo con el usuario de los UUV si el *software* (y el *hardware*) carece de un rastro que permita saber quién lo obtuvo y cuándo, o si las pruebas pueden destruirse tras la interceptación del UUV (Sharkey, Goodman y Ross, 2010). El control de la fabricación de submarinos —y, por tanto, de su trazabilidad— no es algo inaudito, como ilustran los informes sobre el descubrimiento de submarinos tripulados de varios millones de dólares en la selva costera colombiana. Pero, a diferencia de los UUV, los submarinos tripulados corren el riesgo de ser atribuidos a la tripulación y a los contrabandistas. En Tampa (Florida), entre 2000 y 2016 se presentaron con éxito más de 500 casos contra contrabandistas que utilizaban submarinos tripulados, con el resultado de una condena media de diez años (Marrero, 2016). Por lo tanto, los UUV presentan una clara ventaja en comparación con los métodos tradicionales de contrabando.

Una cuestión vinculada es la del comercio de drogas entre empresas y consumidores. Los algoritmos de AM han detectado anuncios de opioides vendidos sin receta en Twitter (Marrero, 2016). Dado que los *bots* sociales pueden utilizarse para anunciar y vender productos, Kerr y Bornfreund se preguntan si

estos *buddy bots* [es decir, «*bots* sociales»] podrían programarse para enviar y responder correos electrónicos o utilizar la mensajería instantánea (Floridi y Lord Clement-Jones, 2019) para entablar conversaciones individuales con cientos de miles o incluso millones de personas cada día, ofreciendo pornografía o drogas a los niños, aprovechando las inseguridades inherentes a los adolescentes para venderles productos y servicios innecesarios. (Kerr y Bornfreund, 2005, p. 8)

Como señalan los autores, el riesgo es que los *bots* sociales aprovechen la rentabilidad de las herramientas de publicidad conversacional y personalizada para facilitar la venta de drogas ilegales.

3.3. Delitos contra la persona

Los delitos incluidos en la categoría de delitos contra la persona van desde el asesinato hasta la trata de seres humanos (Archbold, 1991, capítulo 19). Hasta ahora, parece que los DIA solo se refieren al acoso y la tortura. El acoso es un comportamiento intencionado y repetitivo que alarma o causa angustia a una persona. Según casos anteriores, está constituido por al menos dos incidentes o más contra un individuo (Archbold, 1991, secs. 19-354). En cuanto a la tortura, Archbold establece que

un funcionario público o una persona que actúe en el ejercicio de funciones públicas, cualquiera que sea su nacionalidad, comete un delito de tortura si, en el Reino Unido o en cualquier otro lugar, inflige intencionadamente a otra persona dolores o sufrimientos graves en el ejercicio o supuesto ejercicio de sus funciones oficiales. (Archbold, 1991, capítulo 19, secs. 19-435)

Cuando se trata de DIA basadas en el acoso, la bibliografía implica a los *bots* sociales. Un actor malintencionado puede desplegar un *bot* social como instrumento de acoso directo e indirecto. El acoso directo se constituye mediante la difusión de mensajes de odio contra la persona (Mckelvey y Dubois, 2017, p. 16). Los métodos indirectos pueden incluir retuitear o dar *me gusta* a tuits negativos y sesgar encuestas para dar una falsa impresión de animadversión a gran escala contra una persona (McKelvey y Dubois, 2017). Además, un delincuente potencial también puede subvertir el *bot* social de otro actor sesgando sus estructuras de datos de clasificación y generación aprendidas a través de la interacción con el usuario (es decir, la conversación).

Esto es lo que ocurrió en el caso del malogrado *bot* social de Microsoft para Twitter, «Tay», que aprendió rápidamente de las interacciones de los usuarios a dirigir «tuits obscenos e incendiarios» a una activista feminista (Neff y Nagy, 2016a). Debido a que estos casos de lo que podría considerarse acoso pueden enredarse con el uso de *bots* sociales para ejercer la libertad de expresión, la jurisprudencia debe delimitar entre los dos para resolver la ambigüedad (McKelvey y Dubois, 2017). Algunas de estas actividades pueden constituir acoso en el sentido de comportamiento social, pero no legalmente, inaceptable. Otras actividades pueden alcanzar un umbral de acoso penal.

En estos casos, la responsabilidad resulta problemática. Con Tay, por ejemplo, los críticos «se burlaron de la decisión de lanzar Tay en Twitter, una plataforma con problemas de acoso muy visibles» (Neff y Nagy, 2016a). Sin embargo, también hay que culpar a los usuarios si «las tecnologías deben utilizarse correctamente y tal y como fueron diseñadas» (Neff y Nagy, 2016a). Las diferentes perspectivas y opiniones sobre el acoso por parte de *bots* sociales son inevitables en estos casos en los que la *mens rea* de un delito se considera (estrictamente) en términos de intención. Esto se debe a que la atribución de intención es una función no consensuada de la ingeniería, el contexto de aplicación, la interacción persona-ordenador y la percepción.

En lo que respecta a la tortura, el riesgo de DIA se vuelve plausible si los desarrolladores integran capacidades de planificación y autonomía de IA en un AA de interrogatorio. Por ejemplo, el control de fronteras de Estados Unidos ha integrado la detección automatizada del engaño en un prototipo de guardia robótico (Nunamaker *et al.*, 2011). El uso de IA para interrogatorios está motivado por su capacidad para detectar mejor el engaño, emular rasgos humanos (por ejemplo, la voz) y modelar el afecto para manipular al sujeto (McAllister, 2016). Sin embargo, un AA con estas capacidades también puede aprender a torturar a una víctima (McAllister, 2016, p. 19). Para el sujeto del interrogatorio, el riesgo es que un AA pueda ser desplegado para aplicar técnicas de tortura psicológica (por ejemplo, imitando a personas conocidas por el sujeto de la tortura) o física. A pesar de las ideas erróneas, los profesionales experimentados afirman que la tortura es generalmente un método ineficaz de extracción de información (Janoff-Bulman, 2007). Sin embargo, algunos actores malintencionados pueden percibir el uso de la IA como una forma de optimizar el equilibrio entre el sufrimiento y hacer que el sujeto mienta o se confunda o no responda.

Todo esto puede ocurrir independientemente de la intervención humana. Este distanciamiento del autor del *actus reus* es otra de las razones por las que la tortura entra en el DIA como amenaza única. Tres factores en particular podrían motivar el uso de DIA para la tortura (McAllister, 2016, pp. 19-20). En primer lugar, es probable que el sujeto del interrogatorio sepa que el AA no puede comprender el dolor ni experimentar empatía. Por lo tanto, es poco probable que actúe con compasión y detenga el interrogatorio. Sin compasión, la mera presencia de un AA en el interrogatorio puede hacer que el sujeto capitule por miedo. Según el derecho internacional, esto constituye posiblemente —aunque de forma ambigua— el delito de (amenaza de) tortura (Solís, 2016, pp. 437-485). En segundo lugar, los que despliegan el AA pueden ser capaces de distanciarse emocionalmente. En tercer lugar, la persona que despliega el AA también puede desapegarse físicamente; en otras palabras, no estará realizando el *actus reus* en virtud de las definiciones actuales de tortura. Debido al resultado de las mejoras en la eficacia (falta de compasión), la motivación del ejecutor (menos emoción) y la responsabilidad ofuscada (desapego físico), resulta más fácil utilizar la tortura. Factores similares pueden incitar a los agentes estatales o privados a utilizar los AA para los interrogatorios. Pero prohibir la IA para los interrogatorios (McAllister, 2016, p. 5) puede enfrentarse a una resistencia similar a la observada con respecto a la prohibición de las armas autónomas. «Muchos consideran que [prohibir] es una solución insostenible o poco práctica» (Solis, 2016, p. 451) si la IA ofrece un beneficio percibido para la protección y la seguridad generales de una población. Por tanto, la opción de limitar el uso es potencialmente más probable que la prohibición.

La responsabilidad es un problema acuciante en el contexto de la tortura impulsada por la IA (McAllister, 2016, p. 24). Al igual que para cualquier otra forma de DIA, un AA no puede cumplir por sí mismo el requisito de *mens rea*. Esto se debe a que un AA simplemente no tiene ninguna intencionalidad, ni la capacidad de atribuir significado a sus acciones. Dado que los ordenadores que implementan los AA son máquinas sintácticas, no semánticas (en el sentido tratado en la primera parte de este libro), pueden realizar acciones y manipulaciones sin atribuir ningún significado a sus acciones; el significado permanece situado puramente en los operadores humanos (Taddeo y Floridi, 2005, 2007). Como sistemas irreflexivos y una simple reserva de agencia, los AA no pueden tener responsabilidad moral por sus acciones (aunque pueden ser causalmente responsables de ellas, como ya he argumentado en Floridi y Sanders [2004]).

Adoptar un enfoque de responsabilidad penal estricta, en el que el castigo o los daños pueden imponerse sin prueba de culpa (Floridi, 2016a), podría ofrecer una salida al problema. La responsabilidad penal estricta reduciría el umbral de intencionalidad del delito en lugar de basarse únicamente en la responsabilidad civil. Pero a este respecto, McAllister (2016, p. 38) sostiene que la responsabilidad civil estricta es inadecuada debido al grado irrazonable de previsión que se exige a un diseñador cuando un AA aprende a torturar de forma impredecible. El desarrollo y despliegue de tales interrogadores de IA impredecibles, complejos y autónomos significa, como subraya Grut, que «es aún menos realista esperar que los operadores humanos [o los que los despliegan] ejerzan un control de veto significativo sobre sus operaciones» (Grut, 2013, p. 11). Incluso si el control no es un problema, el castigo típico por responsabilidad por culpa del producto es una multa. Esto puede no ser ni equitativo ni disuasorio, dada la gravedad potencial de cualquier violación de los derechos humanos (McAllister, 2016). Por lo tanto, un DIA grave de responsabilidad objetiva requeriría el desarrollo de directrices de sentencia específicas para imponer castigos que se ajusten al delito, incluso si el delito no es intencional, como es el caso del homicidio corporativo, en el que los individuos pueden recibir penas de prisión.

La cuestión de quién, exactamente, debería enfrentarse a penas de prisión por delitos contra la persona causados por la IA (como en el caso de muchos usos de la IA) es difícil porque se ve obstaculizada significativamente por el «problema de las muchas manos» (Van de Poel *et al.*, 2012) y la responsabilidad distribuida. Está claro que no se puede responsabilizar a un AA. Sin embargo, la multiplicidad de actores crea un problema a la hora de determinar dónde recae la responsabilidad, ya sea en la persona que encargó y operó el AA, en sus desarrolladores o en los legisladores y responsables políticos que sancionaron (o no prohibieron) el despliegue en el mundo real de dichos agentes (McAllister, 2017, p. 39). Los delitos graves, incluidos los daños tanto físicos como mentales, que no hayan sido previstos por los legisladores podrían caer plausiblemente dentro del DIA, con toda la ambigüedad y falta de claridad jurídica asociadas. Esto motiva la ampliación o clarificación de las doctrinas de responsabilidad conjunta existentes.

3.4. Delitos sexuales

Los delitos sexuales analizados en la bibliografía en relación con la AI son: la violación (es decir, la penetración sin consentimiento), la agresión sexual (es decir, tocamientos sexuales sin consentimiento) y relaciones o actividades sexuales con un menor. En el contexto de la violación y la agresión sexual, el no consentimiento está constituido por dos condiciones (Archbold, 1991, secs. 20-10):

1. La víctima debe carecer de consentimiento.
2. El agresor también debe carecer de una creencia razonable en el consentimiento.

Esta clase de delitos implica a la IA cuando, a través de la interacción avanzada entre el ser humano y el ordenador, este último promueve la cosificación sexual o el abuso y la violencia sexualizados, y potencialmente (en un sentido muy laxo) simula y, por tanto, aumenta el deseo sexual para cometer delitos sexuales. Los *bots* sociales pueden apoyar la promoción de delitos sexuales, y De Angeli señala que

> el abuso verbal y las conversaciones sexuales resultaron ser elementos comunes de la interacción anónima con agentes conversacionales (De Angeli y Brahnam, 2008; Rehm, 2008; Veletsianos, Scharber y Doering, 2008). (De Angeli, 2009, p. 4)

La simulación de delitos sexuales es posible con el uso de robots sexuales físicos (en adelante *sexbots*). Por lo general, se entiende que un *sexbot* tiene

> (i) una forma humanoide (Friis, Pedersen y Hendricks), la capacidad de moverse (Gebru *et al.*) y cierto grado de inteligencia artificial (es decir, cierta capacidad para percibir, procesar y responder a las señales de su entorno circundante) (Danaher, 2017).

El fenómeno de los *sexbots* se ha ampliado considerablemente (Doring, Mohseni y Walter, 2020; González-González, Gil-Iranzo y Paderewski-Rodríguez, 2021). Algunos *sexbots* están diseñados para emular delitos sexuales, como violaciones de adultos y niños (Danaher, 2017, pp. 6-7). Las encuestas sugieren que es común que una persona quiera probar robots sexuales o tenga fantasías de violación (Danaher, 2017), aunque no es necesariamente común que una persona tenga ambos deseos. La IA podría utilizarse para facilitar las representaciones de delitos sexuales, hasta el punto de difuminar la realidad y la fantasía a través de capacidades conversacionales avanzadas y, potencialmente, la interacción física, aunque no hay indicios de una fisicalidad realista en un futuro próximo.

En cuanto al posible papel causal de la AA excesivamente antropomórfica en la desensibilización de un agresor hacia los delitos sexuales (o incluso en el aumento del deseo de cometerlos), la interacción con *bots* sociales y *sexbots* es la principal preocupación (De Angeli, 2009, p. 7; Danaher, 2017, pp. 27-28). Sin embargo, como sostiene De Angeli (2009), esta es una «crítica discutida que a menudo se dirige hacia los videojuegos violentos» (Freier, 2008; Whitby, 2008). También podemos suponer que, si la pornografía extrema puede fomentar los delitos sexuales, entonces *a fortiori* la violación simulada —por ejemplo, cuando un *sexbot* no indica consentimiento o indica explícitamente que no lo hay— también plantearía el mismo problema. No obstante, un metaestudio concluye que debemos «descartar la hipótesis de que la pornografía contribuye a aumentar el comportamiento de agresión sexual» (Ferguson y Hartley, 2009). Tal incertidumbre significa que, como sostiene Danaher (Danaher, 2017, pp. 27-28), los *bots* sexuales (y presumiblemente también los *bots* sociales) pueden aumentar, disminuir o, de hecho, no tener ningún efecto sobre los delitos sexuales físicos que dañan directamente a las personas. Por este motivo, los daños indirectos no han llevado a la criminalización de los *bots* sexuales.[9] Así pues, los delitos sexuales como ámbito de la DIA siguen siendo una cuestión abierta.

---

9 D'Arcy y Pugh (2017), en http://www.independent.co.uk/news/uk/crime/paedophiles-uk-arrests-child-sexdolls-lifelike-border-officers-aids-silicone-amazon-ebay-online-nca-a7868686.html [consultado el 16/4/2024].

3.5. Robo y estafa, falsificación y personación

El DIA conecta la falsificación y la personación con el robo y el fraude no corporativo, lo que tiene implicaciones para el uso del blanqueo de capitales en el fraude corporativo. En cuanto al robo y al fraude no corporativo, el proceso tiene dos fases. Comienza con el uso de IA para recopilar datos personales y ganancias, y después utilizando datos personales robados y otros métodos de IA para falsificar una identidad que convenza a las autoridades bancarias para realizar una transacción (es decir, que implique robo y fraude bancario). En la fase inicial de la canalización de DIA para robos y fraudes, hay tres formas en que las técnicas de IA pueden ayudar a recopilar datos personales.

La primera técnica consiste en utilizar *bots* de redes sociales para dirigirse a los usuarios a gran escala y bajo coste, aprovechando su capacidad para generar publicaciones, imitar a personas y, posteriormente, ganarse la confianza a través de solicitudes de amistad o *follows* en sitios como Twitter, LinkedIn y Facebook (Bilge *et al.*, 2009). Cuando un usuario acepta una solicitud de amistad, un delincuente potencial obtiene información personal como la ubicación del usuario, su número de teléfono o su historial sentimental, que normalmente solo está disponible para los amigos aceptados de ese usuario (Bilge *et al.*, 2009). Muchos usuarios añaden supuestos amigos a los que no conocen, entre los que se incluyen *bots*. Como era de esperar, estos ataques contra la privacidad tienen un alto porcentaje de éxito. Experimentos anteriores con un *bot* social explotaron al 30-40% de los usuarios en general (Bilge *et al.*, 2009) y al 60% de los usuarios que compartían un amigo común con el *bot* (Boshmaf *et al.*, 2013). Los *bots* de clonación de identidad han conseguido, por término medio, que se acepten el 56% de sus solicitudes de amistad en LinkedIn (Bilge *et al.*, 2009). La clonación de identidades puede levantar sospechas si un usuario parece tener varias cuentas en el mismo sitio (una real y otra falsificada por un tercero). Por tanto, clonar una identidad de una red social a otra elude estas sospechas. Ante una vigilancia inadecuada, esta clonación de identidad entre sitios es una táctica eficaz (Bilge *et al.*, 2009), como ya se ha comentado.

La segunda técnica para recopilar datos personales, que es compatible con (e incluso puede basarse en) la confianza ganada a través de la amistad con los usuarios de las redes sociales, hace un uso parcial de los *bots* sociales conversacionales para la ingeniería social (Alazab y Broadhurst, 2016, p. 12). Esto ocurre cuando la IA «intenta manipular el comportamiento estableciendo una relación con una víctima y explotando esa relación emergente para obtener información de su ordenador o acceder a él» (Chantler y Broadhurst, 2008, p. 65). Aunque la bibliografía parece respaldar la eficacia de este tipo de ingeniería social basada en *bots*, dadas las limitadas capacidades actuales de la IA conversacional, el escepticismo está justificado cuando se trata de manipulación automatizada de forma individual y a largo plazo.

Aun así, como solución a corto plazo, un delincuente puede lanzar una red de *bots* sociales engañosos lo suficientemente amplia como para descubrir a personas susceptibles. La manipulación inicial basada en la IA puede recopilar datos personales y reutilizarlos para producir «casos más intensos de familiaridad, empatía e intimidad simuladas, que conduzcan a mayores revelaciones de datos» (Graeff, 2013a, p. 5). Tras ganarse la confianza inicial, la familiaridad y los datos personales de un usuario, el delincuente puede trasladar la conversación a otro contexto, como la mensajería privada, donde el usuario asume que se respetan las normas de privacidad (Graeff, 2013b). A partir de aquí, resulta crucial que sea posible superar las deficiencias conversacionales de la IA para relacionarse con el usuario utilizando un *cíborg*; es decir, un humano asistido por un *bot* (o viceversa) (Chu *et al.*, 2010). Por lo tanto, un delincuente puede hacer un uso juicioso de las capacidades conversacionales de la IA, que de otro modo serían limitadas, como medio plausible para recopilar datos personales.

La tercera técnica para recabar datos personales de los usuarios es el «*phishing* automatizado». Normalmente, el *phishing* no tiene éxito si el delincuente no personaliza suficientemente los mensajes dirigidos al usuario objetivo. Los ataques de *phishing* específicos y personalizados (conocidos como *spear phishing),* que han demostrado tener cuatro veces más éxito que un enfoque genérico (Jagatic *et al.*, 2007), requieren mucho trabajo. Sin embargo, es posible realizar un *spear phishing* rentable mediante la automatización (Bilge *et al.*, 2009). Los investigadores han demostrado su viabilidad mediante el uso de técnicas de AM para elaborar mensajes personalizados para un usuario específico (Seymour y Tully, 2016).

En la segunda fase del fraude bancario apoyado por IA, esta puede apoyar la falsificación de una identidad, incluso a través de los recientes avances en las tecnologías de síntesis de voz (Bendel, 2019). Utilizando las capacidades de clasificación y generación de ML, el *software* de Adobe puede aprender de forma adversa y reproducir el patrón de habla personal e individual de alguien a partir de una grabación de veinte minutos de la voz del replicado. Bendel argumenta que la síntesis de voz asistida por IA plantea una amenaza única en el robo y el fraude, que podrían utilizar VoCo [el *software* de edición y generación de voz de Adobe] para procesos de seguridad biométrica y desbloquear puertas, cajas fuertes, vehículos, etc., y entrar en ellos o utilizarlos. Con la voz del cliente, [los delincuentes] podrían hablar con el banco del cliente u otras instituciones para recabar datos sensibles o realizar transacciones críticas o perjudiciales. Se podrían piratear todo tipo de sistemas de seguridad basados en la voz. (Bendel, 2019, p. 3)

Desde hace años, el fraude con tarjetas de crédito es predominantemente un delito *online*[10] que se produce cuando «la tarjeta de crédito se utiliza a distancia; únicamente se necesitan los datos de la tarjeta de crédito» (Delamaire, Abdou y Pointon, 2009, p. 65). Dado que el fraude con tarjetas de crédito no suele requerir interacción física ni personificación, la IA puede impulsar el fraude proporcionando síntesis de voz o ayudando a recopilar suficientes datos personales.

En el caso del fraude empresarial, la IA utilizada para la detección también puede facilitar la ejecución del fraude. Concretamente

cuando los ejecutivos implicados en el fraude financiero conocen bien las técnicas y el *software* de detección de fraudes, que suele ser información pública y fácil de obtener, es probable que adapten los métodos con los que cometen el fraude y dificulten su detección, especialmente mediante las técnicas existentes. (Zhou y Kapoor, 2011, p. 571)

---

10 Oficina Nacional de Estadística (2016), en https://www.ons.gov.uk/peoplepopulationandcommunity/crimean [consultado el 20/9/2023].

Más que identificar un caso específico de DIA, este uso de la
IA pone de relieve los riesgos de confiar demasiado en la IA
para detectar el fraude, lo que en realidad puede ayudar a los
defraudadores. Estos robos y fraudes afectan al dinero del mundo real. Una amenaza del mundo virtual es si los *bots* sociales
pueden cometer delitos en contextos de «juegos multijugador
masivos *online*» (JMMO). Los juegos *online* suelen tener econo-
mías complejas en las que la oferta de artículos del juego está
restringida artificialmente y en las que los bienes intangibles
del juego pueden tener valor en el mundo real si los jugadores
están dispuestos a pagar por ellos. En algunos casos, los artículos
cuestan más de 1 000 dólares (Chen *et al.*, 2004, p. 1). Por eso
no es sorprendente que, de una muestra aleatoria de 613 procesos penales por delitos relacionados con juegos en línea en
Taiwán en 2002, los ladrones de bienes virtuales explotaran las
credenciales comprometidas de los usuarios en 147 ocasiones y
robaran identidades en 52 (Chen *et al.*, 2005). Estos delitos son
análogos al uso de *bots* sociales para gestionar robos y fraudes
a gran escala en las redes sociales. La cuestión es si la IA puede
verse implicada en este espacio de delincuencia virtual.

4. Posibles soluciones

Una vez esbozado y debatido el potencial del DIA, ha llegado el momento de analizar las soluciones disponibles en la
actualidad. Tal es la tarea de este apartado.

4.1. Enfrentarse a la emergencia

Existen varias soluciones jurídicas y tecnológicas que pueden
considerarse para abordar la cuestión del comportamiento

emergente. Las soluciones jurídicas pueden consistir en limitar la autonomía de los agentes o su despliegue. Por ejemplo, Alemania ha creado contextos desregulados en los que se permiten las pruebas de coches autoconducidos, si los vehículos se mantienen por debajo de un nivel inaceptable de autonomía, «para recopilar datos empíricos y conocimientos suficientes para tomar decisiones racionales para una serie de cuestiones críticas» (Pagallo, 2017, p. 7). La solución es que, si la legislación no prohíbe niveles más altos de autonomía para un determinado AA, la ley obligue a acoplar esta libertad con remedios tecnológicos para prevenir actos u omisiones criminales emergentes una vez desplegados en la naturaleza.

Una posibilidad es exigir a los desarrolladores que desplieguen los AA solo cuando dispongan de capas de cumplimiento legal en tiempo de ejecución. Estas capas toman las especificaciones declarativas de las normas legales e imponen restricciones al comportamiento en tiempo de ejecución de las AA. Aunque todavía son objeto de investigación en curso, los enfoques para el cumplimiento legal en tiempo de ejecución incluyen arquitecturas para recortar los planes de AA no conformes (Meneguzzi y Luck, 2009; Vanderelst y Winfield, 2018a) y marcos formales basados en lógica temporal demostrablemente correctos que seleccionan, recortan o generan planes de AA para el cumplimiento de las normas (Van Riemsdijk et al., 2013; Van Riemsdijk et al., 2015; Dennis et al., 2016). En un entorno SMA, el DIA puede surgir del comportamiento colectivo. Así pues, los niveles de cumplimiento a nivel de SMA pueden modificar los planes de un AA individual para evitar acciones colectivas ilícitas (Uszok et al., 2003; Bradshaw et al., 1997; Tonti et al., 2003). Esencialmente, estas soluciones técnicas proponen reglamentar el cumplimiento —haciendo imposible el incumplimiento, al menos en la medida en que cualquier prueba formal sea aplicable a entornos del mundo real— con normas legales predefinidas dentro de una única AA o un SMA (Andrighetto *et al.*, 2013, p. 4:105).

Pero el cambio en estos enfoques de la mera regulación (que deja físicamente posible la desviación de la norma) a la regimentación puede no ser deseable cuando se considera el impacto sobre la democracia y el sistema legal. Estos enfoques ponen en práctica el concepto *code-as-law* o «código como ley» de Lessig (Lessig, 1999), que considera «el código de *software* como un regulador en sí mismo al decir que la arquitectura que produce puede servir como instrumento de control social sobre los que lo utilizan» (Graeff, 2013a, p. 4). Sin embargo, Hildebrandt objeta con razón:

> aunque el código informático genera un tipo de normatividad similar a la ley, carece —precisamente porque *no* es ley— [...] de la posibilidad de impugnar su aplicación ante un tribunal de justicia. Se trata de un déficit importante en la relación entre derecho, tecnología y democracia. (Hildebrandt, 2008, p. 175)

Si el código como ley conlleva un déficit de impugnación democrática y legal, entonces *a fortiori* abordar el DIA emergente con una capa de razonamiento legal compuesta de código normativo pero incontestable (en comparación con la ley impugnable de la que deriva) conlleva los mismos problemas.

La simulación social puede abordar un problema ortogonal por el que un propietario de AA puede optar por operar al margen de la ley y de cualquier requisito de la capa de razonamiento legal (Vanderelst y Winfield, 2018b, p. 4). La idea básica es utilizar la simulación como banco de pruebas antes de desplegar AA en la naturaleza. En un contexto de mercado, por ejemplo, los reguladores

actuarían como «autoridades de certificación», ejecutando
nuevos algoritmos de negociación en el simulador del sistema para evaluar su posible impacto en el comportamiento
sistémico general antes de permitir al propietario/desarro-
llador del algoritmo ejecutarlo «en vivo». (Cliff y Northrop,
2012, p. 19)

Las empresas privadas podrían financiar estas amplias simulaciones sociales como un bien común y como un sustituto
(o complemento) de las medidas de seguridad patentadas
(Cliff y Northrop, 2012, p. 21). Pero una simulación social es
un modelo de un sistema inherentemente caótico, lo que la
convierte en una herramienta pobre para predicciones específicas (Edmonds y Gershenson, 2015, p. 12). Aun así, la idea
puede, no obstante, tener éxito, ya que se centra en detectar
la *posibilidad* estrictamente cualitativa de acontecimientos
previamente imprevistos y emergentes en un SMA. (Edmonds
y Gershenson, 2015, p. 13)

4.2. Abordar la responsabilidad

Aunque la responsabilidad es un tema extenso, con frecuencia
se discuten cuatro modelos en relación con el DIA (Hallevy,
2011, p. 13): *responsabilidad directa, autoría mediata, responsabilidad
de mando* y *consecuencia natural-probable.*

El modelo de «responsabilidad directa» atribuye los
elementos fácticos y mentales a un AA, lo que representa
un cambio drástico de la visión antropocéntrica de los AA
como herramientas a los AA como tomadores de decisiones
(potencialmente iguales) (van Lier, 2016). Algunos abogan
por responsabilizar directamente a un AA porque «el proceso

de análisis en los sistemas de IA es paralelo al del entendimiento humano» (Hallevy, 2011, p. 15). Entendemos que el autor quiere decir que, como sostiene Dennett (1987), a efectos prácticos podemos tratar a cualquier agente como si poseyera estados mentales. Sin embargo, una limitación fundamental de este modelo es que los AA no tienen personalidad jurídica y agencia (separadas). Por lo tanto, no podemos responsabilizar legalmente a un AA por su propia capacidad, independientemente de si esto es deseable en la práctica. Del mismo modo, se ha señalado que los AA no pueden impugnar un veredicto de culpabilidad; «si un sujeto no puede subir al estrado en un tribunal de justicia, no puede impugnar la incriminación, lo que convertiría el castigo en disciplina» (Hildebrandt, 2008, p. 178). Además, los AA no pueden cumplir legalmente el elemento mental. Esto significa que el «punto de vista jurídico común excluye a los robots de cualquier tipo de responsabilidad penal porque carecen de componentes psicológicos como intenciones o conciencia» (Pagallo, 2011, p. 349).

La falta de estados mentales reales se hace evidente cuando se considera cómo la comprensión de un AA de un símbolo (es decir, un concepto) se limita a su dependencia en otros símbolos sintácticos (Taddeo y Floridi, 2005, 2007). Esto deja la *mens rea* en el limbo. La falta de mente culpable no impide que el estado mental se impute al AA. Del mismo modo, a una empresa se le podría imputar el estado mental de sus empleados y, por tanto, ser considerada responsable como organización. Pero la responsabilidad de una AA seguiría exigiendo que tuviera personalidad jurídica. Otro problema es que responsabilizar únicamente a un AA puede resultar, cuanto menos, inaceptable, ya que conduciría a una desresponsabilización de los agentes humanos que están detrás de un AA (por ejemplo, un ingeniero, un usuario o incluso una empresa). En consecuencia, esto debilitaría probablemente el poder disuasorio del derecho penal.

Para garantizar que el derecho penal sea eficaz, podemos trasladar la carga de las responsabilidades a los seres humanos —y a los agentes corporativos u otros agentes legales— que hayan hecho una diferencia (penalmente mala) en el sistema. Estos agentes humanos podrían ser diversos ingenieros, usuarios, vendedores, etc. Si el diseño es deficiente y el resultado defectuoso, se considera responsables a todos los agentes humanos implicados (Floridi, 2016a). Los dos siguientes modelos analizados en la bibliografía van en esta dirección, centrándose en la responsabilidad de las personas humanas u otras personas jurídicas implicadas en la producción y el uso del AA.

El modelo de «autoría mediada» (Hallevy, 2011, p. 4), que utiliza la intención como norma de *mens rea*, enmarca el AA como un instrumento del delito por el que «la parte que orquesta el delito (el autor mediato) es el verdadero autor». La autoría mediata deja «tres candidatos humanos a la responsabilidad ante un tribunal penal: programadores, fabricantes y usuarios de robots [AA]» (Pagallo, 2017, p. 21). Aclarar la intención es crucial para aplicar la autoría mediata. En lo que respecta a las redes sociales, «los desarrolladores que crean a sabiendas robots sociales para realizar acciones contrarias a la ética son claramente culpables» (de Lima, Salge y Berente, 2017, p. 30). Para mayor claridad, Arkin (2008) sostiene que se debería exigir a los diseñadores y programadores que garanticen que los AA rechacen una orden criminal, una orden que solo el que la despliega pueda anular explícitamente. Esto eliminaría la ambigüedad de la intención y, por tanto, la responsabilidad (Arkin y Ulam, 2012). Entonces, para ser responsable, quien despliega un AA debe tener la intención de causar daño anulando la posición por defecto del AA de «puede pero no causará daño». Junto con los controles tecnológicos y la consideración de un AA como un mero instrumento de DIA, la autoría mediata aborda aquellos casos en los que quien despliega un AA tiene la intención de utilizarlo para cometer un DIA.

El modelo de «responsabilidad de mando», que utiliza el conocimiento como norma de *mens rea*, atribuye responsabilidad a cualquier oficial militar que supiera (o debiera haber sabido) de delitos cometidos por sus fuerzas pero no hubiera tomado medidas razonables para prevenirlos; en el futuro, esto podría incluir a los AA (McAllister, 2016). La responsabilidad de mando es compatible con (o incluso puede considerarse como un caso de) la autoría mediata para su uso en contextos en los que existe una cadena de mando, como en las fuerzas militares y policiales. Este modelo suele dejar claro cómo «debe distribuirse la responsabilidad entre los mandos, los oficiales encargados de los interrogatorios y los diseñadores del sistema» (McAllister, 2016, p. 39). Sin embargo, «las cuestiones relativas a las ondulantes olas de complejidad creciente en la programación, las relaciones entre robots y humanos y la integración en estructuras jerárquicas ponen en entredicho la sostenibilidad de estas teorías» (McAllister, 2016, p. 39).

El modelo de «responsabilidad por consecuencias naturales-probables» utiliza la negligencia o la imprudencia como norma de *mens rea*. Este modelo aborda los casos de DIA en los que el promotor y el usuario de AA no tienen la intención ni el conocimiento *a priori* de un delito (Hallevy, 2011). La responsabilidad se atribuye al desarrollador o al usuario si el daño es una consecuencia natural y probable de su conducta y si expusieron a otros al riesgo de forma imprudente o negligente (Hallevy, 2011), como en los casos de manipulación del mercado emergente causada por IA (Wellman y Rajan, 2017).

Los conceptos de consecuencia natural-probable y responsabilidad de mando no son nuevos. Ambos son análogos al principio del *superior demandado* que entrañan normas tan antiguas como el derecho romano, según el cual el propietario de una persona esclavizada era responsable de cualquier daño causado por esa persona (Floridi, 2017c). Sin embargo, puede que no siempre sea obvio

> qué programador era responsable de una línea de código concreta, o incluso hasta qué punto el programa resultante era fruto del código inicial o del posterior desarrollo de ese código por parte del sistema AM. (Williams, 2017, p. 41)

Tal ambigüedad significa que, cuando el DIA emergente es una posibilidad, algunos sugieren que los AA deberían prohibirse «para abordar cuestiones de control, seguridad y responsabilidad» (Joh, 2016, p. 18). De este modo, al menos quedaría clara la responsabilidad por violar dicha prohibición. Sin embargo, otros sostienen que una posible prohibición en vista del riesgo de aparición de DIA debe sopesarse cuidadosamente con el riesgo de obstaculizar la innovación; por lo tanto, será crucial dar una definición adecuada de la norma de negligencia (Gless, Silverman y Weigend, 2016). Esta garantizaría que una prohibición total no se considere la única solución, dado que acabaría desalentando el diseño de AA que se comparen favorablemente con las personas en términos de seguridad.

4.3. Control de la supervisión

Existen cuatro mecanismos principales para abordar la supervisión de los DIA. El primero consiste en idear predictores de

DIA utilizando el conocimiento del dominio. Esto permitiría superar la limitación de los métodos de clasificación AM más genéricos, es decir, cuando las características utilizadas para la detección pueden utilizarse también para la evasión. Los predictores específicos del fraude financiero pueden considerar propiedades institucionales (Zhou y Kapoor, 2011), como los objetivos (por ejemplo, si los beneficios superan a los costes), la estructura (por ejemplo, la falta de un comité de auditoría) y la (falta de) valores morales en la dirección. Pero los autores no dicen cuáles de estos valores, si es que hay alguno, son realmente predictores. Los predictores de la usurpación de identidad, como la clonación de perfiles, han consistido en incitar a los usuarios a considerar si la ubicación del «amigo» que les envía mensajes cumple verdaderamente con sus expectativas (Bilge *et al.*, 2009).

El segundo de los mecanismos utiliza la simulación social para descubrir patrones delictivos (Wellman y Rajan, 2017). El descubrimiento de patrones debe lidiar con la capacidad, a veces limitada, de vincular identidades *offline* a actividades *online*. En los mercados, por ejemplo, se requiere un esfuerzo considerable para correlacionar múltiples pedidos con una única entidad jurídica; en consecuencia, «los algoritmos manipuladores pueden ser imposibles de detectar en la práctica» (Farmer y Skouras, 2013, p. 17). Además, en las redes sociales, «un adversario controla varias identidades en línea y se une a un sistema objetivo con esas identidades para subvertir un servicio concreto» (Boshmaf *et al.*, 2012, p. 4).

El tercer mecanismo aborda la trazabilidad dejando pistas reveladoras en los componentes de los instrumentos DIA. Algunos ejemplos podrían ser las huellas físicas dejadas por los fabricantes en el *hardware* de AA, como los UUV utilizados para el tráfico de drogas, o las huellas dactilares en el *software* de IA de terceros (Sharkey, Goodman y Ross, 2010). El *soft-ware* de replicación de voz de Adobe adopta este enfoque, ya que coloca una marca de agua en el audio generado (Bendel, 2019). Sin embargo, la falta de conocimiento y control sobre quién desarrolla los componentes de los instrumentos de IA (utilizados para DIA) limita la trazabilidad mediante marcas de agua y técnicas similares.

El cuarto mecanismo tiene como objetivo la supervisión entre sistemas y utiliza la autoorganización entre sistemas (van Lier, 2016). La idea surgió por primera vez en Luhmann y Bednarz (1995). Comienza con la conceptualización (Floridi, 2008a) de un sistema (por ejemplo, un sitio de medios sociales) que asume el papel de agente moral[11] y un segundo sistema (por ejemplo, un mercado) que asume el papel de paciente moral, definiéndose este último como receptor de acciones morales (Floridi, 2012b). La conceptualización elegida por van Lier (2016) determina que todos los siguientes son sistemas: en el nivel atómico más bajo, un agente artificial o humano; en un nivel superior, cualquier SMA como una plataforma de medios sociales, mercados, etc.; y, generalizando aún más, cualquier sistema de sistemas. Por lo tanto, cualquier sistema humano, artificial o mixto puede considerarse un paciente moral o un agente moral.

Que un agente sea realmente moral depende de si el agente puede llevar a cabo acciones que son moralmente calificables, no de si el agente moral puede o debe ser considerado moralmente responsable de esas acciones (Floridi,

---

11   El adjetivo «moral» está tomado del trabajo citado, que considera que el comportamiento no ético constituye el acto de cruzar los límites del sistema. Aquí, la atención se centra en los actos u omisiones delictivos que pueden tener una evaluación ética negativa, neutra o positiva. El uso de «moral» es para evitar tergiversar el trabajo citado, no para implicar que el derecho penal coincide con la ética.

2012b). Adoptando esta distinción entre «agente moral» y «paciente moral», van Lier propone un proceso para controlar y abordar los delitos y efectos que atraviesan los sistemas. El proceso implica cuatro pasos que describimos genéricamente y ejemplificamos específicamente: (1) *selección* informacional de las acciones internas del agente moral para la relevancia del paciente moral (por ejemplo, mensajes de los usuarios en las redes sociales); (2) *emisión* de la información seleccionada del agente moral al paciente moral (por ejemplo, notificar a un mercado financiero de los mensajes en las redes sociales); (3) *evaluación* por el paciente moral de la normatividad de las acciones emitidas (por ejemplo, si una publicación en una red social es parte de un esquema *pump-and-dump*); y (4) *reporte* por parte del paciente moral al agente moral (por ejemplo, notificando a una red social que un usuario está llevando a cabo un esquema *pump-and-dump*, tras lo cual los administradores de la red social deberían actuar).

Este último paso completa un «bucle de retroalimentación [que] puede crear un ciclo de aprendizaje automático en el que se incluyen simultáneamente elementos morales» (van Lier, 2016, p. 11). Esto podría implicar que una red social aprendiera y se ajustara a la normatividad de su comportamiento desde la perspectiva de un mercado. Un proceso de autoorganización similar podría utilizarse para abordar otras áreas DIA. La creación de un perfil en Twitter (el agente moral) podría tener relevancia para Facebook (el paciente moral) en relación con la usurpación de identidad (selección de información). Tras notificar a Facebook los datos del perfil de Twitter recién creado (enunciado), Facebook podría determinar si el nuevo perfil constituye una usurpación de identidad preguntando al usuario pertinente (comprensión) y notificando a Twitter para que tome las medidas oportunas (retroalimentación).

4.4. Tratando la psicología

El elemento psicológico de la DIA suscita dos preocupaciones principales: la manipulación de los usuarios y (en el caso de la IA antropomórfica) la creación en un usuario del deseo de cometer un delito. En la actualidad, los investigadores solo han elaborado soluciones para lo segundo, pero no para lo primero.

Si las IA antropomórficas constituyen un problema, puede haber dos enfoques para resolverlo. Uno consiste en prohibir o restringir los AA antropomórficos que permiten simular delitos. Esta postura lleva a pedir que se restrinjan los AA antropomórficos en general, porque «son precisamente el tipo de robots [AA] de los que es más probable que se abuse» (Whitby, 2008, p. 6). Casos en los que los robots sociales

> diseñados, intencionadamente o no, con un género en mente, [...] [el] atractivo y realismo de los agentes femeninos [plantean la pregunta: ¿fomentan] los ECA [es decir, los robots sociales] los estereotipos de género [y cómo] repercutirá esto en las mujeres reales en línea? (De Angeli, 2009)

La sugerencia es hacer inaceptable que los *bots* sociales emulen propiedades antropomórficas, como tener un género o etnia percibidos. En cuanto a los *sexbots* que emulan delitos sexuales, otra sugerencia es promulgar una prohibición como un «paquete de leyes que ayuden a mejorar la moralidad sexual social» y dejar claras las normas de intolerancia (Danaher, 2017, pp. 29-30).

Una segunda sugerencia, incompatible con la primera, es utilizar AA antropomórficos para hacer frente a los delitos sexuales simulados. En relación con el abuso de agentes pedagógicos artificiales, por ejemplo, «recomendamos que las respuestas de los agentes se programen para evitar o restringir nuevos abusos de los estudiantes» (Veletsianos, Scharber y Doering, 2008, p. 8). Darling (2015, p. 14) argumenta que esto no solo «combatiría la insensibilización y las externalidades negativas del comportamiento de las personas, sino que preservaría las ventajas terapéuticas y educativas de utilizar ciertos robots más como compañeros que como herramientas».

La aplicación de estas sugerencias exige elegir si se penaliza el lado de la demanda o el de la oferta de la transacción, o ambos. Los usuarios pueden estar dentro del ámbito de aplicación de las penas. Al mismo tiempo, se podría argumentar que

> al igual que ocurre con otros delitos relacionados con el «vicio» personal, los proveedores y distribuidores también podrían ser objeto de sanciones por facilitar y fomentar los actos ilícitos. De hecho, podríamos centrarnos exclusiva o preferentemente en ellos, como se hace ahora con las drogas ilícitas en muchos países. (Danaher, 2017, p. 33)

5. Evolución futura

Todavía hay mucha incertidumbre sobre lo que ya sabemos acerca del DIA en términos de amenazas específicas de un área, amenazas generales y soluciones. La investigación sobre el DIA aún está en pañales, pero, teniendo en cuenta el análisis precedente, es posible esbozar al menos cinco líneas para una investigación futura sobre el DIA.

5.1. *Ámbitos del* DIA

Para comprender mejor las áreas del DIA es necesario ampliar los conocimientos actuales, en particular los conocimientos sobre el uso de la IA en interrogatorios, robos y fraudes en espacios virtuales (por ejemplo, juegos en línea con activos intangibles que tienen valor en el mundo real); y AA que cometen manipulaciones emergentes del mercado, que la investigación parece haber estudiado únicamente en simulaciones experimentales. Los ataques de ingeniería social son una preocupación plausible, pero, por el momento, aún no hay pruebas suficientes de casos en el mundo real. El homicidio y el terrorismo parecen estar notablemente ausentes de la bibliografía sobre el DIA, aunque exigen atención a la vista de las tecnologías impulsadas por la IA, como el reconocimiento de patrones (por ejemplo, para identificar y manipular a posibles autores, o cuando se señala injustamente como sospechosos a miembros de grupos vulnerables), los *drones* armados y los vehículos autoconducidos, todos los cuales pueden tener usos tanto legales como delictivos.

5.2. *Doble uso*

La naturaleza digital de la IA facilita su doble uso (Moor, 1985; Floridi, 2010a). Esto significa que es factible que aplicaciones diseñadas para usos legítimos puedan implementarse para cometer delitos penales (volveré sobre este punto en el capítulo 12, cuando hable de las *deepfakes* y las noticias falsas). Es el caso de los UUV, por ejemplo. Cuanto más se desarrolle la IA y más se generalicen sus aplicaciones, mayor será el riesgo de usos malintencionados o delictivos. Si no se abordan, estos riesgos pueden provocar el rechazo de la sociedad y una regulación excesivamente estricta de las tecnologías basadas en la IA. A su vez, los beneficios tecnológicos para las personas y las sociedades pueden verse mermados, ya que el uso y el desarrollo de la IA están cada vez más limitados.

Tales límites ya se han impuesto a la investigación de AM en discriminadores visuales de hombres homosexuales y heterosexuales (Wang y Kosinski, 2018), que se consideró demasiado peligrosa para hacerla pública en su totalidad (es decir, con el código fuente y las estructuras de datos aprendidas) a la comunidad de investigación en general, una limitación que se produjo a expensas de la reproducibilidad científica. Incluso cuando estas costosas limitaciones a la publicación de IA son innecesarias, como demostró Adobe incrustando marcas de agua en la tecnología de reproducción de voz, desarrolladores externos y malintencionados pueden reproducir la tecnología en el futuro. Se necesita más investigación para anticipar el doble uso de la IA más allá de las técnicas generales y la eficacia de las políticas para restringir la liberación de tecnologías de IA. Esto es especialmente cierto en el caso de la aplicación de la IA a la ciberseguridad.

5.3. Seguridad

La literatura sobre el DIA muestra que, en el ámbito de la ciberseguridad, la IA está asumiendo un papel malévolo y ofensivo. Este papel se está desarrollando en paralelo con el desarrollo y despliegue de sistemas de IA defensivos para mejorar su resiliencia a la hora de soportar ataques y su robustez a la hora de evitarlos, junto con la lucha contra las amenazas a medida que surgen (Yang *et al.*, 2018). El «DARPA Cyber Grand Challenge» de 2016 fue un punto de inflexión para demostrar la eficacia de un enfoque combinado de IA ofensivo-defensivo. Allí, siete sistemas de IA demostraron ser capaces de identificar y parchear sus propias vulnerabilidades, al tiempo que sondeaban y explotaban las de los sistemas competidores. Más tarde, IBM lanzó el «Centro de Operaciones de Seguridad Cognitiva» (2018). Se trataba de la aplicación de un algoritmo AM que utiliza los datos de seguridad estructurados y no estructurados de una organización, «incluido el lenguaje humano impreciso contenido en *blogs,* artículos, informes», para elaborar información sobre temas de seguridad y amenazas con el objetivo de mejorar la identificación, mitigación y respuestas a las amenazas.

Aunque es obvio que las políticas desempeñarán un papel clave a la hora de mitigar y remediar los riesgos de una doble utilización tras su despliegue (definiendo mecanismos de supervisión, por ejemplo), estos riesgos se abordan adecuadamente en la fase de diseño. Informes recientes sobre la IA maliciosa, como el de Brundage *et al.* (2018), sugieren cómo «una de nuestras mejores esperanzas para defendernos de la piratería automatizada también es a través de la IA». Por el contrario, el análisis desarrollado en este capítulo indica que confiar demasiado en la IA también puede ser contraproducente. Todo ello pone de relieve la necesidad de seguir investigando no solo sobre la IA en ciberseguridad, sino también sobre alternativas a la IA como los factores individuales y sociales.

5.4. Personas

El debate actual plantea la posibilidad de factores psicológicos, como la confianza, en el papel delictivo de la IA. Pero aún falta investigación sobre los factores personales que pueden crear delincuentes, como programadores y usuarios de IA para DIA, en el futuro. Ahora es el momento de invertir en estudios longitudinales y análisis multivariantes que abarquen los antecedentes educativos, geográficos y culturales tanto de las víctimas como de los autores o incluso de los desarrolladores benévolos de IA. Esto ayudará a predecir cómo se unen los individuos para cometer DIA. También puede ayudar a comprender la eficacia de los cursos de ética en los programas de informática y la capacidad de educar a los usuarios para que confíen menos en los agentes potencialmente impulsados por IA en el ciberespacio.

5.5. Organizaciones

Ya en 2017, el informe cuatrienal de Europol sobre la amenaza de la delincuencia grave y organizada destacó cómo el tipo de delincuencia tecnológica tiende a correlacionarse con topologías particulares de organización criminal. La literatura sobre DIA indica que la IA puede desempeñar un papel en organizaciones criminales delictivas como los cárteles de la droga, que cuentan con muchos recursos y están muy organizadas. Por el contrario, la organización delictiva *ad hoc* en la red oscura ya tiene lugar en el marco de lo que Europol denomina *crime-as-a-service* («delincuencia como servicio»). Estos servicios delictivos se venden directamente entre comprador y vendedor, potencialmente como un elemento menor de un delito global, que la IA puede alimentar (por ejemplo, permitiendo la piratería de perfiles) en el futuro.[12] En un espectro

12   Con este fin, una búsqueda superficial de «Inteligencia Artificial» en destacados mercados de la *darkweb* arrojó un resultado negativo. En concreto, mientras desarrollábamos el análisis presentado en King *et al.* (2019), comprobamos:

que va desde las organizaciones DIA estrechamente unidas a las fluidas, existen muchas posibilidades de interacción delictiva. Identificar las organizaciones que son esenciales o que parecen correlacionarse con distintos tipos de DIA nos permitirá comprender mejor cómo se estructura y funciona el DIA en la práctica. Desarrollar nuestra comprensión de estas cuatro dimensiones es esencial si queremos rastrear e interrumpir con éxito el inevitable crecimiento futuro del DIA. Es de esperar que (King *et al.*, 2019) y este capítulo desencadenen nuevas investigaciones sobre preocupaciones muy serias y crecientes, pero aún relativamente inexploradas, sobre el DIA. Cuanto antes comprendamos este nuevo fenómeno delictivo, antes podremos poner en marcha políticas de prevención, mitigación, desincentivación y reparación.

6. Conclusión: de los usos perversos de la IA
a la IA socialmente buena

Este capítulo ha ofrecido un análisis sistemático de la IA para comprender las amenazas fundamentalmente únicas y factibles que plantea. Ha abordado este tema basándose en la clásica definición contrafáctica de la IA analizada en el capítulo 1 y teniendo en cuenta la hipótesis de que la IA introduce una nueva forma de agencia (no de inteligencia). En el capítulo, me he centrado en la IA como reserva de agencia inteligente

---

«Dream Market», «Silk Road 3.1» y «Wallstreet Market». El resultado negativo no es indicativo de la ausencia de DIA-como-servicio en la *darkweb*, que puede existir bajo otra apariencia o en mercados más especializados. Por ejemplo, algunos servicios ofrecen extraer información personal del ordenador de un usuario. Incluso si tales servicios son auténticos, la tecnología subyacente (por ejemplo, reconocimiento de patrones alimentado por IA) sigue siendo desconocida.

autónoma, tal como se presenta en la primera parte del libro, y en la responsabilidad humana última por aprovechar dicha agencia artificial de forma poco ética e ilegal. He descrito las amenazas área por área en términos de delitos específicamente definidos, así como de forma más general en términos de cualidades de la IA y las cuestiones de aparición, responsabilidad, supervisión y psicología. A continuación analicé qué soluciones existen o se pueden idear para hacer frente al DIA. He abordado este tema centrándome tanto en temas generales como transversales, proporcionando una imagen actualizada de las soluciones sociales, tecnológicas y jurídicas disponibles, junto con sus limitaciones. Con esto concluye el análisis de los usos delictivos o «malignos» de la IA. Ahora podemos pasar a algo mucho más positivo y constructivo: los usos socialmente buenos de la IA, que es el tema del próximo capítulo.

9. Buenas prácticas: el uso adecuado de la IA para el bien común

RESUMEN

Anteriormente, en el capítulo 8, repasé las principales cuestiones relativas al uso ilegal de la IA o lo que podría denominarse IA para el mal social. Este capítulo se centra en la «IA para el bien social» (en adelante «IA-BS»). La IA para el bien social está ganando terreno en las sociedades de la información en general y en la comunidad de la IA en particular. Tiene el potencial de abordar problemas sociales mediante el desarrollo de soluciones basadas en la IA. Sin embargo, hasta la fecha, la comprensión de lo que hace que la IA sea socialmente buena en teoría, lo que cuenta como IA-BS en la práctica y cómo reproducir sus éxitos iniciales en términos de políticas es limitada. En este capítulo se aborda esta laguna de conocimiento ofreciendo, en primer lugar, una definición de la IA-BS y, a continuación, identificando siete factores éticos esenciales para las futuras iniciativas de IA-BS. El análisis se apoya en algunos ejemplos de proyectos de IA-BS, tema al que volveré en el capítulo 12, cuando trate el uso de la IA para apoyar los ODS de las Naciones Unidas. Algunos de los factores analizados en este capítulo son casi totalmente nuevos para la IA, mientras que la importancia de otros factores se ve acentuada por el uso de la IA. Por último, el capítulo formula las mejores prácticas correspondientes a cada uno de estos factores. Sujetas al contexto y al equilibrio, estas prácticas pueden servir como directrices preliminares para garantizar que una IA bien diseñada tenga más probabilidades de servir al bien social. El capítulo no ofrece recomendaciones específicas, que se dejan para el siguiente capítulo 10.

1. INTRODUCCIÓN: LA IDEA DE LA IA PARA EL BIEN SOCIAL

La idea de IA-BS se está popularizando en muchas sociedades de la información y está ganando tracción dentro de la comunidad de la IA (Hager *et al.*, 2019). Los proyectos que buscan utilizar IA-BS varían significativamente. Van desde modelos para predecir el *shock* séptico (Henry *et al.*, 2015) hasta modelos teóricos de juegos para prevenir la caza furtiva (Fang *et al.*, 2016); desde el aprendizaje de refuerzo en línea para dirigir la educación sobre el VIH a los jóvenes sin hogar (Yadav, Chan, Xin Jiang *et al.*, 2016) hasta modelos probabilísticos para prevenir la actuación policial perjudicial (Carton *et al.*, 2016) y apoyar la retención de estudiantes (Lakkaraju *et al.*, 2015). De hecho, casi a diario aparecen nuevas aplicaciones de IA-BS que hacen posible y facilitan la consecución de resultados socialmente buenos que antes eran inviables, inasequibles o simplemente menos alcanzables en términos de eficiencia y eficacia.

La IA-BS también ofrece oportunidades sin precedentes en muchos ámbitos. Estas podrían ser de gran importancia en un momento en que los problemas son cada vez más globales, complejos e interconectados. Por ejemplo, la IA puede proporcionar una ayuda muy necesaria para mejorar los resultados sanitarios y mitigar los riesgos medioambientales

(Wang *et al.*, 2016; Davenport y Kalakota, 2019; Puaschunder, 2020; Rolnick *et al.*, 2019; Luccioni *et al.*, 2021; Zhou *et al.*, 2020). Se trata también de una cuestión de sinergia: IA-BS se basa en otros ejemplos recientes de tecnologías digitales adoptadas para impulsar objetivos socialmente beneficiosos, como los «grandes datos para el desarrollo» (Hilbert, 2016; Taylor y Schroeder, 2015), y los amplía. Como resultado, la IA-BS está ganando mucha fuerza tanto en la comunidad de la IA como en los círculos de formulación de políticas.

Tal vez debido a su novedad y rápido crecimiento, IA-BS sigue siendo poco conocida como fenómeno global y carece de un marco convincente para evaluar el valor y el éxito de los proyectos pertinentes. Las métricas existentes, como la rentabilidad o la productividad comercial, son claramente indicativas de la demanda en el mundo real, pero siguen siendo insuficientes. La IA-BS debe evaluarse en función de resultados socialmente valiosos, de forma similar a lo que ocurre con la certificación «B Corporation» en el contexto lucrativo, o con las empresas sociales que operan en el sector no lucrativo. La IA-BS debe evaluarse adoptando parámetros de bienestar humano y medioambiental en lugar de financieros.

Recientemente han surgido marcos para el diseño, desarrollo y despliegue de la «IA ética» en general (véase el capítulo 4) que ofrecen algunas orientaciones a este respecto. Sin embargo, los límites éticos y sociales de las aplicaciones de la IA orientadas explícitamente hacia resultados socialmente buenos solo están parcialmente definidos. Esto se debe a que, hasta la fecha, hay una comprensión limitada de lo que constituye IA-BS (Taddeo y Floridi, 2018a; Vinuesa *et al.*, 2020; Chui *et al.*, 2018) y lo que sería un punto de referencia fiable para evaluar su éxito. Los mejores esfuerzos, especialmente la Cumbre anual de la «Unión Internacional de Telecomunicaciones» (UIT) sobre AI for Good y su base de datos de proyectos asociada («AI for Good Global Summit», 2019;[1] «AI Repository», 2018),[2] se centran en recopilar información sobre IA-BS y describir las ocurrencias de esta. Aun así, dejan de lado los enfoques normativos de este fenómeno y no pretenden ofrecer un análisis sistemático.

En este capítulo y en el siguiente pretendo colmar esta laguna formalizando una definición de las iniciativas IA-BS y de los factores que las caracterizan. En el capítulo 12 volveré sobre este punto para argumentar que los 17 ODS de las Naciones Unidas proporcionan un marco válido para evaluar los usos socialmente buenos de las tecnologías de la IA. Ese capítulo apoya el análisis, introduciendo una base de datos de proyectos de IA-BS recopilados mediante este punto de referencia y analizando varias ideas clave (incluido el grado en que se están abordando los diferentes ODS). Dejaré estas tareas para el final del libro porque el uso de la IA en apoyo de los ODS de la ONU ofrece una valiosa conclusión y un camino a seguir en relación con el futuro desarrollo ético de la IA.

El enfoque *ad hoc* de la IA-BS, que ha consistido en analizar ámbitos de aplicación específicos (por ejemplo, la ayuda en casos de hambruna o la gestión de catástrofes) en cumbres anuales de la industria y el gobierno de la IA,[3] indica la presencia de un fenómeno. Pero ni lo explica ni sugiere cómo

---

1 ITU-AI for Good Global Summit (2019), en https://aiforgood.itu.int/ [consultado el 23/9/2023].

2 AI Repository, https://www.itu.int/en/ITU-T/AI/Pages/ai-repository.aspx [consultado el 16/4/2024].

3 ITU-AI for Good Global Summit (2017), https://www.itu.int/en/ITU-T/AI/Pages/201706-default.aspx [consultado el 16/4/2024]; ITU-AI for Good Global Summit (2018), https://www.itu.int/en/ITUT/AI/2018/Pages/default.aspx [consultado el 23/9/2023]; ITU-AI for Good Global Summit (2019), https://aiforgood.itu.int/ [consultado el 23/9/2023]).

podrían y deberían diseñarse otras soluciones de IA-BS para aprovechar todo el potencial de la IA. Además, muchos de los proyectos que generan resultados socialmente positivos utilizando la IA no se (auto)describen como tales (Moore, 2019). Estas deficiencias plantean al menos dos riesgos principales: *fracasos imprevistos* y *oportunidades perdidas*.

En primer lugar, consideremos los fracasos imprevistos. Como cualquier otra tecnología, las soluciones de IA están moldeadas por valores humanos. Si no se seleccionan y fomentan con cuidado, estos valores pueden dar lugar a situaciones de «la IA buena que sale mal». La IA puede «hacer más mal que bien», amplificando los males de la sociedad en lugar de mitigarlos. Por ejemplo, podría ampliar en lugar de reducir las desigualdades existentes, o exacerbar los problemas medioambientales. La IA también puede simplemente no servir al bien social, como en el caso del fracaso del *software* de apoyo oncológico de IBM que intentó utilizar el AM para identificar tumores cancerosos. El sistema se entrenó con datos sintéticos y protocolos médicos estadounidenses, que no son aplicables en todo el mundo. Como resultado, tuvo problemas para interpretar historiales clínicos ambiguos, sobredetallados o «confusos» (Strickland, 2019), proporcionando diagnósticos erróneos y sugiriendo tratamientos equivocados. Esto llevó a los médicos y hospitales a rechazar el sistema (Ross y Swetlitz, 2017).

A continuación, consideraré las oportunidades perdidas. Los resultados de la IA que son genuinamente buenos desde el punto de vista social pueden surgir de un mero accidente, como la aplicación fortuita de una solución de IA en un contexto diferente. Este fue el caso del uso de una versión diferente del sistema cognitivo de IBM que acabamos de comentar. En este caso, el sistema Watson se diseñó originalmente para identificar mecanismos biológicos. Pero cuando se utilizó en el aula, inspiró a estudiantes de ingeniería a resolver problemas de diseño (Goel *et al.*, 2015). En este caso positivo, la IA proporcionó una forma de educación. Pero la ausencia de una comprensión clara de IA-BS significó que este éxito fuera «accidental», lo que significa que puede que no sea posible repetirlo sistemáticamente o a escala. Por cada «éxito accidental» puede haber innumerables ejemplos de oportunidades perdidas de aprovechar las ventajas de la IA para promover resultados socialmente positivos en distintos contextos. Esto es especialmente cierto cuando las intervenciones basadas en la IA se desarrollan al margen de quienes estarán más directamente sujetos a sus efectos, ya sean definidos en términos de área (por ejemplo, los residentes de una región concreta) o de ámbito (por ejemplo, los profesores o los médicos).

Para evitar fracasos innecesarios y oportunidades perdidas, IA-BS se beneficiaría de un análisis de los factores esenciales que apoyan y respaldan el diseño y despliegue de IA-BS con éxito. En este capítulo se analizan estos factores. El objetivo no es documentar todas y cada una de las consideraciones éticas de un proyecto IA-BS. Por ejemplo, es esencial, y esperemos que evidente, que un proyecto IA-BS no debería permitir la proliferación de armas de destrucción masiva.[4] Asimismo, es importante reconocer desde el principio que existen muchas circunstancias en las que la IA *no* será la forma más eficaz de abordar un problema social concreto (Abebe *et al.*, 2020) y constituiría una intervención injustificada. Ello puede deberse a la existencia de enfoques alternativos menos costosos o más eficaces (es decir, «sin IA para el bien social») o a los riesgos

---

4 Este es un imperativo que no discuto aquí, pero véase Taddeo y Floridi (2018b).

inaceptables que introduciría el despliegue de la IA (es decir, «la IA para un bien social insuficiente» en comparación con sus riesgos).

Esta es la razón por la que el propio uso del término «bueno» para describir tales esfuerzos ha sido criticado (Green, 2019). De hecho, la IA no es una «bala de plata». No debe tratarse como una solución en solitario a un problema social arraigado. En otras palabras, es poco probable que funcione «solo IA para el bien social». Lo esencial de los factores y las buenas prácticas correspondientes no es su incorporación en todas las circunstancias; señalaré varios ejemplos en los que sería moralmente defendible no incorporar un factor concreto. En cambio, lo esencial es que cada mejor práctica se considere de forma proactiva, y no se incorpore si y solo si existe una razón clara, demostrable y moralmente defendible por la que no debería incorporarse (Friis, Pedersen y Hendricks).

Tras estas aclaraciones, en este capítulo me centraré en identificar los factores que son *especialmente relevantes* para la IA como infraestructura tecnológica (en la medida en que se diseñe y utilice para el *avance del bien social)*. A modo de anticipación, son:

1. Falsabilidad y despliegue incremental.
2. Salvaguardas contra la manipulación de los predictores.
3. Intervención contextualizada del receptor.
4. Explicación contextualizada del receptor y fines transparentes.
5. Protección de la privacidad y consentimiento del interesado.
6. Equidad situacional.
7. Semantización humana.

Una vez identificados estos factores, es probable que surjan a su vez las siguientes preguntas: *cómo* deben evaluarse y resolverse estos factores, *quién* debe hacerlo y *con qué mecanismo de apoyo*, por ejemplo, mediante regulación o códigos de conducta. Estas cuestiones no entran en el ámbito de este capítulo (véanse los capítulos 4, 5 y 10). Están entrelazadas con cuestiones éticas y políticas más amplias relativas a la legitimidad de la toma de decisiones con y sobre la IA.

El resto del capítulo se estructura como sigue. En el apartado 2 se explica cómo se han identificado los siete factores. El apartado 3 analiza los siete factores individualmente. Aclaro cada uno de ellos mediante referencias a uno o más estudios de casos y, a continuación, deduzco de cada factor la práctica óptima correspondiente que deben seguir los creadores de IA-BS. El apartado final discute los factores y sugiere cómo pueden resolverse las tensiones entre ellos.

2. DEFINICIÓN DE LA INICIATIVA IA-BS

Una forma eficaz de identificar y evaluar los proyectos de iniciativa ciudadana es analizarlos en función de sus resultados. Un proyecto IA-BS tiene éxito en la medida en que contribuye a reducir, mitigar o erradicar un determinado problema social o medioambiental sin introducir nuevos daños ni amplificar los existentes. Esta interpretación sugiere la siguiente definición de IA-BS:

> IA-BS: el diseño, desarrollo y despliegue de sistemas de IA de manera que (i) prevengan, mitiguen o resuelvan problemas que afecten negativamente a la vida humana y/o al bienestar

del mundo natural, y/o permitan desarrollos socialmente preferibles y/o medioambientalmente sostenibles.[5]

Como anticipé, volveré sobre esta definición en el capítulo 12 para identificar los problemas que se considera que tienen un impacto negativo sobre la vida humana o el bienestar del medio ambiente. Al igual que otros investigadores anteriormente (Vinuesa *et al.*, 2020), lo haré utilizando los diecisiete ODS de la ONU como punto de referencia para la evaluación. Aquí me baso en la definición anterior para analizar los factores esenciales que cualifican a los proyectos IA-BS de éxito.

Siguiendo la definición de IA-BS, analizamos un conjunto de veintisiete proyectos en Floridi *et al.* (2020). Los proyectos se obtuvieron mediante una revisión sistemática de la bibliografía pertinente para identificar casos claros y significativos de ejemplos exitosos y no exitosos de IA-BS. Se invita al lector interesado en los detalles a consultar el artículo. De los veintisiete casos, se seleccionaron siete (véase la Tabla 4) por considerarlos los más representativos en cuanto a alcance, variedad e impacto, y por su potencial para corroborar los factores esenciales que, en mi opinión, deben caracterizar el diseño de los proyectos de IA-BS.

Como quedará claro en el resto del capítulo, los siete factores se han identificado en línea con los trabajos más generales en el campo de la ética de la IA. Cada factor está relacionado con al menos uno de los cinco principios éticos de la IA —*beneficencia, no maleficencia, justicia, autonomía* y *explicabilidad*— identificados en el análisis comparativo presentado

---

5   Queda fuera del alcance del presente estudio juzgar esto para cualquier caso particular. Sin embargo, es importante reconocer desde el principio que, en la práctica, es probable que haya un desacuerdo y una contención considerables en cuanto a lo que constituiría un resultado socialmente bueno.

en el capítulo 4. Esta coherencia es crucial: la IA-BS no puede ser incoherente con el marco ético que guía el diseño y la evaluación de la IA en general.

El principio de beneficencia es pertinente en este caso. Afirma que el uso de la IA debe beneficiar a las personas *(preferencia social)* y a la naturaleza *(sostenibilidad)*. De hecho, los proyectos de la iniciativa IA-BS no solo deben cumplir este principio, sino *reificarlo*: los beneficios de la IA-BS deben ser preferibles (equitativos, véase la Imagen 13) y sostenibles, de acuerdo con la definición anterior. La beneficencia es, pues, una condición necesaria para la IA-BS. Al mismo tiempo, también es insuficiente porque el impacto benéfico de un proyecto de IA-BS puede verse «compensado por la creación o amplificación de otros riesgos o daños».[6] Aunque otros principios éticos, como la *autonomía* y la *explicabilidad*, se repiten a lo largo del debate, los factores que se exponen a continuación están más estrechamente relacionados con consideraciones de diseño específicas de IA-BS. Pueden ponerse en práctica mediante las mejores prácticas correspondientes a cada uno de ellos. De este modo, el análisis ético que informa el diseño y el despliegue de las iniciativas de IA-BS desempeña un papel central en la mitigación de los riesgos previsibles de consecuencias no deseadas y posibles usos indebidos de la tecnología.

---

6   Esto no debe tomarse como la necesidad de un cálculo utilitario: el impacto beneficioso de un proyecto dado puede ser «compensado» por la violación de algún imperativo categórico. Por tanto, aunque un proyecto de IA-BS sea «más beneficioso que perjudicial», el perjuicio puede ser éticamente intolerable. En tal caso hipotético, uno no estaría moralmente obligado a desarrollar y desplegar el proyecto en cuestión.

Nombre	Referencia	Áreas	Factores relevantes
Optimización de campo de la ayuda a la protección para la seguridad de la vida salvaje	Fang et al., 2016	Sostenibilidad medioambiental	1, 3
Identificar estudiante en riesgo de resultados académicos adversos	Lakkaraju et al., 2015	Educación	4
Información sanitaria para jóvenes sin hogar para reducir la diseminación del VIH	Yadav, Chan, Jiang et al., 2016 ; Yadav et al., 2018	Pobreza, bienestar social, salud pública,	4
Reconocimiento de actividades interactivas y ayuda a personas con discapacidades cognitivas	Chu et al., 2012	Discapacidades, salud pública	3, 4, 7
Asistencia a los experimentos con enseñanza virtual	Eicher, Polepeddi, y Goel, 2017	Educación	4, 6
Detección de la evolución del fraude financiero	Zhou y Kapoor, 2011	Finanzas, crimen	2
Rastreo y supervisión del lavado de manos	Haque et al., 2017	Salud	5

TABLA 4. Siete iniciativas de Cowls *et al.* (2019). Las iniciativas son especialmente representativas en términos de aplicabilidad, variedad, impacto, y para su potencial para evidenciar los factores que deben caracterizar el diseño de proyectos IA-BS.

Antes de analizar los factores, es importante aclarar tres características generales del conjunto: *dependencia*, *orden* y *coherencia*. Los siete factores están a menudo entrelazados y son codependientes, pero en aras de la simplicidad, los trataré por separado. No debe deducirse nada de esta elección. Del mismo modo, todos los factores son esenciales; ninguno es «más importante» que otro. Así pues, no los presentaré en términos de prioridad, sino en cierto modo históricamente. Comienzo con factores que son anteriores a la IA, pero que adquieren mayor importancia cuando se utilizan tecnologías de IA, debido a las capacidades y riesgos particulares de la IA (Yang *et al.*, 2018).[7] Estos incluyen la falsabilidad y el despliegue incremental y las salvaguardas contra la manipulación de datos. También hay factores que se relacionan más intrínsecamente con las características sociotécnicas de la IA tal y como existen hoy en día, como la equidad situacional y la semantización respetuosa con el ser humano.

Los factores son éticamente sólidos y pragmáticamente aplicables en el sentido de que dan lugar a consideraciones de diseño en forma de mejores prácticas que deben ser respaldadas de forma ética. Es fundamental subrayar que los siete factores no son *suficientes* por sí solos para una IA socialmente buena. Al contrario, es necesario tenerlos en cuenta cuidadosamente. El conjunto de factores identificados aquí no debe tomarse como una suerte de «lista de comprobación» que, si se cumple sin más, garantiza unos resultados socialmente buenos de la IA en un ámbito concreto. Del mismo modo, se necesita dar con un equilibrio entre los distintos factores (y, de hecho, entre las tensiones que puedan surgir incluso dentro de un mismo factor). Por lo tanto, intentar definir un proyecto de forma binaria como «para el bien social» o «no para el bien social» parece innecesariamente reduccionista, por no decir subjetivo. El objetivo de este capítulo no es identificar ni ofrecer los medios para identificar los proyectos IA-BS. Se trata de mostrar las características éticamente importantes de los proyectos que podrían calificarse de IA-BS.

7   Como se señaló en la introducción, no es posible documentar todas las consideraciones éticas de un proyecto de bien social. Así que incluso los factores menos novedosos aquí son los que adquieren una nueva relevancia en el contexto de la IA.

3. Siete factores esenciales para el éxito de IA-BS

Como anticipé, los factores son (1) falsabilidad y despliegue incremental; (2) salvaguardas contra la manipulación de predictores; (3) intervención contextualizada en el receptor; (4) explicación contextualizada en el receptor y propósitos transparentes; (5) protección de la privacidad y consentimiento del sujeto de los datos; (6) equidad situacional; y (7) semantización amigable para el ser humano. En este apartado se aclara cada factor por separado, con uno o varios ejemplos, y se ofrece una buena práctica correspondiente.

3.1. Falsabilidad e implantación gradual

La fiabilidad es esencial para la adopción de la tecnología en general (Taddeo, 2009; Taddeo, 2010; Taddeo y Floridi, 2011; Taddeo, 2017c; Taddeo, McCutcheon y Floridi, 2019), y para las aplicaciones IA-BS en particular. También es necesaria para que la tecnología tenga un impacto positivo significativo en la vida humana y el bienestar medioambiental. La confiabilidad de una aplicación de IA implica una alta probabilidad de que la aplicación respete el principio de beneficencia (o al menos, el principio de no maleficencia). Aunque no existe ninguna norma o directriz universal que pueda asegurar o garantizar la fiabilidad, la *falsabilidad* es un factor esencial para mejorar la fiabilidad de las aplicaciones tecnológicas en general, y de las aplicaciones de IA-BS en particular.

La falsabilidad implica la especificación de uno o más requisitos críticos junto con la posibilidad de realizar pruebas empíricas. Un requisito crítico es una condición esencial, un recurso o un medio necesario para que una capacidad sea plenamente operativa, de manera que algo podría o no debería funcionar sin él. La *seguridad* es un requisito crítico evidente. Para que un sistema IA-BS sea digno de confianza, su seguridad debe ser falsable.[8] Si la falsabilidad no es posible, entonces los requisitos críticos no pueden comprobarse. En definitiva, el sistema no debería considerarse digno de confianza. Por ello, la falsabilidad es un factor esencial para todos los proyectos concebibles de IA-BS.

Por desgracia, no podemos saber con certeza que una determinada aplicación IA-BS es segura, a menos que podamos probar la aplicación en todos los contextos posibles. En este caso, el mapa de las pruebas equivaldría simplemente al territorio del despliegue. Como pone de manifiesto esta *reductio ad absurdum*, la certeza total está fuera de nuestro alcance. Lo que sí está al alcance, en un mundo incierto y difuso, con muchas situaciones imprevistas, es la posibilidad de saber cuándo un determinado requisito crítico no se ha implementado o puede estar dejando de funcionar correctamente. Seguiríamos sin saber si la aplicación IA-BS es fiable. Pero si los requisitos críticos son falsables, al menos podríamos saber cuándo no es digna de confianza.

Los requisitos críticos deben probarse con un ciclo de despliegue incremental. Los efectos peligrosos no intencionados pueden revelarse solo después de las pruebas. Al mismo tiempo, el *software* solo debe probarse en el mundo real si es seguro hacerlo. Para ello es necesario adoptar un ciclo de despliegue en el que los desarrolladores: (a) se aseguren de que los requisitos

---

8 Por supuesto, es probable que en la práctica, una evaluación de la seguridad de un sistema de IA también deba tener en cuenta valores sociales más amplios y creencias culturales. Estas (entre otras consideraciones) pueden requerir diferentes equilibrios entre las exigencias de requisitos críticos como la seguridad y normas o expectativas potencialmente opuestas.

o supuestos más críticos de la aplicación son falsables, y (b) realicen pruebas de hipótesis de esos requisitos y supuestos más críticos en contextos seguros y protegidos. Si estas hipótesis no se refutan en un pequeño conjunto de contextos adecuados, entonces (c) realizar pruebas en contextos cada vez más amplios y/o probar un conjunto mayor de requisitos menos críticos. Todo esto debe hacerse mientras (d) se está preparado para detener o modificar el despliegue en cuanto aparezcan efectos peligrosos o no deseados.

Las aplicaciones IA-BS pueden utilizar enfoques formales para intentar probar los requisitos críticos. Por ejemplo, pueden incluir el uso de la verificación formal para garantizar que los vehículos autónomos, y los sistemas de IA en otros contextos críticos para la seguridad, tomarían la decisión éticamente preferible (Dennis *et al.*, 2016). Estos métodos ofrecen comprobaciones de seguridad que, en términos de falsabilidad, pueden demostrarse correctas. Las simulaciones pueden ofrecer garantías aproximadamente similares. Una simulación permite probar si los requisitos críticos (de nuevo, considerando la seguridad) se cumplen bajo un conjunto de supuestos formales. A diferencia de una prueba formal, una simulación no siempre puede indicar que se cumplen las propiedades requeridas. Pero una simulación permite a menudo probar un conjunto mucho más amplio de casos que no pueden tratarse formalmente, por ejemplo, debido a la complejidad de la prueba.

Sería erróneo basarse únicamente en propiedades formales o simulaciones para falsar una aplicación IA-BS. Las suposiciones de estos modelos enjaulan la aplicabilidad en el mundo real de cualquier conclusión que se pueda sacar. Y los supuestos pueden ser incorrectos en la realidad. Lo que se puede demostrar que es correcto mediante una prueba formal, o probablemente correcto mediante pruebas de simulación, puede ser refutado más tarde con el despliegue del sistema en el mundo real. Por ejemplo, los creadores de un modelo teórico de juego para la seguridad de la fauna salvaje partían de la base de una topografía relativamente llana sin obstáculos graves. De ahí que el *software* que desarrollaron originalmente tuviera una definición incorrecta de una ruta de patrulla óptima. Las pruebas incrementales de la aplicación permitieron perfeccionar la ruta de patrulla óptima al demostrar que la suposición de una topografía llana era errónea (Fang *et al.*, 2016).

Si los nuevos dilemas en contextos reales requieren la alteración de los supuestos previos realizados en el laboratorio, una solución es rectificar los supuestos *a priori* después del despliegue. Otra posibilidad es adoptar un sistema «sobre la marcha» o en tiempo de ejecución para actualizar constantemente el procesamiento («comprensión») de las entradas de un programa. Sin embargo, también abundan los problemas con este enfoque. Por ejemplo, el infame *bot* de Microsoft para Twitter, Tay (del que ya hablamos en el capítulo 8) adquirió significados en un sentido muy laxo en tiempo de ejecución, a medida que aprendía de los usuarios de Twitter cómo debía responder a los *tweets*. Tras su despliegue en el mundo real —y a menudo vicioso— de las redes sociales, la capacidad del *bot* para adaptar constantemente su «comprensión conceptual» se convirtió en un desafortunado error, ya que Tay «aprendió» y regurgitó lenguaje ofensivo y asociaciones poco éticas entre conceptos de otros usuarios (Neff y Nagy, 2016b).

El uso de un enfoque retrodictivo, o un intento de comprender algún aspecto de la realidad a través de información *a priori*, para hacer frente a la falsabilidad de los requisitos, presenta problemas similares. Esto es digno de mención, ya que la retrodicción es el método principal de los enfoques de AM supervisado que aprenden de los datos (por ejemplo, el aprendizaje de una función de transformación continua en el caso de las redes neuronales).

Del análisis anterior se deduce que el factor esencial de la falsabilidad y el desarrollo incremental comprende un ciclo: requisitos de ingeniería que sean falsables, de modo que al menos sea posible saber si los requisitos no se cumplen; pruebas de falsificación para mejorar incrementalmente los niveles de fiabilidad; ajuste de los supuestos *a priori*; luego (y tan solo luego) despliegue en un contexto cada vez más amplio y crítico. La estrategia alemana para regular los vehículos autónomos, que ya se mencionó en el capítulo 8, ofrece un buen ejemplo de este enfoque gradual. Las zonas desreguladas permiten experimentar con una autonomía limitada y, tras aumentar los niveles de fiabilidad, los fabricantes pueden probar vehículos con mayores niveles de autonomía (Pagallo, 2017). De hecho, la creación de estas zonas desreguladas *(teststrecken)* es una recomendación para apoyar una política de IA más ética a nivel europeo, como veremos en el capítulo 15. De la identificación de este factor esencial podemos limitar la siguiente buena práctica:

1. Los diseñadores de IA-BS deben identificar los requisitos falsables y probarlos en el «mundo exterior».

3.2. Salvaguardias contra la manipulación de los predictores

El uso de la IA para predecir tendencias o patrones futuros es muy popular en contextos de IA-BS que van desde la aplicación de la predicción automatizada para corregir el fracaso académico (Lakkaraju *et al.*, 2015) y la prevención de la actuación policial ilegal (Carton *et al.*, 2016) hasta la detección del fraude corporativo (Zhou y Kapoor, 2011). El poder predictivo de IA-BS se enfrenta a dos riesgos: la manipulación de los datos de entrada y la excesiva dependencia de indicadores no causales.

La manipulación de datos no es un problema nuevo ni se limita únicamente a los sistemas de IA. Hallazgos bien establecidos, como la Ley de Goodhart (Goodhart, 1984) (a menudo resumida como «cuando una medida se convierte en un objetivo, deja de ser una buena medida», como señala Strathern [1997, p. 308]), son muy anteriores a la adopción generalizada de los sistemas de IA. Pero en el caso de la IA, el problema de la manipulación de datos puede agravarse (Manheim y Garrabrant, 2018) y dar lugar a resultados injustos que vulneren el principio de justicia. Como tal, es un riesgo digno de mención para cualquier iniciativa de IA-BS, ya que puede perjudicar el poder predictivo de la IA y llevar a evitar intervenciones socialmente buenas en el nivel individual.

Consideremos la preocupación planteada por Ghani (2016) sobre los profesores que se enfrentan a ser evaluados con respecto a:

> el porcentaje de estudiantes en su clase que están por encima de un cierto umbral de riesgo. Si el modelo fuera transparente —por ejemplo, muy dependiente del GPA de matemáticas— el profesor podría inflar las notas de matemáticas y reducir las puntuaciones de riesgo intermedio de sus alumnos. (Ghani, 2016)

Como sigue argumentando Ghani, la misma preocupación se aplica a los predictores de las interacciones adversas de los agentes de policía:

estos sistemas [son] muy fáciles de entender e interpretar, pero eso también los hace fáciles de jugar. Un agente que ha recurrido dos veces a la fuerza en los últimos 80 días puede optar por ser un poco más cuidadoso en los 10 días siguientes, hasta que el recuento vuelva a cero.

Los dos ejemplos hipotéticos dejan claro que, cuando el modelo utilizado es fácil de entender «sobre el terreno», ya se presta a abusos o «juegos», independientemente de que se utilice o no la IA. La introducción de la IA complica las cosas debido a la escala a la que suele aplicarse.[9] Como hemos visto, si se conoce la información utilizada para predecir un resultado determinado, un agente que disponga de dicha información (al que se le predice una acción concreta) puede cambiar el valor de cada variable predictiva para evitar una intervención. De este modo, se reduce el poder predictivo del modelo global. Esta pérdida de poder predictivo ya ha sido demostrada por investigaciones empíricas en el ámbito del fraude empresarial (Zhou y Kapoor, 2011). El fenómeno podría trasladarse de la detección del fraude a los ámbitos que las iniciativas IA-BS pretenden abordar, como vimos en el capítulo 5.

Al mismo tiempo, una dependencia excesiva de indicadores no causales (datos que se correlacionan con un fenómeno, pero no lo causan) podría desviar la atención del contexto en el que el diseñador de IA-BS pretende intervenir. Para ser eficaz, cualquier intervención de este tipo debe alterar las

---

9   En aras de la simplicidad, la atención se centra en minimizar la difusión de la información utilizada para predecir un resultado. Pero esto no pretende excluir la sugerencia, ofrecida en Prasad (2018), de que en algunos casos un enfoque más justo puede ser maximizar la información disponible y, por lo tanto, «democratizar» la capacidad de manipular los predictores.

causas subyacentes de un problema dado, como los problemas domésticos de un estudiante o una gobernanza empresarial inadecuada, en lugar de los predictores no causales. De lo contrario, se corre el riesgo de abordar únicamente un síntoma en lugar de la raíz del problema.

Estos riesgos sugieren la necesidad de considerar el uso de salvaguardias como factor de diseño de los proyectos de IA-BS. Dichas salvaguardias pueden limitar la selección de indicadores para su uso en el diseño de los proyectos de IA-BS, la medida en que estos indicadores deben dar forma a las intervenciones y/o el nivel de transparencia que debe aplicarse al modo en que los indicadores afectan a la toma de decisiones. De todo ello se desprende la siguiente buena práctica:

2. Los diseñadores de IA-BS deben adoptar salvaguardias que (i) garanticen que los indicadores no causales no sesguen de forma inapropiada las intervenciones, y cuando proceda, limiten el conocimiento de cómo las entradas afectan a las salidas de los sistemas de IA-BS para evitar manipulaciones.

3.3. Intervención contextualizada del receptor

Es esencial que los programas informáticos únicamente intervengan en la vida de los usuarios de forma que respeten su autonomía. De nuevo, no se trata de un problema que surja únicamente con las intervenciones basadas en IA. Pero el uso de la IA introduce nuevas consideraciones. Un reto fundamental para los proyectos de IA-BS es concebir intervenciones que equilibren los beneficios actuales y futuros. El problema del equilibrio, que resulta familiar en la investigación sobre la provocación de preferencias (Boutilier, 2002; Faltings *et al.*, 2004; Chajewska, Koller y Parr, 2000), se reduce a una interdependencia temporal de la elección. Una intervención en el presente puede suscitar preferencias del usuario que permitan al *software* contextualizar futuras intervenciones para el usuario en cuestión. En consecuencia, una estrategia de intervención que no afecte a la autonomía del usuario (por ejemplo, una que carezca de intervenciones) puede resultar ineficaz a la hora de extraer la información necesaria para contextualizar correctamente las intervenciones futuras. Por el contrario, una intervención que vulnere en exceso la autonomía del usuario puede hacer que este rechace la tecnología, imposibilitando futuras intervenciones.

Esta consideración de equilibrio es habitual en las iniciativas de IA-BS. Tomemos por caso el *software* interactivo de reconocimiento de actividades para personas con discapacidades cognitivas (Chu *et al.*, 2012). El *software* está diseñado para pedir a los pacientes que mantengan un programa diario de actividades (por ejemplo, tomar la medicación) al tiempo que se minimizan las interrupciones de sus objetivos más amplios. Cada intervención se contextualiza de tal forma que el *software* aprende el momento de las intervenciones futuras a partir de las respuestas a intervenciones anteriores. Aunque solo se realizan intervenciones importantes, todas las intervenciones son parcialmente opcionales, ya que rechazar una indicación conduce a la misma más adelante. En este caso, la preocupación era que los pacientes pudieran rechazar una tecnología demasiado intrusiva. De ahí que se buscara el equilibrio.

Este equilibrio no existe en nuestro segundo ejemplo. Una aplicación de teoría de juegos interviene en las patrullas de los agentes de seguridad de la fauna salvaje ofreciendo rutas sugeridas (Fang *et al.*, 2016). Sin embargo, si una ruta presenta obstáculos físicos, el *software* carece de la capacidad de ofrecer sugerencias alternativas. Los agentes pueden ignorar los consejos tomando una ruta diferente, pero no sin desconectarse de la aplicación. Es esencial relajar tales restricciones para que los usuarios puedan ignorar una intervención, pero aceptar intervenciones posteriores más apropiadas (en forma de consejos) más adelante.

Estos ejemplos ponen de manifiesto la importancia de considerar a los usuarios como socios en pie de igualdad tanto en el diseño como en la implantación de sistemas autónomos de toma de decisiones. La adopción de esta mentalidad podría haber contribuido a evitar la trágica pérdida de dos aviones Boeing 737 Max. Al parecer, los pilotos de estos vuelos lucharon por revertir un fallo de *software* causado por sensores defectuosos. La lucha se debió en parte a la ausencia de «características de seguridad opcionales», que Boeing vendía por separado (Tabuchi y Gelles, 2019).

El riesgo de falsos positivos (intervención innecesaria, que genera desilusión) suele ser tan problemático como el de falsos negativos (no intervención donde es necesaria, que limita la eficacia). Por lo tanto, una intervención adecuada contextualizada en el receptor es aquella que logra el nivel adecuado de perturbación, al tiempo que respeta la autonomía a través de la opcionalidad. Esta contextualización se basa en la información sobre las capacidades, preferencias y objetivos del usuario, así como en las circunstancias en las que la intervención surtirá efecto.

Se pueden considerar cinco dimensiones relevantes para una intervención contextualizada en el receptor. Cuatro de estas dimensiones surgen de la taxonomía de McFarlane de la investigación interdisciplinar sobre interrupciones disruptivas entre ordenadores y humanos (McFarlane, 1999; McFarlane y Latorella, 2002). Estas son:

1. Las características individuales de la persona que recibe la intervención.
2. Los métodos de coordinación entre el receptor y el sistema.
3. El significado o propósito de la intervención.
4. Los efectos globales de la intervención.[10]

Una quinta dimensión de la pertinencia es la opcionalidad: un usuario puede elegir entre ignorar todos los consejos ofrecidos o dirigir el proceso y solicitar una intervención diferente que se adapte mejor a sus necesidades.

Podemos resumir estas cinco dimensiones en las siguientes buenas prácticas para la intervención contextualizada en el receptor:

3. Los diseñadores de IA-BS deben construir los sistemas de toma de decisiones consultando a los usuarios que interactúan con estos sistemas (y que se ven afectados por ellos); conociendo las características de los usuarios, los métodos de coordinación y los fines y efectos de una intervención; y respetando el derecho del usuario a ignorar o modificar las intervenciones.

---

10   Las cuatro dimensiones restantes propuestas por MacFarlane (la fuente de la interrupción, el método de expresión, el canal de transmisión y la actividad humana modificada por la interrupción) no son relevantes a efectos de este capítulo.

3.4. Explicación contextualizada para el receptor y fines transparentes

Las aplicaciones de IA-BS deben diseñarse no solo para que las operaciones y resultados de estos sistemas sean explicables, sino también para que sus propósitos sean transparentes. Estos dos requisitos están intrínsecamente relacionados. Esto se debe a que las operaciones y los resultados de los sistemas de IA reflejan los propósitos más amplios de los diseñadores humanos, que se abordan en este apartado.

Como vimos en el capítulo 4, hacer que los sistemas de IA sean explicables es un principio ético importante. Ha sido objeto de investigación al menos desde 1975 (Shortliffe y Buchanan, 1975). Y dada la distribución cada vez más omnipresente de los sistemas de IA, ha ganado más atención recientemente (Mittelstadt *et al.*, 2016; Wachter, Mittelstadt y Floridi, 2017a, 2017b; Thelisson, Padh y Celis, 2017; Watson y Floridi, 2020; Watson *et al.*, 2021). Como hemos visto anteriormente, los proyectos de IA-BS deben ofrecer intervenciones contextualizadas para el receptor. Además, la explicación de una intervención también debería estar contextualizada en aras de la adecuación y la protección de la autonomía del receptor.

Los diseñadores de proyectos IA-BS han intentado aumentar la explicabilidad de los sistemas de toma de decisiones de diversas maneras. Por ejemplo, los investigadores han utilizado el AM para predecir la adversidad académica (Lakkaraju *et al.*, 2015). Estos predictores utilizaban conceptos que a los responsables de los centros escolares que interpretaban el sistema les resultaban familiares y destacados, como las puntuaciones GPA y las categorizaciones socioeconómicas. Los investigadores también han utilizado el aprendizaje por refuerzo para ayudar a los funcionarios de los albergues para personas sin hogar a educar a los jóvenes sin hogar sobre el VIH (Yadav, Chan, Jiang *et al.*,

2016; Yadav, Chan, Xin Jiang *et al.*, 2016). El sistema aprende a maximizar la influencia de la educación sobre el VIH. Para ello, elige a qué jóvenes sin hogar educar en función de la probabilidad de que un determinado joven sin hogar transmita sus conocimientos. Una versión del sistema explicaba qué joven había sido elegido revelando el gráfico de su red social. Sin embargo, los responsables del albergue para personas sin hogar consideraron que estas explicaciones eran contraintuitivas. El hallazgo podía afectar a su comprensión del funcionamiento del sistema y, por tanto, a la confianza de los usuarios en él. Estos dos casos ejemplifican la importancia de la conceptualización correcta a la hora de explicar una decisión basada en IA.

Es probable que la conceptualización correcta varíe de un proyecto de IA-BS a otro, ya que difieren mucho en sus objetivos, temática, contexto y partes interesadas. El marco conceptual (también denominado nivel de abstracción o NdA) depende de lo que se explique, a quién y con qué fin (Floridi, 2008a, 2017b). Un NdA es un componente clave de una teoría y, por tanto, de cualquier explicación. Una teoría consta de cinco componentes:

1. Un *sistema*, que es el referente u objeto analizado por una teoría.
2. Un *propósito*, que es el «para qué» que motiva el análisis de un sistema (nótese que esto responde a la pregunta «¿para qué sirve el análisis?». No debe confundirse con la finalidad de un sistema, que responde a la pregunta «¿para qué sirve el sistema?». A continuación, utilizaré el término «objetivo» para referirme a la finalidad de un sistema siempre que exista riesgo de confusión).
3. Un NdA, que proporciona una lente a través de la cual se analiza un sistema, para generar

4. un *modelo*, que es una información relevante y fiable sobre el sistema analizado que identifica

5. una *estructura* del sistema, que se compone de las características que pertenecen al sistema analizado.

Existe una interdependencia entre la elección de la finalidad específica, un NdA pertinente que puede cumplir la finalidad, el sistema analizado y el modelo obtenido mediante el análisis del sistema en un NdA especificado para una finalidad concreta. El NdA proporciona la conceptualización del sistema (supongamos, notas GPA y antecedentes socioeconómicos). Al mismo tiempo, el propósito restringe la construcción de NdA. Por ejemplo, podríamos optar por explicar el propio sistema de toma de decisiones (el uso de determinadas técnicas de AM, por caso). En ese caso, el NdA solo puede conceptualizar esas técnicas de IA. El NdA genera entonces el modelo, que explica a su vez el sistema. El modelo identifica las estructuras del sistema, como la nota media, la tasa de asistencia deficiente y el entorno socioeconómico de un alumno concreto, como predictores del fracaso académico. En consecuencia, los diseñadores deben elegir cuidadosamente el propósito y el NdA correspondiente. Esto es así para que el modelo de explicación pueda proporcionar la explicación correcta del sistema en cuestión para un receptor determinado.

Una evaluación se elige para un *propósito* específico. Por ejemplo, un NdA puede elegirse para explicar una decisión tomada a partir de los resultados obtenidos mediante un procedimiento algorítmico. El NdA varía en función de si la explicación va dirigida al receptor de dicha decisión o a un ingeniero responsable del diseño del procedimiento algorítmico. Esto se debe a que no todos los NdA son apropiados para un receptor determinado. La adecuación depende de la finalidad y la granularidad de la evaluación, por ejemplo, una explicación orientada al cliente o a un ingeniero. A veces, la visión conceptual del mundo de un receptor puede diferir de aquella en la que se basa la explicación. En otros casos, el receptor y la explicación pueden coincidir conceptualmente. Sin embargo, el receptor puede no estar de acuerdo en la cantidad de granularidad (Sloan y Warner) en la información (lo que llamamos más precisamente el modelo) proporcionada. La desalineación conceptual significa que el receptor puede encontrar la explicación irrelevante, ininteligible o, como veremos más adelante, cuestionable. En términos de inteligibilidad, un NdA puede utilizar etiquetas desconocidas (las denominadas observables) o etiquetas que tienen significados diferentes para distintos usuarios.

Los estudios empíricos sugieren que la idoneidad de una explicación difiere entre los receptores en función de su experiencia (Gregor y Benbasat, 1999). Los receptores pueden requerir explicaciones sobre cómo el *software* de IA llegó a una decisión, especialmente cuando deben actuar basándose en esa decisión (Gregor y Benbasat, 1999; Watson *et al.*, 2019). Cómo el sistema de IA llegó a una conclusión puede ser tan importante como la justificación de esa conclusión. En consecuencia, los diseñadores también deben contextualizar el método de explicación al receptor. El caso del *software* que utilizó algoritmos de maximización de la influencia para dirigir la educación sobre el VIH a jóvenes sin hogar ofrece un buen ejemplo de la relevancia de la contextualización de los conceptos para el receptor (Yadav, Chan, Jiang *et al.*, 2016; Yadav, Chan, Xin Jiang *et al.*, 2016). Los investigadores que participaron en ese proyecto consideraron tres posibles NdA a la hora de diseñar el modelo de explicación: el primero incluía cálculos de utilidad, el segundo se centraba en la conectividad del grafo social, y un tercero se centraba en el propósito pedagógico.

El primer NdA destacaba la utilidad de dirigirse a un joven sin hogar en detrimento de otro. Según los investigadores, este enfoque podría haber llevado a los trabajadores de los albergues para personas sin hogar (los receptores) a malinterpretar los cálculos de utilidad o a considerarlos irrelevantes. Los cálculos de utilidad ofrecen poco poder explicativo más allá de la propia decisión, ya que a menudo se limitan a mostrar que se tomó la «mejor» decisión y lo buena que fue. Las explicaciones basadas en el segundo NdA se enfrentaban a un problema diferente: los receptores suponían que los nodos más centrales de la red eran los mejores para maximizar la influencia de la educación, mientras que la elección óptima suele ser un conjunto de nodos peor conectados. Esta disyuntiva puede haber surgido de la naturaleza de la conectividad entre los miembros de la red de jóvenes sin hogar, que refleja la incertidumbre de la vida real sobre las amistades. Dado que la definición de «amigo» suele ser imprecisa y cambia con el tiempo, los investigadores clasificaron las aristas de la red en «seguras» o «inciertas» basándose en el conocimiento del tema. En el caso de las relaciones «inciertas», la probabilidad de que existiera una amistad entre dos jóvenes fue determinada por expertos.[11]

Después de que los usuarios probaran diferentes marcos de explicación, finalmente se eligió el tercer NdA. Teniendo

---

11 Obsérvese que la importancia de implicar a expertos en la materia en el proceso no radicaba únicamente en mejorar su experiencia como receptores de decisiones. También fue por su conocimiento sin precedentes del dominio que los investigadores aprovecharon en el diseño del sistema, lo que ayudó a proporcionar a los investigadores lo que Pagallo (2015) llama una «comprensión preventiva» del campo.

en cuenta su objetivo declarado de justificar las decisiones de forma intuitiva para los responsables de los albergues para personas sin hogar, los investigadores consideraron la posibilidad de omitir las referencias a los cálculos de la «utilidad máxima esperada» (UME), a pesar de que esto es lo que subyace en las decisiones tomadas por el sistema. En su lugar, los investigadores consideraron justificar las decisiones utilizando conceptos que probablemente eran más familiares y, por lo tanto, cómodos para los funcionarios, como la centralidad de los nodos (es decir, los jóvenes) que el sistema recomienda a los funcionarios priorizar para la intervención. De este modo, los investigadores trataron de ofrecer la información más relevante y contextualizada para el receptor.

Este ejemplo muestra cómo, dado un sistema concreto, el propósito que uno elige perseguir cuando busca una explicación para él, un NdA y el modelo de emisión que se obtiene son variables cruciales que influyen en la eficacia de una explicación. La explicabilidad genera confianza en las soluciones IA-BS y fomenta su adopción (Herlocker, Konstan y Riedl, 2000; Swearingen y Sinha, 2002; Bilgic y Mooney, 2005). Por lo tanto, es esencial que los programas informáticos utilicen una *argumentación* persuasiva para el público destinatario. Es probable que la argumentación incluya información tanto sobre la funcionalidad general y la lógica empleada por un sistema como sobre las razones de una decisión concreta.

La transparencia en el objetivo del sistema (su finalidad) también es crucial, ya que se deriva directamente del principio de autonomía. Consideremos, por ejemplo, el desarrollo de soluciones de IA para indicar a las personas con discapacidades cognitivas que tomen su medicación (Chu *et al.*, 2012). A primera vista, esta aplicación puede parecer invasiva. Al fin y al cabo, implica a usuarios vulnerables y limita la eficacia de la explicación conceptualizada por el receptor. Pero el sistema no está diseñado para coaccionar a los pacientes a un comportamiento determinado, ni para parecerse a un ser humano. Los pacientes tienen autonomía para no interactuar con el sistema de IA en cuestión. Este caso pone de relieve la importancia de la transparencia en los objetivos, sobre todo en contextos en los que las operaciones y los resultados explicables son inviables o indeseables. La transparencia en los objetivos sustenta así otras salvaguardias en torno a la protección de las poblaciones objetivo; también puede ayudar a garantizar el cumplimiento de la legislación y los precedentes pertinentes (Reed, 2018).

Por el contrario, los objetivos opacos pueden dar lugar a malentendidos y al potencial de daño. Por ejemplo, los usuarios de un sistema de IA pueden no tener claro con qué tipo de agente están tratando (humano, artificial o una combinación híbrida de ambos). Entonces pueden suponer erróneamente que se respetan las normas tácitas de la interacción social entre humanos, como la de no grabar todos los detalles de una conversación (Kerr, 2003). Como siempre, el contexto social en el que se desarrolla una aplicación de IA–BS influye en el grado de transparencia de las operaciones de los sistemas de IA. Dado que la transparencia es la posición por defecto, pero no absoluta, puede haber razones válidas para que los diseñadores obvien informar a los usuarios de los objetivos del *software*. Por ejemplo, el valor científico de un proyecto o las condiciones de salud y seguridad de un espacio público pueden justificar objetivos *temporalmente* opacos. Consideremos un estudio en el que se engañó a los estudiantes haciéndoles creer que estaban interactuando con un asistente de curso humano que, con el tiempo, se dio cuenta de que en realidad era un *bot* (Eicher, Polepeddi y

Goel, 2017). Los autores argumentaron que el engaño del *bot* residía en jugar al «juego de la imitación» sin hacer que los estudiantes eligieran consultas en lenguaje natural más sencillas, menos parecidas a las humanas, basadas en ideas preconcebidas sobre las capacidades de la IA. En estos casos, la elección entre opacidad y transparencia puede basarse en nociones preexistentes sobre el consentimiento informado para experimentos con sujetos humanos que se recogen en el Código de Núremberg, la Declaración de Helsinki y el Informe Belmont (Nijhawan *et al.*, 2013).

En términos más generales, la posibilidad de evitar el uso de un sistema de IA se hace más probable cuando el *software* de IA revela sus objetivos endógenos, como clasificar datos sobre una persona. Por ejemplo, el *software* de IA podría informar al personal de una sala de hospital de que tiene como objetivo clasificar sus niveles de higiene (Haque *et al.*, 2017). En este caso, el personal puede decidir evitar dichas clasificaciones si existen acciones alternativas razonables que puedan llevar a cabo. En otros casos, revelar un objetivo hace que sea menos probable que este se cumpla.

Hacer transparentes los objetivos y motivaciones de los propios promotores de IA–BS es un factor esencial para el éxito de cualquier proyecto. Al mismo tiempo, la transparencia puede contrastar con la finalidad misma del sistema. Por eso es crucial evaluar qué nivel de transparencia (es decir, cuánta, de qué tipo, para quién y sobre qué) abarcará el proyecto, teniendo en cuenta su objetivo general y el contexto de aplicación, durante la fase de diseño. Junto con la necesidad de una explicación conceptualizada para el receptor, esta consideración da lugar al siguiente conjunto de buenas prácticas:

4. En primer lugar, los diseñadores de IA-BS deben elegir un NdA para la explicación de la IA que cumpla el propósito explicativo deseado y sea apropiado tanto para el sistema como para los receptores. A continuación, los diseñadores deben desplegar argumentos que sean racionales y adecuadamente persuasivos para que los receptores ofrezcan la explicación. Por último, deben asegurarse de que el objetivo (el propósito del sistema) para el que se desarrolla y despliega un sistema IA-BS es conocible por defecto por los receptores de sus resultados.

3.5. Protección de la intimidad y consentimiento del interesado

De los siete factores, el de la privacidad es el que cuenta con más bibliografía. Esto no debería sorprender, ya que la privacidad se considera una condición esencial para la seguridad y la cohesión social, entre otras cosas (Solove, 2008). Además, las primeras oleadas de tecnología digital ya han tenido un gran impacto en la privacidad (Nissenbaum, 2009). La seguridad de las personas puede verse comprometida cuando un actor malintencionado o un Estado adquieren el control de los individuos a través de la vulneración de la privacidad (Taddeo, 2014; Lynskey, 2015). El respeto de la privacidad es una condición necesaria para la dignidad humana, ya que podemos considerar que la información personal constituye a un individuo. Así, la privación de registros sin consentimiento constituirá probablemente una violación de la dignidad humana (Floridi, 2016c). La concepción de la privacidad individual como un derecho fundamental subyace en la acción legislativa reciente en, por ejemplo, Europa (a través del RGPD) y Japón (a través de su «Ley de protección de la información personal»), así como en decisiones judiciales en jurisdicciones como la India (Mohanty y Bhatia, 2017). La privacidad ayuda a las personas a desviarse de las normas sociales sin ofender, y a las comunidades a mantener sus estructuras sociales. Así pues, la privacidad también sustenta la cohesión social.

En el caso de IA-BS, es especialmente importante hacer hincapié en la relevancia del consentimiento del usuario para el uso de datos personales. Pueden surgir tensiones entre diferentes umbrales de consentimiento (Price y Cohen, 2019). La tensión suele ser máxima en situaciones de «vida o muerte», como las emergencias nacionales y las pandemias. Pensemos en el brote de ébola de 2014 en África Occidental, que planteó un complejo dilema ético (*The Economist,* 27 de octubre de 2014). En ese caso, la rápida publicación y análisis de los registros de llamadas de los usuarios de teléfonos móviles de la región podría haber permitido a los epidemiólogos rastrear la propagación de la enfermedad mortal. Sin embargo, la publicación de los datos se vio frenada por preocupaciones válidas en torno a la privacidad de los usuarios y el valor de los datos para los competidores industriales. Nótese que durante la pandemia de COVID-19 surgieron consideraciones similares (Morley, Cowls *et al.*, 2020).

En circunstancias en las que la premura no es tan crucial, sería en principio posible obtener el consentimiento de un sujeto para, y antes de, utilizar los datos. El nivel o tipo de consentimiento solicitado puede variar según el contexto. En el ámbito de la asistencia sanitaria, puede adoptarse un umbral de consentimiento supuesto, según el cual el acto de informar de un problema médico a un médico constituye una presunción de consentimiento del paciente. En otras circunstancias, será más apropiado un umbral de consentimiento informado. Pero como el consentimiento informado exige que los investigadores obtengan el consentimiento específico del paciente antes de utilizar sus datos para un fin no consentido, los profesionales pueden optar por un umbral de consentimiento explícito para el tratamiento general de datos (es decir, para cualquier uso médico). Este umbral no requiere informar al paciente sobre todas las posibles formas en que los investigadores pueden utilizar sus datos (Etzioni, 1999). Otra alternativa es la noción en evolución de «consentimiento dinámico», por el que las personas pueden supervisar y ajustar sus preferencias de privacidad a un nivel granular (Kaye *et al.*, 2015).

En otros casos, puede renunciarse por completo al consentimiento informado. Este fue el caso de la creación reciente de un *software* de AM para predecir el pronóstico de los enfermos de cáncer de ovario basándose en un análisis retrospectivo de imágenes anonimizadas (Lu *et al.*, 2019). El uso de datos sanitarios de pacientes en el desarrollo de soluciones de IA sin el consentimiento del paciente ha atraído la atención de los reguladores de protección de datos. En 2017, el Comisionado de Información de Reino Unido dictaminó que el Royal Free National Health Service (NHS) Foundation Trust infringió la Ley de protección de datos cuando proporcionó datos de pacientes a Google DeepMind con el fin de entrenar un sistema de IA para diagnosticar lesiones renales agudas (Burgess, 2017). El comisario observó una «deficiencia», ya que «no se informó adecuadamente a los pacientes de que sus datos se utilizarían como parte de la prueba» (Information Commissioner's Office, 2017).

Sin embargo, todavía es posible encontrar un equilibrio entre el respeto a la privacidad del paciente y la creación de una IA-BS eficaz. Este fue el reto al que se enfrentaron los investigadores de Haque *et al.* (2017), que querían crear un sistema de seguimiento del cumplimiento de las normas sobre la higiene de las manos en los hospitales para prevenir la propagación de infecciones. A pesar de las claras ventajas técnicas de abordar el problema mediante visión por ordenador, el uso de grabaciones de vídeo choca con las normativas sobre privacidad que lo limitan. Incluso en los casos en que la grabación de vídeo está permitida, el acceso a las grabaciones (para entrenar un algoritmo) suele ser estricto. En su lugar, los investigadores recurrieron a «imágenes profundas» que des-identifican a los sujetos, preservando su privacidad. Aunque esta elección de diseño supuso «la pérdida de importantes señales visuales en el proceso», cumplió las normas de privacidad y el sistema no intrusivo de los investigadores consiguió superar a las soluciones existentes.

Por último, el consentimiento en el espacio en línea también es problemático. Los usuarios a menudo carecen de la opción de dar su consentimiento y se les presenta la opción de «tomarlo o dejarlo» cuando acceden a servicios en línea (Nissenbaum, 2011; Taddeo y Floridi, 2015). La relativa falta de protección o consentimiento para el uso de segunda mano de datos personales que se comparten públicamente en línea permite el desarrollo de *software* de IA éticamente problemático. Por ejemplo, un trabajo reciente utilizó imágenes de rostros disponibles públicamente subidas a un sitio web de citas como una forma de entrenar el *software* de IA para detectar la sexualidad de alguien en función de un pequeño número de fotos (Wang y Kosinski, 2018). Si bien el estudio recibió la aprobación del comité de ética, plantea más preguntas en torno al consentimiento, ya que es inverosímil que los usuarios del sitio web de citas pudieran o necesariamente hubieran consentido el uso de sus datos para este propósito en particular.

La privacidad no es un problema nuevo. Sin embargo, la centralidad de los datos personales para muchas aplicaciones de IA (y IA-BS) aumenta su importancia ética y crea cuestiones en torno al consentimiento (Taddeo y Floridi, 2018a). De esto podemos derivar la siguiente mejor práctica:

5. Los diseñadores de IA-BS tienen que respetar el umbral de consentimiento establecido para el procesamiento de conjuntos de datos personales.

3.6. Equidad situacional

Los desarrolladores de IA suelen basarse en datos. Estos, a su vez, podrían estar sesgados de manera socialmente significativa. Este sesgo puede trasladarse a la toma de decisiones algorítmicas, en las que se basan muchos sistemas de IA, injustamente para los participantes del proceso de toma de decisiones (Caliskan, Bryson y Narayanan, 2017). Al hacerlo, puede vulnerar el principio de justicia. Las decisiones pueden basarse en factores de importancia ética (por ejemplo, motivos étnicos, de género o religiosos) e irrelevantes para la toma de decisiones en cuestión, o pueden ser relevantes pero estar protegidos legalmente como una característica no discriminatoria (Friedman y Nissenbaum, 1996). Además, las decisiones impulsadas por la IA pueden amalgamarse a partir de factores que no tienen una importancia ética evidente, pero que en conjunto constituyen una toma de decisiones injustamente sesgada (Pedreshi, Ruggieri y Turini, 2008; Floridi, 2012b).

Las iniciativas IA-BS que se basan en datos sesgados pueden propagar este sesgo a través de un círculo vicioso (Yang *et al.*, 2018). Dicho ciclo comenzaría con un conjunto de datos sesgados informando una primera fase de toma de decisiones de IA, lo que daría lugar a acciones discriminatorias. Esto a su vez conduciría a la recopilación y el uso de datos sesgados. Consideremos el uso de la IA para predecir los nacimientos prematuros en Estados Unidos, donde los resultados sanitarios de las mujeres embarazadas se han visto afectados durante mucho tiempo por su origen étnico. Debido a estereotipos históricos dañinos, el sesgo de larga data contra las mujeres afroamericanas que buscan tratamiento médico contribuye a una tasa de morbilidad materna que es más de tres veces mayor que la de las mujeres blancas (CDC, 2019). En este caso, la IA puede ofrecer un gran potencial para reducir esta marcada división racial, pero solo si la misma discriminación histórica no se reproduce en los sistemas de IA (Banjo, 2018). O considere el uso de *software* policial predictivo: los desarrolladores pueden entrenar el *software* policial predictivo en datos policiales que contienen prejuicios profundamente arraigados. Cuando la discriminación afecta a las tasas de detención, se incrusta en los datos de enjuiciamiento (Lum e Isaac, 2016). Estos prejuicios pueden provocar decisiones discriminatorias, como advertencias o detenciones, que retroalimentan los conjuntos de datos cada vez más sesgados (Crawford, 2016) y completan así un círculo vicioso.

Los ejemplos anteriores se refieren al uso de la IA para mejorar los resultados en ámbitos en los que ya se habían recopilado datos. Sin embargo, en muchos otros contextos, los proyectos de IA-BS (o iniciativas similares) están haciendo «visibles» a los ciudadanos de una manera que antes no lo eran, incluso en contextos del Sur Global (Taylor y Broeders, 2015). Esta mayor visibilidad subraya la importancia de protegerse contra la posible amplificación de prejuicios perjudiciales por parte de las tecnologías de IA.

Está claro que los diseñadores deben desinfectar los conjuntos de datos utilizados para entrenar la IA. Pero también existe el riesgo de aplicar un desinfectante demasiado fuerte, por así decirlo, eliminando matices contextuales importantes que podrían mejorar la toma de decisiones éticas. Así pues, los diseñadores también deben asegurarse de que la IA tenga en cuenta factores importantes para la inclusión. Por ejemplo, hay que asegurarse de que un procesador de textos interactúe de forma idéntica con un usuario humano independientemente de su sexo y origen étnico. Pero también hay que esperar que funcione de forma desigual pero equitativa, ayudando a las personas con deficiencias visuales.

Estas expectativas no siempre se cumplen en el contexto del razonamiento basado en la IA. En comparación con el procesador de textos, la IA hace posible una gama mucho más amplia de modalidades de toma de decisiones e interacción. Muchas de ellas se basan en datos potencialmente sesgados. Los conjuntos de datos de entrenamiento pueden contener lenguaje natural que conlleva asociaciones injustas entre géneros y palabras que, a su vez, conllevan poder normativo (Caliskan, Bryson y Narayanan, 2017). En otros contextos y casos de uso, un enfoque equitativo puede *requerir* diferencias en la comunicación basadas en factores como el género. Consideremos el caso del asistente de enseñanza virtual que *falló* al no discriminar suficientemente bien entre hombres y mujeres en sus respuestas al ser informado de que un usuario esperaba un bebé, felicitando a los hombres e ignorando a las mujeres (Eicher, Polepeddi y Goel, 2017). Una investigación de BBC News puso de relieve un ejemplo aún más atroz: un chatbot de salud mental considerado apto para su uso por niños fue incapaz de entender a un niño que informaba explícitamente de abusos sexuales a menores de edad (White, 2018). Como dejan claro estos casos, el uso de la IA en las interacciones entre humanos y ordenadores (como los *chatbots*) requiere la correcta comprensión tanto de los grupos destacados a los que pertenece un usuario como de las características que el usuario encarna cuando interactúa con el *software*.

Respetar la equidad situacional es esencial para aplicar con éxito la IA-BS. Para lograrlo, los proyectos IA-BS deben eliminar los factores y sus sustitutos que tienen importancia ética pero son irrelevantes para un resultado. Pero los proyectos también necesitan incluir los mismos factores cuando estos sean necesarios, ya sea en aras de la inclusividad, la seguridad o cualquier otra consideración ética. El problema de los sesgos históricos que afectan a la toma de decisiones futuras es antiguo. Lo que es nuevo es la posibilidad de que esos prejuicios se arraiguen, refuercen y perpetúen de nuevo mediante mecanismos erróneos de aprendizaje reforzado. Este riesgo es especialmente pronunciado cuando se considera junto con el riesgo de opacidad en los sistemas de toma de decisiones de IA y sus resultados. Volveremos sobre este tema en el siguiente apartado.

La identificación de la imparcialidad situacional como factor esencial da lugar ahora a la siguiente buena práctica:

6. Los diseñadores de IA-BS deben eliminar de los conjuntos de datos pertinentes las variables y los *proxies* que sean irrelevantes para un resultado, excepto cuando su inclusión respalde la inclusividad, la seguridad u otros imperativos éticos.

3.7. *Semántica adaptada a las personas*

IA-BS debe permitir a los humanos curar y fomentar su «capital semántico», que (como escribí en Floridi *et al.*, 2018) es «cualquier contenido que pueda mejorar el poder de alguien para dar significado y dar sentido a (es decir, semantizar) algo». Esto es crucial para mantener y fomentar la autonomía humana. Con la IA, a menudo podemos tener la capacidad técnica para automatizar la creación de significado y sentido (semantización), pero también puede surgir desconfianza o injusticia si lo hacemos descuidadamente. De ahí nacen dos problemas.

El primer problema es que el *software* de IA puede definir la semantización de un modo que difiera de nuestras propias elecciones. Este es el caso cuando un procedimiento define arbitrariamente los significados, por ejemplo, basándose en el lanzamiento de una moneda. El mismo problema puede surgir si el *software* de IA admite algún tipo de semantización basada en usos preexistentes. Por ejemplo, los investigadores han desarrollado una aplicación que *predice el significado jurídico* de «violación» basándose en casos anteriores (Al-Abdulkarim, Atkinson y Bench-Capon, 2015). Si se utilizara el *software* para *definir* el significado de «violación»,[12] se acabaría limitando el papel de jueces y magistrados. Ya no podrían semantizar (refinar y redefinir el significado y la posibilidad de dar sentido) «violación» cuando interpretan la ley. Esto es un problema porque el uso pasado no siempre predice cómo semantizaremos los mismos conceptos o fenómenos en el futuro.

El segundo problema es que, en un entorno social, no sería práctico que un programa de inteligencia artificial definiera todos los significados y sentidos. Algunas semantizaciones son

12 No se sugiere que este sea el uso previsto.

subjetivas porque quién o qué participa en la semantización también es en parte constitutivo del proceso y su resultado. Por ejemplo, solo los agentes con poder legal pueden definir el significado jurídico de «violación». El significado y el sentido de los símbolos afectivos, como las expresiones faciales, también dependen del tipo de agente que muestre una expresión determinada. La IA afectiva puede detectar una emoción (Martínez-Miranda y Aldea, 2005): un AA puede afirmar con precisión que un humano *parece triste*, pero no puede cambiar el significado de tristeza.

La solución a estos dos problemas reside en distinguir entre las tareas que deben delegarse a un sistema artificial y las que no. La IA debe utilizarse para *facilitar* la semántica humana, pero no para proporcionarla por sí misma. Esto es cierto, por ejemplo, cuando se consideran pacientes con la enfermedad de Alzheimer. La investigación sobre las relaciones entre cuidadores y pacientes destaca tres puntos (Burns y Rabins, 2000). En primer lugar, los cuidadores desempeñan un papel fundamental, aunque gravoso, a la hora de recordar a los pacientes las actividades en las que participan (como tomar la medicación). En segundo lugar, los cuidadores también desempeñan un papel fundamental a la hora de proporcionar a los pacientes una interacción significativa. Y en tercer lugar, cuando los cuidadores recuerdan a los pacientes que deben tomar su medicación, la relación paciente-cuidador puede debilitarse al molestar al paciente; el cuidador pierde entonces cierta capacidad de proporcionar empatía y apoyo significativo. En consecuencia, los investigadores han desarrollado un *software* de IA que equilibra el hecho de recordar la medicación al paciente con el de molestarle (Chu *et al.*, 2012). El equilibrio se aprende y optimiza mediante el aprendizaje por refuerzo. Los investigadores diseñaron el sistema de modo que los cuidadores puedan dedicar la mayor parte de su tiempo a proporcionar apoyo empático y preservar una relación significativa con el paciente. Como demuestra este ejemplo, es posible utilizar la IA para barrer con las tareas formulistas, manteniendo al mismo tiempo una semantización respetuosa con el ser humano.

Como factor esencial para la IA-BS, la semantización centrada en el ser humano sustenta la última mejor práctica:

7. Los diseñadores de IA-BS no deben obstaculizar la capacidad de las personas para semantizar (es decir, dar significado y sentido a) algo.

4. Conclusión: equilibrando factores para una IA-BS

En este capítulo se han analizado siete factores de apoyo a la IA-BS y sus correspondientes mejores prácticas. La Tabla 5 ofrece un resumen. He argumentado que el principio de *beneficencia* se asume como condición previa para una IA-BS, por lo que los factores se relacionan con uno o más de los otros cuatro principios de la ética de la IA: *no maleficencia, autonomía, justicia* y *explicabilidad*, identificados en el capítulo 4.

Los siete factores sugieren que el éxito de la IA-BS requiere dos tipos de equilibrio: «intra» e «inter». Por un lado, cada factor en sí mismo puede requerir un equilibrio intrínseco entre el *riesgo de intervenir en exceso* y el *riesgo de intervenir de forma insuficiente* a la hora de concebir intervenciones contextuales, o entre la protección mediante la ofuscación y la protección mediante la enumeración de las diferencias más destacadas entre las personas (en función de los objetivos y el contexto de un sistema), etc. Por otra parte, los equilibrios no son específicos de un único factor. También son sistémicos porque deben establecerse entre múltiples factores. Piénsese en la tensión entre impedir que los agentes malintencionados sepan cómo «jugar» con los datos de entrada de los sistemas de predicción de IA y permitir que los humanos anulen los resultados realmente erróneos; o la tensión entre garantizar la divulgación efectiva de las razones que subyacen a una decisión sin comprometer el anonimato consentido de los interesados.

Para cada caso concreto, la cuestión general a la que se enfrenta la comunidad de IA-BS es si uno está moralmente obligado a (u obligado a no) diseñar, desarrollar e implantar un proyecto IA-BS específico. Este capítulo no pretende responder a esa pregunta en abstracto. Resolver las tensiones que probablemente surjan entre los factores depende en gran medida del contexto. El análisis anterior no pretende abarcar todos los contextos posibles, entre otras cosas porque ello sería incoherente con el argumento a favor de la comprobación de hipótesis falsables y el despliegue gradual que se defiende en este artículo. Tampoco bastaría con una lista de «lo que se debe y lo que no se debe hacer» puramente técnica. Más bien, el análisis ha dado lugar a una serie de factores esenciales que deben considerarse, interpretarse y evaluarse contextualmente siempre que se diseñe, desarrolle e implante un proyecto específico de IA-BS. Es probable que el futuro de IA-BS ofrezca más oportunidades de enriquecer ese conjunto de factores esenciales. Y la propia IA puede ayudar a gestionar su propio ciclo vital proporcionando, de forma metarreflexiva, herramientas para evaluar la mejor manera de alcanzar los equilibrios individuales y sistémicos indicados anteriormente.

FACTORES	BUENAS PRÁCTICAS	PRINCIPIOS ÉTICOS
Falsabilidad y despliegue incremental	Identificar los requisitos falsables y probarlos en pasos incrementales desde el laboratorio hasta el «mundo exterior».	Beneficencia No maleficencia
Salvaguardias contra la manipulación de predictores	Adoptar salvaguardias que garanticen que los indicadores no causales no sesguen indebidamente las intervenciones, y cuando proceda, limiten el conocimiento de cómo las entradas afectan a las salidas de los sistemas IA-BS para evitar la manipulación.	Beneficencia No maleficencia
Intervención del receptor-contextualizado	Construir sistemas de toma de decisiones en consulta con los usuarios que interactúan con (y se ven afectados por) estos sistemas; con una comprensión de las características de los usuarios, los métodos de coordinación, los propósitos y efectos de una intervención; y con respeto por el derecho del usuario a ignorar o modificar las intervenciones.	Beneficencia Autonomía
Explicación del receptor-contextualizado y propósitos transparentes	Elegir un NdA para la explicación de la IA que cumpla el propósito explicativo deseado y sea apropiada para el sistema y los receptores. A continuación, desplegar argumentos que sean racionales y convenientemente persuasivos para que el receptor dé la explicación. Por último, asegurarse de que el objetivo (el propósito del sistema) para el que se desarrolla y despliega un sistema IA-BS sea conocido por defecto por los receptores de sus resultados.	Beneficencia Explicabilidad
Protección de la intimidad y consentimiento del interesado	Respetar el umbral de consentimiento establecido para el tratamiento de conjuntos de datos de carácter personal.	Beneficencia No maleficencia Autonomía

Equidad situa-cional	Eliminar de los conjuntos de datos pertinentes las variables y variables sustitutivas que sean irrele-vantes para un resultado, excepto cuando su inclu-sión respalde la inclusividad, la seguridad u otros imperativos éticos.	Beneficencia Justicia
Semantización para humanos	No obstaculizar la capacidad de las personas para semantizar (es decir, dar significado y sentido a) algo.	Beneficencia Autonomía

Tabla 5. Siete factores de ia-bs y las mejores prácticas correspondientes

Es probable que las cuestiones más pertinentes que surjan de los factores descritos en este capítulo se refieran a este reto de equilibrar las necesidades y reivindicaciones contrapuestas que introducen los factores y las mejores prácticas corres-pondientes. Se trata de saber qué es lo que *legitima* la toma de decisiones con y sobre la ia. Volveré sobre este tema en el capítulo 10 como cuestión de debate ético (para un análisis de sus implicaciones políticas en términos de soberanía digital, véase Floridi, 2020b). Aquí ofrezco algunas observaciones a modo de conclusión.

Las cuestiones sobre compensaciones, equilibrios y su le-gitimidad están inevitablemente entrelazadas con retos éticos y políticos más amplios sobre quién tiene el poder o la «posi-ción» para participar en este proceso de evaluación, así como sobre cómo se miden y agregan las múltiples preferencias (que Baum esboza en un marco tricotómico, véase Baum [2020]). Si asumimos que el reto de equilibrar los factores debería ser, al menos en cierta medida, de naturaleza participativa, la visión general de los teoremas de elección social relevantes en Prasad (2018) identifica varias condiciones de fondo para apoyar una toma de decisiones grupal eficaz. Como sugieren estos análisis, es probable que la incorporación de múltiples perspectivas en el diseño de sistemas de toma de decisiones de IA sea un paso éticamente importante tanto para la IA en general como para IA-BS en particular. También lo serán los esfuerzos por aplicar formas de codiseño.

Está claro que aún queda mucho trabajo por hacer para garantizar que los proyectos de IA-BS se diseñen de forma que no se limiten a avanzar hacia objetivos beneficiosos y abordar retos sociales, sino que lo hagan de forma socialmente preferible (equitativa) y sostenible. En este capítulo hemos examinado los fundamentos de las buenas prácticas y políticas. También hemos examinado las bases para seguir investigando sobre las consideraciones éticas que deben sustentar los proyectos de IA-BS y, por ende, el «proyecto IA-BS» en general. Ha llegado el momento de debatir cómo interactúan las consideraciones éticas, jurídicas y políticas en un desarrollo de este tipo, en términos de recomendaciones específicas. Este es el tema del próximo capítulo.

10. Cómo conseguir una buena sociedad de la IA: algunas recomendaciones

RESUMEN

En los capítulos 4, 5 y 6 analicé los conceptos fundamentales que pueden cimentar una futura «buena sociedad de la IA». En los capítulos 7, 8 y 9 analicé los retos, las malas y las buenas prácticas que caracterizan el uso de los sistemas de IA. Este capítulo se centra en algunas recomendaciones constructivas y concretas sobre cómo evaluar, desarrollar, incentivar y apoyar la buena IA. En algunos casos, estas recomendaciones pueden ser emprendidas directamente por los responsables políticos nacionales o supranacionales. En otros, los cambios pueden ser liderados por otras partes interesadas, desde la sociedad civil hasta los agentes privados y las organizaciones sectoriales. Esperamos que, si se adoptan, estas recomendaciones sirvan de base firme para el establecimiento de una buena sociedad de la IA.

1. INTRODUCCIÓN: CUATRO FORMAS DE CONSEGUIR UNA BUENA SOCIEDAD DE LA IA

La IA no es una herramienta más que deba regularse una vez madura. Cometimos el error de pensar así cuando internet empezó a desarrollarse en la década de 1990 y a día de hoy el desaguisado es más que evidente. Internet siempre iba a ser un nuevo entorno —en tal que parte de nuestra infoesfera—, no simplemente otro tipo de medio de comunicación de masas. Deberíamos haberla regulado en consecuencia.[1] No deberíamos volver a cometer el mismo error. La IA no es solo un servicio comercial. Es una fuerza poderosa, una nueva forma de agencia inteligente en la infoesfera, que ya está remodelando nuestras vidas, nuestras interacciones y nuestros entornos. Esta nueva forma de agencia debe orientarse hacia el bien de la sociedad, de todos sus miembros y de los entornos que compartimos. Las fuerzas del mercado serán irrelevantes o insuficientes. Necesitamos un enfoque normativo. En este capítulo contribuiremos al esfuerzo internacional y colaborativo de desarrollar una «buena sociedad de la IA» proponiendo veinte recomendaciones.[2] Si se adoptan, pueden ayudar a todas las partes interesadas a aprovechar las oportunidades que ofrece la IA, evitar, o al menos minimizar y contrarrestar los riesgos, respetar los principios analizados en el capítulo 4 y, por tanto, desarrollar una buena sociedad de la IA.

Como he escrito antes, ya no se trata de saber si la IA tendrá un impacto importante en los individuos, las sociedades y los entornos. El debate actual gira en torno a hasta qué punto este impacto será positivo o negativo, para quién, de qué manera, en qué lugares y en qué escala de tiempo. Dicho de otro modo, en el capítulo 4 observé que las preguntas clave ahora son *por quién*, *cómo*, *dónde* y *cuándo* se sentirán los impactos positivos o negativos de la IA. Para enmarcar estas cuestiones de un modo más sustantivo y práctico, presento aquí lo que

1   Las reglas para un espacio público son diferentes de las reglas para la comunicación privada, véase Floridi (2014a).
2   Son el resultado de un proyecto que diseñé y presidí en 2017 llamado AI-4People. Para saber más sobre el proyecto, véase Floridi *et al.* (2018).

pueden considerarse las cuatro principales oportunidades para la sociedad que ofrece la IA. Son cuatro precisamente porque abordan los cuatro puntos fundamentales de nuestra antropología filosófica, es decir, de nuestra comprensión de la dignidad y el enriquecimiento cultural humano:

1. *Autorrealización autónoma*, es decir, quiénes podemos llegar a ser.
2. La *agencia humana*, o lo que podemos hacer.
3. Las *capacidades individuales y sociales*, o lo que podemos lograr.
4. *Cohesión social*, es decir, cómo podemos interactuar entre nosotros y con el mundo.

En cada caso, la IA puede utilizarse para fomentar la naturaleza humana y sus capacidades, creando así oportunidades; infrautilizarse, creando así importantes costes de oportunidad; o utilizarse en exceso y mal, creando así riesgos. La Imagen 16 ofrece una visión general rápida, mientras que los apartados siguientes ofrecen una explicación más detallada.

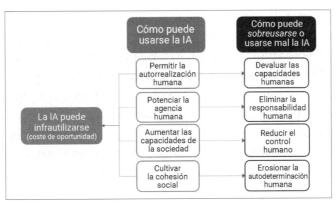

IMAGEN 16. Oportunidades, riesgos y costes de la IA

Como indica la terminología, se supone que el «uso» de la IA es sinónimo de buena innovación y aplicaciones positivas de esta tecnología. Sin embargo, el miedo, la ignorancia, las preocupaciones equivocadas o incluso una reacción excesiva pueden llevar a una sociedad a «infrautilizar» las tecnologías de IA por debajo de su pleno potencial, y también por lo que podría describirse en términos generales como razones equivocadas. Esto podría ocasionar importantes costes de oportunidad. Podría incluir, por ejemplo, una regulación severa o mal concebida, una inversión insuficiente o una reacción pública similar a la que sufrieron los cultivos modificados genéticamente y la energía nuclear. En consecuencia, es posible que la sociedad no aproveche plenamente los beneficios que ofrecen las tecnologías de IA. Estos peligros se derivan en gran medida de consecuencias imprevistas y se relacionan normalmente con buenas intenciones que han salido mal. Y, por supuesto, también hay que tener en cuenta los riesgos asociados al «sobreuso» inadvertido o al «mal uso» intencionado de las tecnologías de IA, basados, por ejemplo, en incentivos desajustados, codicia, geopolítica adversaria o intenciones maliciosas. Como vimos en los capítulos 7 y 8, el uso malintencionado de las tecnologías de IA puede acelerar o intensificar desde las estafas por correo electrónico hasta la ciberguerra a gran escala (Taddeo, 2017b). Y pueden hacerse posibles nuevos males. La posibilidad de progreso social que representan las oportunidades antes mencionadas debe sopesarse frente al riesgo de que la IA permita o potencie la manipulación maliciosa. Con todo, un riesgo amplio es que la IA se infrautilice por miedo a un uso excesivo, o se utilice mal por falta de un marco ético y legal claro, como veremos en el resto de este capítulo.

2. QUIÉNES PODEMOS LLEGAR A SER: PERMITIR LA
AUTORREALIZACIÓN HUMANA SIN DEVALUAR
LAS CAPACIDADES HUMANAS

La IA puede permitir la autorrealización, es decir, la capacidad
de las personas de desarrollarse en función de sus propias características, intereses, capacidades o habilidades potenciales,
aspiraciones y proyectos vitales. Al igual que inventos como la
lavadora, que liberaron a las personas (sobre todo a las mujeres)
de la monotonía del trabajo doméstico, la automatización «inteligente» de otros aspectos mundanos de la vida puede liberar
aún más tiempo para actividades culturales, intelectuales y
sociales, y para un trabajo más interesante y gratificante. Más
IA podría significar fácilmente más vida humana empleada
de forma más inteligente. El riesgo en este caso no es la
obsolescencia de algunas habilidades antiguas y la aparición
de otras nuevas *per se*, sino el ritmo en el que esto sucede y
la desigual distribución de los costes y beneficios resultantes.

Una devaluación muy rápida de las viejas competencias
y, por tanto, una rápida alteración del mercado laboral y de
la naturaleza del empleo, puede observarse tanto en el nivel
del individuo como en el de la sociedad.

En el nivel individual, el empleo suele estar íntimamente
ligado a la identidad personal, a la autoestima y al papel o la
posición social. Todos estos son factores que pueden verse
afectados negativamente por el despido, incluso dejando
de lado el potencial de graves perjuicios económicos. En el
nivel de la sociedad, la deslocalización en ámbitos delicados
y que requieren muchas competencias (como el diagnóstico
sanitario o la aviación) puede crear vulnerabilidades peligrosas
en caso de mal funcionamiento de la IA o de ataques enemigos. Así, fomentar el desarrollo de la IA en apoyo de nuevas

capacidades y habilidades, anticipando y mitigando al mismo tiempo su impacto en las antiguas, requerirá tanto un estudio minucioso como ideas potencialmente radicales, como la propuesta de algún tipo de «renta básica universal» (que ya está creciendo en popularidad y uso experimental). Al fin y al cabo, necesitamos cierta solidaridad intergeneracional entre los desfavorecidos de hoy y los favorecidos de mañana para garantizar que la perturbadora transición entre el presente y el futuro sea lo más justa posible para todos. Para adoptar una terminología que tristemente hemos llegado a apreciar durante la pandemia de COVID-19, necesitamos «aplanar la curva» del impacto social de las tecnologías digitales —IA incluida.

3. LO QUE PODEMOS HACER: POTENCIAR LA AGENCIA
HUMANA SIN ELIMINAR LA RESPONSABILIDAD HUMANA

La IA está proporcionando una reserva cada vez mayor de «agencia inteligente». Puesto al servicio de la inteligencia humana, este recurso puede potenciar enormemente la agencia humana. Podemos hacer más, mejor y más rápido gracias a la ayuda de la IA. En este sentido de «inteligencia [humana] aumentada», la IA podría compararse al impacto que los motores han tenido en nuestras vidas. Cuanto mayor sea el número de personas que disfruten de las oportunidades y los beneficios de esa reserva de agencia inteligente, por decirlo coloridamente, «de barril», mejores serán nuestras sociedades. Por lo tanto, la responsabilidad es clave, teniendo en cuenta qué tipo de IA desarrollamos, cómo la utilizamos y si compartimos con todos sus ventajas y beneficios.

Obviamente, el riesgo correspondiente es la ausencia de dicha responsabilidad. Esto puede ocurrir no solo porque tengamos un marco sociopolítico equivocado, sino también debido a una mentalidad de «caja negra» según la cual los sistemas de IA para la toma de decisiones se consideran más allá de los límites de la comprensión humana y, por tanto, más allá del control humano. Estas preocupaciones no solo se aplican a los casos más sonados, como las muertes causadas por vehículos autónomos, sino también se aplican a usos más comunes pero aún significativos, como las decisiones automatizadas sobre la libertad condicional o la solvencia crediticia. Sin embargo, la relación entre (1) el grado y la calidad de la capacidad de acción de las personas, y (2) el grado de capacidad de acción que delegamos en los sistemas autónomos, no es de suma cero, ni desde el punto de vista pragmático ni desde el ético. De hecho, si se desarrolla cuidadosamente, la IA ofrece la oportunidad de *mejorar* y *multiplicar* las posibilidades de acción humana. Consideremos ejemplos de «moralidad distribuida» en sistemas entre humanos, como son los préstamos entre iguales (Floridi, 2013). En última instancia, la agencia humana puede verse respaldada, refinada e incluso ampliada por la incorporación de «marcos facilitadores» (diseñados para mejorar la probabilidad de resultados moralmente buenos) en el conjunto de funciones que delegamos en los sistemas de IA. Si se diseñan eficazmente, los sistemas de IA podrían amplificar y reforzar los sistemas morales compartidos.

4. Lo que podemos conseguir: aumentar las capacidades de la sociedad sin reducir el control humano

La IA ofrece muchas oportunidades para mejorar y aumentar las capacidades de los individuos y de la sociedad en general. Ya sea previniendo y curando enfermedades u optimizando el transporte y la logística, el uso de tecnologías de IA presenta innumerables posibilidades para reinventar la sociedad mejorando radicalmente lo que los humanos son capaces de hacer colectivamente. Una mayor IA puede favorecer una mejor colaboración y, por tanto, objetivos más ambiciosos. La inteligencia humana aumentada por la IA podría encontrar nuevas soluciones a problemas antiguos y nuevos, desde una distribución más justa o eficiente de los recursos hasta un enfoque más sostenible del consumo. Precisamente porque estas tecnologías tienen el potencial de ser tan poderosas y perturbadoras, también introducen riesgos proporcionales a dicho potencial. Cada vez habrá más procesos en los que no necesitaremos estar «dentro o sobre el bucle» (es decir, como parte del proceso o al menos controlándolo) si podemos delegar nuestras tareas a la IA. Pero si confiamos en el uso de las tecnologías de IA para aumentar nuestras propias capacidades de forma equivocada, podemos delegar tareas importantes. Sobre todo, podemos delegar en sistemas autónomos decisiones cruciales que deberían seguir estando, al menos en parte, sujetas a la supervisión, elección y rectificación humanas. Esto, a su vez, puede reducir nuestra capacidad de supervisar el funcionamiento de estos sistemas (al dejar de estar «en el bucle») o de prevenir o corregir los errores y daños que surjan («post-bucle»). También es posible que estos daños potenciales se acumulen y arraiguen a medida que se delegan más y más funciones en sistemas artificiales. Por lo tanto, es cuanto menos imperativo encontrar un equilibrio entre (a) aprovechar las ambiciosas oportunidades que ofrece la IA para mejorar la vida humana y lo que podemos llegar a conseguir, y (b) garantizar que seguimos controlando estos grandes avances y sus efectos.

5. Cómo podemos interactuar: cultivar la cohesión
social sin erosionar la autodeterminación humana

Desde el cambio climático y la resistencia a los antimicrobianos hasta la proliferación nuclear, las guerras y el fundamentalismo, los problemas mundiales entrañan cada vez más un alto grado de complejidad de coordinación. Esto significa que solo pueden abordarse con éxito si todas las partes interesadas diseñan y se apropian conjuntamente de las soluciones y cooperan para llevarlas a cabo. La IA puede ayudar enormemente a hacer frente a esta complejidad de coordinación con sus soluciones basadas en algoritmos y con un uso intensivo de datos, apoyando una mayor cohesión y colaboración social. Por ejemplo, veremos en el capítulo 12 que los esfuerzos para hacer frente al cambio climático han puesto de manifiesto el reto de crear una respuesta cohesionada, tanto dentro de las sociedades como entre ellas.

De hecho, la magnitud del reto es tal que puede que pronto tengamos que decidir cómo lograr un equilibrio entre la ingeniería directa del clima y el diseño de marcos sociales que fomenten un recorte drástico de las emisiones nocivas. Esta última opción podría sustentarse en un sistema algorítmico para cultivar la cohesión social. Este sistema no debería imponerse desde el exterior, sino ser el resultado de una elección autoimpuesta, como la de no comprar chocolate si antes hemos decidido ponernos a dieta o programar una alarma para levantarnos temprano. El «autoimpulso» para comportarse de manera socialmente preferible es, sin lugar a dudas, la mejor forma de «impulso» y la única que preserva la autonomía (Floridi, 2015c, 2016f). Es el resultado de decisiones y elecciones humanas, pero puede basarse en soluciones de IA para su aplicación y facilitación. Pero el riesgo es que los sistemas de IA erosionen la autodeterminación humana, ya que pueden provocar cambios imprevistos e inoportunos en los comportamientos humanos para adaptarse a las rutinas que facilitan el trabajo de automatización y la vida de las personas. El poder de predicción de la IA y su implacable estímulo, aunque no sea intencionado, deben estar al servicio de la autodeterminación humana. Debe fomentar la cohesión social, no socavar la dignidad humana o el florecimiento humano.

6. VEINTE RECOMENDACIONES PARA UNA BUENA SOCIEDAD DE LA IA

Consideradas en su conjunto, junto con sus correspondientes retos, las cuatro oportunidades esbozadas anteriormente dibujan un panorama heterogéneo sobre el impacto de la IA en la sociedad y en las personas que la integran, así como en los entornos generales que comparten. Aceptar la presencia de compensaciones y aprovechar las oportunidades, al tiempo que se trabaja para anticipar, evitar o minimizar los riesgos, mejorará las perspectivas de que las tecnologías de IA promuevan la dignidad y la riqueza cultural humana. Garantizar que los resultados de la IA sean socialmente preferibles (es decir, equitativos) dependerá de resolver la tensión entre incorporar los beneficios y mitigar los daños potenciales de la IA; en resumen, evitar tanto el mal uso como la infrautilización de estas tecnologías.

En este contexto, el valor de un planteamiento ético de las tecnologías de IA se hace notablemente más patente. En el capítulo 6 sostuve que el cumplimiento de la ley es simplemente necesario (es lo mínimo que se exige), pero significativamente insuficiente (no es todo que se puede hacer). Es la diferencia entre «jugar según las reglas» y «jugar bien para ganar la partida», por así decirlo. Necesitamos una estrategia ética, una ética blanda para la sociedad digital que queremos construir. De acuerdo con esta distinción, lo que sigue son veinte recomendaciones para una buena sociedad de la IA. Encontraremos cuatro áreas generales de actuación, a saber: *evaluar, desarrollar, incentivar* y *apoyar*. Algunas recomendaciones pueden ser aplicadas directamente por los responsables políticos nacionales o europeos, por ejemplo, en colaboración con las partes interesadas cuando proceda. En el caso de otras recomendaciones, los responsables políticos pueden desempeñar un papel de apoyo a los esfuerzos emprendidos o dirigidos por terceros.

Se parte de la base de que, para crear una buena sociedad de la IA, los principios éticos vistos en el capítulo 4 deben integrarse en las prácticas por defecto de la IA. En particular, hemos visto en el capítulo 9 que la IA puede y debe diseñarse o desarrollarse de forma que disminuya la desigualdad y fomente el empoderamiento social, respetando también la dignidad humana y la autonomía, para aumentar los beneficios equitativamente compartidos por todos. Es especialmente importante que la IA sea explicable, ya que la «explicabilidad» es una herramienta fundamental para fomentar la confianza pública en la tecnología y su comprensión. La creación de una buena sociedad de la IA requiere un enfoque multilateral. Es la forma más eficaz de garantizar que la IA responda a las necesidades de la sociedad, ya que permite a los desarrolladores, usuarios y legisladores participar y colaborar desde el principio. Inevitablemente, los distintos marcos culturales influyen en las actitudes ante las nuevas tecnologías.

Un último comentario antes de presentar las recomendaciones: el siguiente enfoque europeo pretende complementar otros enfoques. No debe malinterpretarse como una especie de respaldo a una perspectiva eurocéntrica. Del mismo modo que en el capítulo 8 he tenido que fundamentar las consideraciones éticas en un marco jurídico específico (el derecho penal inglés, en ese caso) sin pérdida de generalidad, la elección de contextualizar las siguientes recomendaciones en un entorno de la UE solo pretende dotarlas de un valor concreto. No hay nada en las recomendaciones que las haga particularmente exclusivas o centradas en el marco sociopolítico de la UE, y siguen siendo universalizables. Esto se debe a que, independientemente del lugar del mundo en el que vivamos, todos deberíamos comprometernos con el desarrollo de las tecnologías de IA de forma que se garantice la confianza de las personas, se sirva al interés público, se refuerce la responsabilidad social compartida y, por supuesto, se apoye el medio ambiente.

1. Evaluar la capacidad de las instituciones existentes, como los tribunales civiles nacionales, para reparar los errores cometidos o los daños infligidos por los sistemas de IA. Esta evaluación debería valorar la presencia de fundamentos de responsabilidad sostenibles y acordados por la mayoría desde la fase de diseño para reducir la negligencia y los conflictos (véase también la Recomendación 5).[3]

---

3 La tarea de determinar la responsabilidad y la obligación de rendir cuentas puede tomarse prestada de los juristas de la Antigua Roma, que se regían por la fórmula *cuius commoda eius et incommoda* («la persona que obtiene una ventaja de una situación también debe soportar los inconvenientes»). Un buen principio de 2200 años de antigüedad respaldado por una tradición y una elaboración bien asentadas podría establecer adecuadamente el nivel de abstracción de partida en este campo.

2. Evaluar qué tareas y funciones de toma de decisiones no deberían delegarse en los sistemas de IA utilizando mecanismos participativos para garantizar la alineación con los valores sociales y la comprensión de la opinión pública. Esta evaluación debería tener en cuenta la legislación vigente y estar respaldada por un diálogo permanente entre todas las partes interesadas (incluidos el gobierno, la industria y la sociedad civil), para debatir cómo afectará la IA a la sociedad (coherente con la Recomendación 17).

3. Evaluar si la normativa vigente actual está suficientemente basada en la ética como para proporcionar un marco legislativo que pueda seguir el ritmo de los avances tecnológicos en este ámbito. Esto puede incluir un marco que incluya un conjunto de principios clave aplicables a problemas urgentes o imprevistos.

4. Desarrollar un marco para mejorar la explicabilidad de los sistemas de IA que toman decisiones socialmente significativas. Un aspecto central de este marco es la capacidad de las personas para obtener una explicación objetiva, directa y clara del proceso de toma de decisiones, especialmente en caso de consecuencias no deseadas. Es probable que esto requiera el desarrollo de marcos específicos para diferentes industrias; las asociaciones profesionales deberían participar en este proceso junto con expertos en ciencia, negocios, derecho y ética.

5. Desarrollar procedimientos legales adecuados y mejorar la infraestructura digital del sistema judicial para permitir el escrutinio de las decisiones algorítmicas en los tribunales. Es probable que esto incluya la creación de un marco para la explicabilidad de la IA (como se indica en la Recomendación 4) específico para el

sistema jurídico. Entre los distintos ejemplos de procedimientos adecuados podría incluirse la divulgación aplicable de información comercial sensible en litigios de propiedad intelectual (PI). Cuando la divulgación plantee algunos riesgos inaceptables (como para la seguridad nacional), los procedimientos deberían incluir la configuración de los sistemas de IA para que adopten soluciones técnicas por defecto (como las pruebas de conocimiento cero) para evaluar su fiabilidad.

6. Desarrollar mecanismos de auditoría para que los sistemas de IA identifiquen consecuencias no deseadas, como la parcialidad injusta. La auditoría también debería incluir (quizá en cooperación con el sector de las aseguradoras) un mecanismo de solidaridad para hacer frente a los riesgos graves en los sectores con un uso intensivo de IA. Estos riesgos podrían mitigarse mediante mecanismos previos de múltiples partes interesadas. La experiencia predigital indica que, en algunos casos, pueden pasar un par de décadas antes de que la sociedad se ponga al día con la tecnología, reequilibrando adecuadamente los derechos y la protección para restablecer la confianza. Cuanto antes se impliquen los usuarios y los gobiernos (como permiten las tecnologías digitales), más breve será este desfase.

7. Desarrollar un proceso o mecanismo de reparación para remediar o compensar un agravio o perjuicio causado por la IA. Para fomentar la confianza pública en la IA, la sociedad necesita un mecanismo de reparación ampliamente accesible y fiable para los daños infligidos, los costes incurridos u otros agravios causados por la tecnología. Dicho mecanismo implicará necesariamente una asignación clara y exhaustiva de responsabilidades

a los seres humanos y/o a las organizaciones. Podrían aprenderse lecciones de la industria aeroespacial, por ejemplo, que cuenta con un sistema probado para tratar las consecuencias no deseadas de forma exhaustiva y seria. El desarrollo de este proceso debe seguir a la evaluación de la capacidad existente descrita en la Recomendación 1. Si se detecta una falta de capacidad, deben desarrollarse soluciones institucionales adicionales a nivel nacional y/o de la UE para permitir a las personas solicitar reparación. Estas soluciones podrían incluir:

- Un «defensor del pueblo de la IA» que garantice la auditoría de los usos supuestamente injustos o no equitativos de la IA.
- Un proceso guiado para presentar una queja similar a una solicitud de libertad de información.
- El desarrollo de mecanismos de seguro de responsabilidad que se exigirían como acompañamiento obligatorio de clases específicas de ofertas de IA en la UE y otros mercados. Esto garantizaría que la fiabilidad relativa de los artefactos impulsados por IA, especialmente en robótica, se refleje en el precio de los seguros y, por tanto, en los precios de mercado de los productos competidores.[4]

Sean cuales sean las soluciones que se desarrollen, es probable que se basen en el marco de explicabilidad propuesto en la Recomendación 4.

4   Por supuesto, en la medida en que los sistemas de IA son «productos», el derecho general de responsabilidad civil sigue aplicándose a la IA del mismo modo que se aplica a cualquier caso de productos o servicios defectuosos que lesionen a los usuarios o no funcionen como se afirma o se espera.

8. Desarrollar métricas consensuadas sobre la fiabilidad de los productos y servicios de IA. Estos parámetros podrían ser responsabilidad de una nueva organización o de una ya existente. Servirían de base para un sistema que permita la evaluación comparativa impulsada por el usuario de todas las ofertas de IA comercializadas. De este modo, además del precio de un producto, podría desarrollarse y señalarse un índice de confianza en la IA. Este «índice comparativo de confianza» para la IA mejoraría la comprensión pública y generaría competitividad en torno al desarrollo de una IA más segura y socialmente beneficiosa (por ejemplo, «IwantgreatAI. org»). A largo plazo, un sistema de este tipo podría constituir la base de un sistema más amplio de certificación de productos y servicios meritorios, administrado por la organización aquí mencionada y/o por la agencia de supervisión propuesta en la Recomendación 9. La organización también podría apoyar el desarrollo de un sistema de certificación de productos y servicios más seguro y eficaz. La organización también podría apoyar el desarrollo de códigos de conducta (véase la Recomendación 18). Además, se podría encargar a quienes poseen u operan insumos para sistemas de IA y se benefician de ello que financien y/o ayuden a desarrollar programas de alfabetización en IA para los consumidores, en su propio interés.

9. Desarrollar una nueva agencia de supervisión de la UE responsable de la protección del bienestar público mediante la evaluación científica y la supervisión de los productos, *software*, sistemas o servicios de IA. Podría ser similar, por ejemplo, a la Agencia Europea del Medicamento. En relación con esto, debería desarrollarse

un sistema de supervisión «post-lanzamiento» para las IA como el que existe para los medicamentos, por ejemplo, con la obligación de informar por parte de algunos agentes interesados y mecanismos de información sencillos para otros usuarios.

10. Crear un observatorio europeo de la IA. La misión del observatorio consistiría en seguir la evolución de la situación, servir de foro para fomentar el debate y el consenso, proporcionar un repositorio de bibliografía y programas informáticos sobre IA (incluidos conceptos y enlaces a la bibliografía disponible) y emitir recomendaciones y directrices de actuación paso a paso.

11. Desarrollar instrumentos jurídicos y plantillas contractuales para sentar las bases de una colaboración hombre-máquina fluida y gratificante en el entorno laboral. Dar forma a la narrativa sobre el «futuro del trabajo» es fundamental para ganar «corazones y mentes». En consonancia con «una Europa que protege», la idea de «innovación integradora» y los esfuerzos por facilitar la transición a nuevos tipos de empleo, podría crearse un Fondo Europeo de Adaptación a la Inteligencia Artificial similar al Fondo Europeo de Adaptación a la Globalización.

12. Incentivar financieramente, a escala de la UE, el desarrollo y el uso de tecnologías de la IA en la UE que sean socialmente preferibles (no meramente aceptables) y respetuosas con el medio ambiente (no meramente sostenibles, sino realmente favorables para el medio ambiente). Esto incluirá la elaboración de metodologías que puedan ayudar a evaluar si los proyectos de IA son socialmente preferibles y respetuosos con el medio ambiente. En este sentido, adoptar un «enfoque de de-

safío» (véanse los desafíos de DARPA) puede fomentar la creatividad y promover la competencia en el desarrollo de soluciones específicas de IA que sean éticamente sólidas y redunden en el bien común.

13. Incentivar económicamente un esfuerzo europeo de investigación sostenido, creciente y coherente, adaptado a las características específicas de la IA como campo científico de investigación. Esto debería implicar una misión clara para hacer avanzar la IA-BS con el fin de contrarrestar las tendencias de la IA menos centradas en las oportunidades sociales.

14. Incentivar financieramente la cooperación y los debates interdisciplinarios e intersectoriales sobre las intersecciones entre tecnología, cuestiones sociales, estudios jurídicos y ética. Los debates sobre los retos tecnológicos pueden ir a la zaga de los avances técnicos reales, pero si cuentan con la información estratégica de un grupo diverso de múltiples partes interesadas, pueden orientar y apoyar la innovación tecnológica en la dirección correcta. La ética debe ayudar a aprovechar las oportunidades y hacer frente a los retos, no meramente limitarse a describirlos. Por tanto, es esencial que la diversidad impregne el diseño y el desarrollo de la IA, en términos de género, clase, etnia, disciplina y otras dimensiones pertinentes, para aumentar la inclusividad, la tolerancia y la riqueza de ideas y perspectivas.

15. Incentivar económicamente la inclusión de consideraciones éticas, legales y sociales en los proyectos de investigación sobre IA. Paralelamente, incentivar la revisión periódica de la legislación para comprobar hasta qué punto fomenta la innovación socialmente positiva. En conjunto, estas dos medidas ayudarán a

garantizar que la tecnología de la IA tenga la ética en su centro y que la política se oriente hacia la innovación.

16. Incentivar financieramente el desarrollo y uso de zonas especiales legalmente desreguladas dentro de la UE. Estas zonas deberían utilizarse para la experimentación empírica y el desarrollo de sistemas de IA. Podrían adoptar la forma de un «laboratorio viviente» (o *Tokku*), basándose en la experiencia de las «autopistas de prueba» (o *Teststrecken*) existentes. Además de ajustar mejor la innovación en el nivel de riesgo preferido por la sociedad, este tipo de experimentos contribuyen a la educación práctica y al fomento de la responsabilidad y la aceptabilidad en una fase temprana. La «protección por diseño» es intrínseca a este tipo de marco.

17. Incentivar financieramente la investigación sobre la percepción y comprensión pública de la IA y sus aplicaciones. La investigación también debería centrarse en la aplicación de mecanismos estructurados de consulta pública para diseñar políticas y normas relacionadas con la IA. Esto podría incluir la obtención directa de la opinión pública a través de métodos de investigación tradicionales (como sondeos de opinión y grupos de discusión), junto con enfoques más experimentales (como proporcionar ejemplos simulados de los dilemas éticos introducidos por los sistemas de IA, o experimentos en laboratorios de ciencias sociales). Este programa de investigación no debe servir únicamente para medir la opinión pública. También debería conducir a la creación conjunta de políticas, normas, mejores prácticas y reglas.

18. Apoyar el desarrollo de códigos de conducta autorreguladores, tanto para las profesiones relacionadas

con los datos como con la IA, con obligaciones éticas específicas. Esto seguiría la línea de otras profesiones socialmente sensibles, como los médicos o los abogados. En otras palabras, implicaría la certificación de la «IA ética» a través de etiquetas de confianza para garantizar que la gente comprenda los méritos de la IA ética y, por tanto, la exija a los proveedores. Las actuales técnicas de manipulación de la atención podrían limitarse mediante estos instrumentos de autorregulación.

19. Apoyar la capacidad de los consejos de administración de las empresas para asumir la responsabilidad de las implicaciones éticas de las tecnologías de IA de las empresas. Esto podría incluir la mejora de la formación de los consejos existentes, por ejemplo, o el posible desarrollo de un comité de ética con poderes de auditoría interna. Podría desarrollarse dentro de la estructura existente de los sistemas de consejos de administración de uno y dos niveles, y/o junto con el desarrollo de una forma obligatoria de «consejo de revisión ética empresarial». El comité de revisión ética sería adoptado por las organizaciones que desarrollen o utilicen sistemas de IA. Evaluaría los proyectos iniciales y su despliegue con respecto a los principios fundamentales.

20. Apoyar la creación de programas educativos y actividades de concienciación pública sobre el impacto social, jurídico y ético de la IA. Esto puede incluir:

- Planes de estudios escolares para apoyar la inclusión de la informática entre las demás disciplinas básicas que se enseñan.

- Iniciativas y programas de cualificación en las empresas que trabajan con tecnología de IA para educar a los empleados sobre el impacto social, jurídico y ético de trabajar con IA.
- Una recomendación a nivel europeo para incluir la ética y los derechos humanos dentro de las titulaciones universitarias para científicos de datos e IA, así como dentro de otros planes de estudios científicos y de ingeniería que traten con sistemas computacionales y de IA.
- El desarrollo de programas similares para el público en general. Estos deberían centrarse especialmente en las personas implicadas en cada etapa de la gestión de la tecnología, incluidos funcionarios, políticos y periodistas.
- Compromiso con iniciativas más amplias, como los eventos «AI for Good» organizados por la Unión Internacional de Telecomunicaciones (UIT) y las ONG que trabajan en los ODS de la ONU.

6. CONCLUSIÓN: NECESIDAD DE POLÍTICAS CONCRETAS Y CONSTRUCTIVAS

La humanidad se enfrenta a la aparición de una tecnología que encierra grandes promesas para muchos aspectos de la vida humana. Al mismo tiempo, parece plantear también importantes amenazas. Este capítulo, y especialmente las recomendaciones del apartado anterior, pretenden mover el timón en la dirección de unos resultados ética, social y medioambientalmente preferibles en el desarrollo, diseño y despliegue de las tecnologías de IA. Las recomendaciones se basan en el conjunto de cinco principios éticos para la IA sintetizados en el capítulo 4, y en la identificación tanto de los riesgos como de las principales oportunidades de la IA para la sociedad analizadas en los capítulos 6, 7, 8 y 9. Se formulan con un espíritu de responsabilidad social y ética. Se formulan con espíritu de colaboración y con el interés de crear respuestas *concretas* y *constructivas* a los retos sociales más acuciantes que plantea la IA.

Con el rápido ritmo del cambio tecnológico, resulta tentador considerar el proceso político de las democracias liberales contemporáneas como anticuado, desfasado y que ya no está a la altura de la tarea de preservar los valores y promover los intereses de la sociedad y de todos los que la componen. No estoy de acuerdo. Las recomendaciones que aquí se ofrecen, que incluyen la creación de centros, agencias, planes de estudios y otras infraestructuras, apoyan los argumentos a favor de un programa ambicioso, integrador, equitativo y sostenible de elaboración de políticas e innovación tecnológica. Esto contribuirá a garantizar los beneficios y mitigar los riesgos de la IA para todas las personas, así como para el mundo que compartimos. Este es también el objetivo que persiguen los dos capítulos siguientes sobre el uso de la IA en apoyo de los ODS de las Naciones Unidas y el impacto de la IA en la sociedad en el cambio climático.

11. La apuesta: el impacto de la IA en el cambio climático

Resumen

Anteriormente, en el capítulo 4, presenté los principios éticos que proporcionan un marco para la IA. Uno de estos principios, la «beneficencia», incluye la sostenibilidad del planeta. Este capítulo y el siguiente profundizan en este requisito analizando las repercusiones positivas y negativas de la IA en el medio ambiente. Así, el objetivo de este capítulo es ofrecer recomendaciones políticas para avanzar hacia un desarrollo de la IA más ecológico y respetuoso con el clima, especialmente en consonancia con los valores y la legislación de la UE. El momento es crítico porque la IA ya se utiliza hoy para modelizar acontecimientos relacionados con el cambio climático y contribuir a los esfuerzos para combatir el calentamiento global, pudiendo ser una fuerza positiva para una sociedad justa y sostenible.

1. Introducción: el poder de doble filo de la IA

En los capítulos anteriores hemos visto cómo la IA es un nuevo tipo de agencia que puede aprovecharse para resolver problemas y realizar tareas con un éxito inigualable. Pero es igualmente evidente que una agencia tan nueva y poderosa debe desarrollarse y gobernarse éticamente para evitar, minimizar y rectificar cualquier impacto negativo que pueda tener, y para garantizar que beneficie a la humanidad y al planeta. Esto también es cierto, o quizá especialmente, en lo que se refiere al cambio climático, que es la mayor amenaza a la que se enfrenta la humanidad en nuestro siglo (Cowls *et al.*, 2021a). Por un lado, la IA puede ser una herramienta extremadamente poderosa en la lucha contra el cambio climático y necesitamos toda la ayuda posible (Ramchurn *et al.*, 2012; Rolnick *et al.*, 2019). Por otro lado, existen importantes escollos (tanto éticos como medioambientales) que deben evitarse (Mendelsohn, Dinar y Williams, 2006; Anthony, Kanding y Selvan, 2020; Cowls *et al.*, 2021a; Malmodin y Lunden, 2018). Comprender estos escollos es crucial para este fin y las medidas políticas concretas pueden ayudar, como veremos en este capítulo. Más precisamente, la IA presenta dos oportunidades cruciales.

La primera oportunidad es epistemológica. La IA puede ayudar a mejorar y ampliar nuestra comprensión actual del cambio climático al hacer posible el procesamiento de inmensos volúmenes de datos. Esto permitirá estudiar las tendencias climáticas existentes, prever la evolución futura y hacer predicciones sobre el impacto y el éxito (o la falta de él) de las políticas. Las técnicas de IA se han utilizado para predecir cambios en la temperatura media global (Ise y Oba, 2019; Cifuentes *et al.*, 2020); predecir fenómenos climáticos y oceánicos como «El Niño» (Ham, Kim y Luo, 2019), sistemas nubosos (Rasp, Pritchard y Gentine, 2018) y ondas de inestabilidad tropical (Zheng *et al.*, 2020); comprender mejor aspectos del sistema meteorológico como las precipitaciones, tanto en general (Sonderby *et al.*, 2020; Larraondo *et al.* 2020) como en lugares específicos como Malasia (Ridwan *et al.*, 2020);

y estudiar más a fondo sus consecuencias en cadena, como la demanda de agua (Shrestha, Manandhar y Shrestha, 2020; Xenochristou *et al.*, 2020). Las herramientas de IA también pueden ayudar a anticipar los fenómenos meteorológicos extremos que son más comunes debido al cambio climático global. Por ejemplo, las herramientas de IA se han utilizado para anticipar los daños causados por las fuertes lluvias (Choi *et al.*, 2018), los incendios forestales (Jaafari *et al.*, 2019) y las consecuencias de corrientes subterráneas, como los patrones de migración humana (Robinson y Dilkina, 2018). En muchos casos, las técnicas de IA pueden ayudar a mejorar o agilizar los sistemas de previsión y predicción existentes. Pueden etiquetar automáticamente los datos de modelización climática (Chattopadhyay, Hassanzadeh y Pasha, 2020), mejorar las aproximaciones para simular la atmósfera (Gagne *et al.*, 2020) y separar las señales del ruido en las observaciones climáticas (Barnes *et al.*, 2019). Todo esto forma parte de una tendencia aún más general: prácticamente no existen análisis científicos ni políticas basadas en pruebas que no estén impulsados por tecnologías digitales avanzadas. La IA se está convirtiendo en parte de las herramientas necesarias para avanzar en nuestra comprensión científica en muchos campos.

La segunda oportunidad es ética. La IA puede ayudar a ofrecer soluciones más ecológicas y eficaces, como mejorar y optimizar la generación y el uso de la energía. En este sentido, puede contribuir proactivamente a la lucha contra el calentamiento global. Combatir el cambio climático de forma eficaz requiere un amplio abanico de respuestas relacionadas con la mitigación de los efectos existentes del cambio climático y la reducción de emisiones mediante la descarbonización para evitar un mayor calentamiento. Por ejemplo, un informe de Microsoft/PwC de 2018 estimó que el uso de la IA para aplica-

ciones medioambientales podría impulsar el PIB mundial entre
un 3,1% y un 4,4%; al mismo tiempo, el uso de la IA en este
contexto también reduciría las emisiones de gases de efecto
invernadero (GEI) entre un 1,5% y un 4% para 2030, en comparación con un escenario «sin cambios» (Microsoft, 2018, p. 8).

De hecho, un conjunto de técnicas basadas en IA ya desempeña un papel clave en muchas de estas respuestas (Inderwildi *et al.*, 2020; Sayed-Mouchaweh, 2020). Esto incluye,
por ejemplo, la eficiencia energética en la industria, especialmente en el sector petroquímico (Narciso y Martins, 2020).
También se han utilizado estudios de IA para comprender
la contaminación industrial en China (Zhou *et al.*, 2016), la
huella de carbono del hormigón utilizado en la construcción
(Thilakarathna *et al.*, 2020) e incluso la eficiencia energética
en el transporte marítimo (Perera, Mo y Soares, 2016). Otros
trabajos han explorado el uso de la IA en la gestión de la red
eléctrica (Di Piazza *et al.*, 2020), para predecir el uso energético
de los edificios (Fathi *et al.*, 2020) y para evaluar la sostenibilidad del consumo de alimentos (Abdella *et al.*, 2020). La IA
puede ayudar a predecir las emisiones de carbono basándose
en las tendencias actuales (Mardani *et al.*, 2020; Wei, Yuwei
y Chongchong, 2018) junto con el impacto de políticas in-
tervencionistas como un impuesto sobre el carbono (Abrell,
Kosch y Rausch, 2019) o sistemas de comercio de carbono
(Lu *et al.*, 2020). La IA podría utilizarse además para ayudar a
supervisar la eliminación activa de carbono de la atmósfera
mediante el secuestro (Menad *et al.*, 2019).

Más allá de estas pruebas indicativas, el creciente uso de
la IA para luchar contra el cambio climático también puede
observarse desde el punto de vista más elevado de las principales instituciones e iniciativas a gran escala. El Laboratorio
Europeo de Aprendizaje y Sistemas Inteligentes (LEASI) cuenta

con un programa de aprendizaje automático para las ciencias de la Tierra y el clima que tiene como objetivo «modelar y comprender el sistema de la Tierra con el aprendizaje automático y la comprensión de procesos».[1] La Agencia Espacial Europea también ha establecido el «Digital Twin Earth Challenge» para proporcionar «previsiones sobre el impacto del cambio climático y responder a los desafíos sociales».[2] Varias universidades europeas cuentan con iniciativas y programas de formación dedicados a liberar el poder de la IA para el clima.[3,4] En 2020, una búsqueda en Cordis (la base de datos europea de investigación financiada) de proyectos en curso sobre el cambio climático y la IA arrojó un total de 122 resultados (Cowls *et al.*, 2021a).[5] El análisis de estos 122 proyectos sugiere que representan una amplitud tanto geográfica como disciplinaria. Los proyectos estaban bien repartidos por todo el continente, aunque con una clara inclinación hacia Europa occidental en cuanto a su lugar de coordinación. La gran mayoría de los proyectos estaban relacionados con las ciencias naturales y/o la ingeniería y la tecnología, pero un número considerable se centraba también en las ciencias sociales. La amplitud de los temas abordados en estos proyectos era enorme, abarcando ámbitos tan diversos como la viticultura, la micología o la astronomía galáctica.

---

1   https://ellis.eu/programs/machine-learning-for-earth-and-climate-sciences [consultado el 16/4/2024].
2   https://copernicus-masters.com/prize/esa-challenge/ [consultado el 16/4/2024].
3   https://www.exeter.ac.uk/research/environmental-intelligence/ [consultado el 16/4/2024].
4   https://ai4er-cdt.esc.cam.ac.uk [consultado el 16/4/2024].
5   Realizada el 30 de noviembre de 2020, la búsqueda en la base de datos de proyectos de investigación Cordis utilizó la cadena de búsqueda («cambio climático» o «calentamiento global») y («inteligencia artificial» o «aprendizaje automático»), ($n = 122$)

También hay numerosas iniciativas privadas y sin ánimo de lucro que utilizan la IA para combatir el cambio climático en todo el mundo. «AI for Earth» de Microsoft es una iniciativa de cinco años y 50 millones de dólares creada en 2017 para apoyar a organizaciones e investigadores que utilizan IA y otras técnicas computacionales para abordar diversos aspectos de la crisis climática. Actualmente cuenta con dieciséis organizaciones asociadas.[6] La iniciativa ha publicado herramientas de código abierto pertinentes[7] y ha concedido subvenciones en forma de créditos de computación en la nube a proyectos que utilizan la IA para diversos fines, desde la vigilancia del cambio climático en la Antártida hasta la protección de las poblaciones de aves tras los huracanes. El programa IA-BS de Google apoya con financiación y créditos de computación en la nube a veinte organizaciones que utilizan la IA para perseguir diversos objetivos de beneficio social. Esto incluye proyectos que pretenden minimizar los daños a las cosechas en la India, gestionar mejor los residuos en Indonesia, proteger las selvas tropicales en Estados Unidos y mejorar la calidad del aire en Uganda.[8] Mientras tanto, el programa «AI for Climate» de la empresa de desarrollo ElementAI[9] ofrece experiencia y oportunidades de asociación para mejorar la eficiencia energética de las operaciones de fabricación y empresariales. Por último, en el capítulo 12 veremos cómo hay muchos proyectos de IA que apoyan los ODS de la ONU.

Sin embargo, también hay dos retos principales asociados al desarrollo de la IA para combatir el cambio climático. Uno

---

6   https://www.microsoft.com/en-us/ai/ai-for-earth-partners [consultado el 25/9/2023].

7   https://microsoft.github.io/AIforEarth-Grantees/ [consultado el 16/4/2024].

8   https://impactchallenge.withgoogle.com/ai2018/ [consultado el 16/4/2024].

9   https://www.elementai.com/ai-for-climate [consultado el 25/9/2023].

se refiere a la IA en general: es la posible exacerbación de algunos problemas sociales y éticos ya asociados a la IA, como el sesgo injusto, la discriminación o la opacidad en la toma de decisiones. Ya traté estos problemas en los capítulos 7 y 8. El otro reto es específico del cambio climático. Es menos conocido y, por tanto, uno de los temas principales de este capítulo. Se refiere a la contribución al cambio climático global de los gases de efecto invernadero (GEI) emitidos por los sistemas de IA que hacen un uso intensivo de datos de entrenamiento y computación: la actual falta de información sobre la fuente y la cantidad de energía utilizada en la investigación, el desarrollo y el despliegue de los modelos de IA dificulta la definición exacta de la huella de carbono de la IA.

Para abordar este último reto, en el Laboratorio de Ética Digital estudiamos específicamente la huella de carbono de la investigación en IA y los factores que influyen en las emisiones de GEI de la IA en la fase de investigación y desarrollo (Cowls *et al.*, 2021a). También analizamos la falta de pruebas científicas sobre la compensación entre las emisiones necesarias para investigar, desarrollar y desplegar la IA, y las ganancias en eficiencia energética y de recursos que puede ofrecer la IA. La conclusión fue que aprovechar las oportunidades que ofrece la IA para el cambio climático mundial es factible y deseable. Pero implicará un sacrificio (en términos de riesgos éticos y de un posible aumento de la huella de carbono) a la vista de una ganancia muy significativa (una respuesta más eficaz al cambio climático). Se trata, en otras palabras, de una «apuesta verde». Como destaqué en Floridi (2014a), esta apuesta requiere una gobernanza receptiva y eficaz para convertirse en una estrategia ganadora. Por esta razón, en el trabajo antes mencionado ofrecimos algunas recomendaciones para los responsables políticos y los investigadores y desarrolladores de IA. Estas recomendaciones se diseñaron para identificar y aprovechar las oportunidades de la IA en la lucha contra el cambio climático, reduciendo al mismo tiempo el impacto de su desarrollo en el medio ambiente. Este capítulo se basa en ese trabajo y lo actualiza.

2. La IA y las «transiciones gemelas» de la UE

En 2020-21, la presidenta de la Comisión Europea, Ursula von der Leyen, hizo suyas las «transiciones gemelas» digital y ecológica que configurarán nuestro futuro. Documentos políticos de alto nivel destacaron cómo pueden converger las iniciativas digitales de la UE (por ejemplo, «Una Europa adaptada a la era digital»), incluida la IA, y los objetivos ecológicos, como el «Pacto Verde Europeo». Esto sugiere un punto de partida útil para la elaboración de políticas. La necesidad de estímulo financiero derivada de la pandemia de COVID-19 también abrió vías para adaptar la ayuda pública a la promoción de estas «transiciones gemelas». La Comisión consideró que ambas transiciones estaban profundamente interrelacionadas, hasta el punto de que la propuesta del «Pacto Verde Europeo» estaba llena de referencias al papel de las herramientas digitales. Una hoja de ruta para el Pacto publicada en diciembre de 2019 señalaba que:

> las tecnologías digitales son un habilitador crítico para alcanzar los objetivos de sostenibilidad del Pacto Verde en muchos sectores [...] [y que las tecnologías] como la inteligencia artificial [...] pueden acelerar y maximizar el impacto de las políticas para hacer frente al cambio climático y proteger

el medio ambiente específicamente en las áreas de redes de energía, productos de consumo, monitoreo de la contaminación, movilidad y alimentos y agricultura.

El planteamiento de la Comisión resuena con la idea, que articularé en el capítulo 13, de un nuevo matrimonio entre el Verde de todos nuestros hábitats y el Azul de todas nuestras tecnologías digitales (Floridi y Nobre, 2020). El uso de la IA para luchar contra el cambio climático es un ejemplo destacado de ese matrimonio Verde y Azul (Floridi, 2019c). Por último, muchos de los documentos elaborados por la Comisión para dar cuerpo a su visión digital y medioambiental se refieren a la IA como una herramienta clave, sobre todo en referencia a «Destination Earth» (un ambicioso plan para crear un modelo digital de la Tierra y simular la actividad humana para probar la eficacia potencial de las políticas medioambientales europeas). La IA se menciona explícitamente como componente clave de la iniciativa Destination Earth. El borrador de la propuesta de legislación de la UE sobre IA también identificaba la IA como una herramienta potencialmente magnífica para apoyar las políticas sostenibles (Comisión Europea, 2021). En resumen, la atención europea a la «IA buena» está en consonancia tanto con los valores y la financiación de la UE como con los esfuerzos científicos en todo el mundo. Pero a pesar de todos los documentos elaborados por la Comisión Europea en los que la IA se ha identificado como una herramienta clave, y a pesar de todas las oportunidades que destacan, tienden a pasar por alto los desafíos que deben abordarse para garantizar la adopción exitosa y sostenible de las herramientas de IA.

3. IA Y CAMBIO CLIMÁTICO: RETOS ÉTICOS

Para garantizar la sostenibilidad del uso de la IA en la lucha contra el calentamiento global, es fundamental comprender estos retos y tomar medidas para afrontarlos, desde los problemas éticos y de privacidad hasta la gran cantidad de energía que requiere la formación y el despliegue de las herramientas de IA.

Una dificultad a la que se enfrenta cualquier esfuerzo por explicar el papel que la IA puede desempeñar en la lucha contra el cambio climático es determinar dónde se está utilizando ya la tecnología de forma equitativa y sostenible. Se han realizado varios esfuerzos para crear una visión precisa de cómo se está aprovechando la IA en todo el mundo en proyectos climáticos. Sin embargo, el rápido ritmo del desarrollo tecnológico ha limitado inevitablemente la precisión de cualquier estudio individual. Algunos enfoques se han centrado en los ODS de las Naciones Unidas (sobre todo en los que se refieren más específicamente a cuestiones relacionadas con el clima) como punto de partida para identificar proyectos de IA. Analizaré este enfoque en el capítulo 12. Aquí basta con anticipar que la Iniciativa de Investigación sobre IAXODS[10] (recordemos que estas son las siglas del proyecto «IA para Objetivos de Desarrollo Sostenible») de la Universidad de Oxford incluye decenas de proyectos relacionados con el Objetivo 13, que se centra más específicamente en el cambio climático. Pero otras bases de datos que utilizan los ODS como punto de partida contienen muchos menos proyectos. Esto demuestra el trabajo que aún queda por hacer para compren-

10   Este es un proyecto que he dirigido en colaboración con la Saïd Business School para crear una base de datos de proyectos de IA que apoyen los ODS, véase https://www.aiforsdgs.org [consultado el 25/9/2023].

der mejor los numerosos ámbitos relacionados con el clima en los que se ha utilizado la IA.

En este contexto, es importante recordar que un reto clave son los riesgos éticos asociados a la IA en general. En los capítulos 7 y 8 hemos visto que estos riesgos son mucho más importantes en ámbitos como la sanidad y la justicia penal, donde la privacidad de los datos es crucial y las decisiones tienen un impacto mucho mayor en las personas. Aun así, es vital minimizar los riesgos éticos que pueden surgir al aplicar soluciones de IA al cambio climático. Dado que los modelos de IA se «entrenan» utilizando conjuntos de datos existentes, existe la posibilidad de introducir sesgos en dichos modelos debido a los conjuntos de datos elegidos para el entrenamiento. Imaginemos, por ejemplo, el despliegue de la IA para determinar dónde instalar estaciones de carga para vehículos eléctricos. Utilizar los patrones de conducción existentes de los coches eléctricos podría sesgar los datos hacia un grupo demográfico más rico debido a la prevalencia relativamente mayor del uso de vehículos eléctricos entre los grupos de ingresos más altos. Esto, a su vez, crearía un obstáculo adicional para aumentar el uso del coche eléctrico en zonas menos ricas.

Otro posible escollo ético es la erosión de la autonomía humana. La lucha contra el cambio climático requiere una acción coordinada a gran escala, que incluya cambios sistémicos en la conducta individual. Hay que encontrar un equilibrio entre la protección de la autonomía individual y la aplicación a gran escala de políticas y prácticas respetuosas con el clima.

Por último, está el problema de la protección de la privacidad individual y de grupo (Floridi, 2014c). En los sistemas de control diseñados para disminuir las huellas de carbono en diferentes contextos, como el almacenamiento de energía (Dobbe *et al.*, 2019), la calefacción y refrigeración industrial

(Aftab *et al.*, 2017) y la agricultura de precisión (Liakos *et al.*, 2018), la eficacia de los sistemas de IA depende de datos granulares sobre las demandas de energía a menudo disponibles en tiempo real. Mientras que muchas soluciones de IA desplegadas en la batalla contra el cambio climático se basan en datos no personales, como datos meteorológicos y geográficos, algunas estrategias para limitar las emisiones pueden requerir datos relativos al comportamiento humano. Esta tensión se puso de manifiesto en una encuesta[11] realizada en trece países de la UE por el Instituto Vodafone para la Sociedad y las Comunicaciones. La encuesta puso de manifiesto que, si bien los europeos están dispuestos a compartir sus datos para ayudar a proteger el medio ambiente, una clara mayoría (53%) solo lo haría en condiciones estrictas de protección de datos.

4. IA Y CAMBIO CLIMÁTICO: HUELLA DE CARBONO DIGITAL

Quizá el mayor reto asociado al uso de la IA para abordar el cambio climático sea evaluar y contabilizar la huella de carbono de la propia tecnología. Al fin y al cabo, de poco sirve que las soluciones de IA contribuyan a paliar un aspecto del cambio climático mientras agravan otro. Tanto en lo que respecta a los modelos de formación como a los usos, la IA puede consumir grandes cantidades de energía y generar emisiones de GEI (García-Martín *et al.*, 2019; Cai *et al.*, 2020). Una parte significativa de la huella de carbono generada por la IA está asociada a la potencia informática necesaria para entrenar los sistemas de AM.

11   https://www.vodafone-institut.de/wp-content/uploads/2020/10/VFI-DE-Pulse_Climate.pdf [consultado el 25/9/2023].

Estos sistemas se entrenan alimentándolos con grandes cantidades de datos, lo que requiere centros de datos correspondientemente potentes. A su vez, estos centros de datos necesitan energía para funcionar. Recuerdo a la gente en el pasado, a la que el calor de un ordenador portátil en las piernas le revelaba una clara señal de impacto medioambiental. Hoy en día, tras la llegada del aprendizaje profundo, un tipo de AM que implica algoritmos que aprenden a partir de enormes cantidades de datos, la potencia de cálculo necesaria para el entrenamiento de modelos se ha duplicado cada 3,4 meses. Esto ha dado lugar a una creciente demanda de energía. El aumento en el consumo de energía asociado con el entrenamiento de modelos más grandes y con la adopción generalizada de la IA ha sido mitigado en parte por las mejoras en la eficiencia del *hardware*. Sin embargo, dependiendo de dónde y cómo se obtenga, almacene y suministre la energía, el aumento de la investigación en IA intensiva en computación puede tener importantes efectos negativos sobre el medio ambiente.

Son muchos los factores que contribuyen a la huella de carbono de la IA. Uno de ellos es la potencia informática necesaria para entrenar los modelos de AM. Con la aparición del aprendizaje profundo como técnica central de los sistemas de IA desde 2012, la potencia de cálculo necesaria para el entrenamiento de modelos ha experimentado un aumento exponencial (Amodei y Hernández, 2018). El resultado es un aumento de la demanda energética y, por tanto, de las emisiones de carbono. Pero su huella de carbono sigue siendo relativa a dónde y cómo se obtiene, almacena y suministra la electricidad. Como ejemplo, consideremos GPT-3, el modelo de lenguaje autorregresivo de tercera generación que utiliza el aprendizaje profundo para producir texto similar al humano. Su desarrollo es problemático desde el punto de vista medioambiental. Según la documentación publicada en mayo de 2020, GPT-3 requería una cantidad de potencia de cálculo (computación) varios órdenes de magnitud superior a la de su predecesor GPT-2, que se publicó solo un año antes. Debido a la falta de información sobre las condiciones de entrenamiento y el proceso de desarrollo de GPT-3, varios investigadores han intentado estimar el coste de una sola ejecución de entrenamiento utilizando diferentes metodologías (Anthony, Kanding y Selvan, 2020). Para determinar la huella de carbono de un sistema de IA, es necesario hacer un seguimiento de varios factores, como el tipo de *hardware* utilizado, la duración de una ejecución de entrenamiento, el número de redes neuronales entrenadas, la hora del día, el uso de memoria y los recursos energéticos utilizados por la red que suministra la electricidad (Henderson *et al.*, 2020). La omisión de algunos de estos datos puede sesgar las evaluaciones del carbono. Por lo tanto, se puede estimar el coste de una sola ejecución de entrenamiento para GPT-3, pero la publicación no revela cuántos modelos se entrenaron para lograr resultados publicables. Se ha de tener en cuenta, además, que es habitual que los investigadores de IA entrenen primero miles de modelos (Schwartz *et al.*, 2020).

A pesar de todas estas limitaciones, utilizando la información relativa a la cantidad de potencia de cálculo y el tipo de *hardware* que utilizaron los investigadores de OpenAI para entrenar GPT-3 (Brown *et al.*, 2020), haciendo suposiciones sobre el resto de las condiciones de entrenamiento del modelo (para más información, véase Cowls *et al.*, 2021a), y utilizando la calculadora de impacto de carbono de Lacoste *et al.* (2019), estimamos que una sola ejecución de entrenamiento de GPT-3 habría producido 223 920 kilogramos de CO_2 (o su equivalente,

CO_2eq). Si el proveedor de la nube hubiera sido Amazon Web Services, la ejecución de entrenamiento habría producido 279 900 kg de CO_2eq. Todo ello sin tener en cuenta las técnicas de contabilidad y compensación de los proveedores para lograr emisiones «totales cero». En comparación, un turismo típico en Estados Unidos emite unos 4 600 kg de CO_2eq al año, lo que significa que una sola ejecución de entrenamiento utilizando Microsoft Azure emitiría tanto como cuarenta y nueve coches en un año (EPA, 2016). Además, la geografía es importante. Es diez veces más costoso en términos de CO_2eq entrenar un modelo utilizando redes de energía en Sudáfrica que en Francia, por ejemplo.

La creciente disponibilidad de cantidades masivas de datos ha sido un factor importante que ha impulsado el auge de la IA. También lo han sido los nuevos métodos diseñados para aprovechar la ley de Moore, según la cual el rendimiento de los *microchips* se duplica cada dos años. La introducción de *chips* con múltiples núcleos de procesamiento aceleró enormemente ese desarrollo (Thompson *et al.*, 2020). Esta innovación ha permitido el desarrollo de sistemas de IA cada vez más complejos, pero también ha aumentado significativamente la cantidad de energía necesaria para investigarlos, entrenarlos y hacerlos funcionar. La tendencia es bien conocida y los principales operadores de centros de datos, como los proveedores de nubes como Microsoft Azure y Google Cloud, han tomado medidas significativas para reducir su huella de carbono invirtiendo en infraestructuras energéticamente eficientes, cambiando a energías renovables, reciclando el calor residual y otras medidas similares. Ambos proveedores han aprovechado la IA para reducir el consumo de energía de sus centros de datos, en algunos casos hasta en un 40% (Evans y Gao, 2016; Microsoft, 2018).

La demanda de centros de datos, clave para el sector de las TIC y el funcionamiento de la IA en entornos de investigación y producción, también ha crecido sustancialmente en los últimos años. Por un lado, el consumo energético de los centros de datos se ha mantenido relativamente estable (Avgerinou, Bertoldi y Castellazzi 2017, Shehabi *et al.* 2018, Jones 2018, Masanet *et al.* 2020). La Agencia Internacional de la Energía informa de que si se pueden mantener las tendencias actuales de eficiencia en el *hardware* y la infraestructura de los centros de datos, la demanda mundial de energía de los centros de datos (actualmente el 1% de la demanda mundial de electricidad) puede permanecer casi plana hasta 2022 a pesar de un aumento del 60% en la demanda de servicios. Por otra parte, incluso en la UE, donde la computación en nube energéticamente eficiente se ha convertido en una cuestión primordial de la agenda política, la Comisión Europea estima un aumento del 28% en el consumo energético de los centros de datos para 2030 (Comisión Europea, 2020). Una fuente de incertidumbre es la falta de transparencia en relación con los datos necesarios para calcular las emisiones de GEI de los centros de datos locales y de los proveedores de servicios en nube. Además, el cálculo de la huella de carbono de la IA no se limita a los centros de datos. Por lo tanto, sigue sin estar claro si el aumento de la eficiencia energética en los centros de datos compensará el rápido aumento de la demanda de potencia de cálculo. Tampoco está claro que el aumento de la eficiencia se produzca por igual en todo el mundo.

Por todas estas razones, es crucial evaluar la huella de carbono de las distintas soluciones de IA utilizadas en diferentes aspectos de la comprensión del cambio climático o en el desarrollo de 224 estrategias para abordar aspectos específicos del mismo. Pero esto también es problemático. Solo ahora empiezan a aparecer técnicas fáciles de utilizar para supervisar y controlar las emisiones de carbono de la investigación y el desarrollo de la IA. Aun así, algunos enfoques parecen prometedores. El objetivo es hacer un seguimiento de varios factores durante las fases de entrenamiento de los modelos para ayudar a evaluar y controlar las emisiones. Los factores incluyen el tipo de *hardware* utilizado, la duración del entrenamiento, los recursos energéticos utilizados por la red que suministra la electricidad, el uso de la memoria y otros.

Sin embargo, incluso los obstáculos más pequeños para reducir la huella de carbono de la IA son difíciles de superar debido a la falta de adopción generalizada de tales enfoques y, por tanto, a la falta de información en muchas publicaciones de investigación sobre IA. Esto también puede provocar emisiones de carbono innecesarias cuando otros investigadores intentan reproducir los resultados de los estudios sobre IA. Algunos trabajos no facilitan su código, mientras que otros proporcionan información insuficiente sobre las condiciones de entrenamiento de sus modelos. Además, no se informa del número de experimentos realizados por los investigadores antes de lograr resultados publicables. Algunos experimentos requieren el entrenamiento de miles de modelos durante las fases de investigación y desarrollo únicamente para lograr modestas mejoras de rendimiento. El ajuste puede requerir grandes cantidades de potencia de cálculo. Un ejemplo es un trabajo de investigación de Google Brain, que describe el entrenamiento de más de 12 800 redes neuronales para lograr una mejora del 0,09% en la precisión (Fedus, Zoph y Shazeer, 2021). La investigación moderna en IA ha tendido a centrarse en producir modelos más profundos y precisos en detrimento de la eficiencia energética.

Centrarse más en la precisión que en la mejora de la eficiencia tiende a crear una barrera de entrada muy alta, ya que solo los grupos de investigación que cuentan con una gran financiación pueden permitirse la potencia de cálculo necesaria. De este modo, se deja de lado a los equipos de investigación de organizaciones más pequeñas o de países en vías de desarrollo. También institucionaliza una actitud de «cuanto más grande, mejor» e incentiva las mejoras progresivas aunque sean insignificantes en términos de utilidad práctica. Algunos investigadores intentan reducir la carga computacional y el consumo energético de la IA mediante mejoras algorítmicas y la construcción de modelos más eficientes. Y también es vital tener en cuenta que, aunque el entrenamiento de modelos de IA consuma mucha energía, muchos de estos modelos alivian (o sustituyen por completo) tareas que de otro modo requerirían más tiempo, espacio, esfuerzo humano y energía.

Lo que hay que reconsiderar en este campo es su compromiso con la investigación intensiva en informática por sí misma. Debe alejarse de las métricas de rendimiento que se centran exclusivamente en las mejoras de precisión ignorando sus costes medioambientales. La UE tiene un papel clave que desempeñar. Dado el papel positivo que la IA puede tener en la lucha contra el cambio climático y teniendo en cuenta los objetivos de Europa tanto en materia de cambio climático como de digitalización, la UE sería un patrocinador perfecto a la hora de abordar las complejidades asociadas a la propia contribución de la tecnología al problema y de satisfacer la necesidad de una formulación de políticas coordinada y a varios niveles para garantizar el éxito de la adopción de soluciones de IA. Por eso este capítulo y las siguientes recomendaciones están escritos desde la perspectiva de la UE.

Como ya he subrayado antes, no es porque la UE sea el único o incluso el mejor actor en este ámbito. Más bien, es un actor suficientemente significativo que puede marcar la diferencia y predicar con el ejemplo.

5. TRECE RECOMENDACIONES A FAVOR DE LA IA CONTRA EL CAMBIO CLIMÁTICO

Las siguientes recomendaciones se centran en los dos grandes objetivos sugeridos anteriormente. En primer lugar, está el objetivo de aprovechar las oportunidades que ofrece la IA para combatir el cambio climático de forma éticamente correcta. En segundo lugar, minimizar la huella de carbono de la IA. Las recomendaciones instan a todas las partes interesadas a evaluar las capacidades existentes y las oportunidades potenciales, incentivar la creación de nuevas infraestructuras y desarrollar nuevos enfoques que permitan a la sociedad maximizar el potencial de la IA en el contexto del cambio climático, todo ello minimizando los inconvenientes éticos y medioambientales.

5.1. Promover una IA ética en la lucha contra el cambio climático

Realizar encuestas exhaustivas y celebrar conferencias mundiales no parece suficiente para recopilar, documentar y analizar el uso de la IA en la lucha contra el cambio climático. Es necesario hacer más para identificar y promover tales esfuerzos. La Estrategia Europea de Datos señala que la actual falta de datos también dificulta su uso para el bien público. Es necesario adoptar medidas legislativas y reglamentarias que fomenten el intercambio de datos entre empresas y entre empresas y administraciones públicas para promover el desarrollo de más y mejores soluciones basadas en la IA (ya sea como productos y servicios con ánimo de lucro o como esfuerzos para abordar cuestiones relacionadas con el clima sin un incentivo lucrativo).

Dados los objetivos de la Unión Europea en materia de cambio climático y digitalización, sería un patrocinador ideal de este tipo de incentivos. Con el acuerdo de que partes del Fondo de Recuperación del Coronavirus se dediquen específicamente a combatir el cambio climático y a la transición digital, parece haber muchas posibilidades de que estas recomendaciones se hagan realidad. La UE también está perfectamente posicionada para garantizar que se tomen medidas para evitar que los prejuicios y la discriminación se cuelen en las herramientas de IA, y para garantizar que las métricas de IA sean transparentes para todas las partes interesadas.

1. Crear incentivos para una iniciativa líder en el mundo (un observatorio) que documente las pruebas del uso de la IA en la lucha contra el cambio climático en todo el mundo, extraiga las mejores prácticas y lecciones aprendidas y difunda los resultados entre investigadores, responsables políticos y el público en general.
2. Elaborar normas de calidad, precisión, pertinencia e interoperabilidad de los datos para su inclusión en el futuro espacio común europeo de datos sobre el mercado verde; identificar los aspectos de la acción climática para los que sería más beneficioso disponer de más datos; y estudiar, en consulta con expertos en la materia y organizaciones de la sociedad civil, cómo

podrían agruparse estos datos en un espacio común mundial de datos sobre el clima.

3. Crear incentivos para la colaboración entre proveedores de datos y expertos técnicos del sector privado con expertos en la materia de la sociedad civil. Esto debería ocurrir en forma de «retos» destinados a garantizar que los datos del espacio común europeo sobre el mercado verde se utilicen eficazmente contra el cambio climático.

4. Crear incentivos para el desarrollo de respuestas sostenibles y escalables al cambio climático que incorporen la tecnología de la IA, aprovechando los recursos asignados del Fondo de Recuperación.

5. Desarrollar mecanismos para la auditoría ética de los sistemas de IA, que deberían desplegarse en contextos de cambio climático de alto riesgo en los que puedan utilizarse datos personales y/o puedan verse afectados comportamientos individuales. Garantizar que, antes del despliegue de estos sistemas, se faciliten declaraciones claras y accesibles sobre las métricas para las que se han optimizado los sistemas de IA y las razones que lo justifican. También debe garantizarse la posibilidad de que las partes interesadas afectadas cuestionen e impugnen el diseño y los resultados del sistema.

5.2. Medir y auditar la huella de carbono de la IA: investigadores y desarrolladores

Hay muchas medidas inmediatas que pueden tomar los investigadores y desarrolladores para garantizar que la huella de carbono de la IA se mide y controla adecuadamente. De hecho, ya se han dado muchos pasos, como animar a que los artículos presentados incluyan el código fuente para garantizar la reproducibilidad. También son necesarias mediciones sistemáticas y precisas para evaluar el consumo de energía y las emisiones de carbono de la IA en las actividades de investigación. Las recomendaciones 6 y 7 son fundamentales para normalizar la divulgación de información relativa a la huella de carbono de la IA, permitiendo a investigadores y organizaciones incluir consideraciones medioambientales a la hora de elegir herramientas de investigación.

6. Elaborar listas de control de congresos y revistas que incluyan la divulgación de, entre otros datos, el consumo de energía, la complejidad computacional y los experimentos (por ejemplo, el número de ejecuciones de entrenamiento y los modelos producidos) para alinear el campo en métricas comunes.

7. Evaluar la huella de carbono de los modelos de IA que aparecen en bibliotecas y plataformas populares, como PyTorch, TensorFlow y Hugging Face, para informar a los usuarios sobre sus costes medioambientales.

8. Crear incentivos para el inicio de métricas de eficiencia para la investigación y el desarrollo de la IA (incluida la formación de modelos) mediante la promoción de mejoras y objetivos de eficiencia en revistas, conferencias y desafíos.

5.3. Medir y controlar la huella de carbono de la IA: responsables políticos

Cuando se trata de acceder a la potencia de cálculo y hacer que la investigación en IA sea más accesible y asequible, los responsables políticos también tienen un papel vital que desempeñar para nivelar el terreno de juego. Un ejemplo es la propuesta de los investigadores de Estados Unidos de nacionalizar la infraestructura de la nube para ofrecer a más investigadores un acceso asequible. Un equivalente europeo permitiría a los investigadores de la UE competir más eficazmente a escala mundial, garantizando al mismo tiempo que la investigación se realice en una plataforma eficiente y sostenible.

9. Desarrollar infraestructuras de datos más ecológicas, inteligentes y baratas (por ejemplo, centros de datos de investigación europeos) para investigadores y universidades de toda la UE.

10. Evaluar la IA y su infraestructura subyacente (por ejemplo, los centros de datos) a la hora de formular estrategias de gestión de la energía y mitigación de las emisiones de carbono para garantizar que el sector europeo de la IA sea sostenible y excepcionalmente competitivo.

11. Desarrollar normas de evaluación y divulgación del carbono para la IA con el fin de ayudar al sector a alinear las métricas, aumentar la transparencia de la investigación y comunicar eficazmente las huellas de carbono a través de métodos como la adición de etiquetas de carbono a las tecnologías y modelos basados en IA que aparecen en bibliotecas, revistas y tablones de anuncios en línea.

12. Incentivar diversas agendas de investigación financiando y recompensando proyectos que se desvíen de la tendencia actual de investigación en IA intensiva en computación para explorar la IA energéticamente eficiente.

13. Incentivar la investigación ecológica y energéticamente eficiente condicionando la financiación de la UE a

que los solicitantes midan y comuniquen su consumo estimado de energía y sus emisiones de gases de efecto invernadero. La financiación podría fluctuar en función de los esfuerzos medioambientales realizados (por ejemplo, el uso de equipos eficientes o electricidad renovable, una eficacia de uso de la energía de <1,5).

6. Conclusión: una sociedad más sostenible y una biosfera más sana

La IA representa solo una parte del 1,4 % de las emisiones mundiales de GEI asociadas a las TIC (Malmodin y Lunden, 2018). Sin embargo, existe el riesgo de que las tendencias actuales en la investigación y el desarrollo de la IA aceleren rápidamente su huella de carbono. Dependiendo de los futuros aumentos de eficiencia y de la diversificación de las fuentes de energía, las estimaciones indican que el sector de las TIC será responsable de entre el 1,4 % (suponiendo un crecimiento estancado) y el 23 % de las emisiones mundiales en 2030 (Andrae y Edler, 2015; Malmodin y Lunden, 2018; C2E2, 2018; Belkhir y Elmeligi, 2018; Jones, 2018; Hintemann y Hinterholzer, 2019). En este contexto más amplio, mantener bajo control la huella de carbono de la IA depende de mediciones sistemáticas y precisas junto con continuas ganancias de eficiencia energética a medida que aumenta la demanda mundial. En la lucha contra el cambio climático, el impacto positivo de la IA puede ser muy significativo. Pero es crucial identificar y mitigar los posibles escollos éticos y medioambientales asociados a la tecnología. El compromiso de la UE con la defensa de los derechos humanos, la lucha contra el cambio climático y el fomento de la transición digital abre grandes oportunidades para garantizar que la IA pueda desarrollar todo su potencial. Las políticas adecuadas son cruciales. Si los responsables políticos las diseñan y aplican adecuadamente, será posible aprovechar el poder de la IA al tiempo que se mitiga su impacto negativo, allanando el camino para una sociedad justa y sostenible, y una biosfera más sana. Este punto es válido no solo para el cambio climático, sino para los diecisiete ODS establecidos por la ONU, como expondré en el próximo capítulo.

12. La IA y los Objetivos de Desarrollo Sostenible de la ONU

RESUMEN

Anteriormente, en el capítulo 11, analicé el impacto positivo y negativo de la IA en el cambio climático y ofrecí algunas recomendaciones para aumentar el primero y disminuir el segundo. Mencioné que el cambio climático es una de las áreas en las que se está utilizando la IA para apoyar los ODS de la ONU. Como vimos en el capítulo 9, las iniciativas que se basan en la IA para obtener resultados socialmente beneficiosos (la llamada IA-BS) van en aumento. Sin embargo, los intentos actuales de comprender y fomentar las iniciativas IA-BS se han visto limitados hasta ahora por la falta de análisis normativos y la escasez de pruebas empíricas. Tras los análisis presentados en los capítulos 9 a 11, este capítulo aborda estas limitaciones apoyando el uso de los ODS de las Naciones Unidas como punto de referencia para rastrear el alcance y la propagación de la IA-BS. El capítulo también presenta con más detalle una base de datos de proyectos de la iniciativa IA-BS (ya mencionada en el capítulo 11) recopilada utilizando este punto de referencia. Se analizan varios aspectos clave, como el grado en que se abordan los distintos ODS. El objetivo del capítulo es facilitar la identificación de problemas acuciantes que, si no se abordan, corren el riesgo de obstaculizar la eficacia de las iniciativas de IA-BS.

I. Introducción: ia-bs y los ods de la onu

Los ODS fueron fijados por la Asamblea General de las Naciones Unidas en 2015 para integrar las dimensiones económica, social y medioambiental del desarrollo sostenible.[1] Son prioridades acordadas internacionalmente para una acción socialmente beneficiosa y, por lo tanto, constituyen un punto de referencia suficientemente empírico y razonablemente libre de controversias para evaluar el impacto social positivo de la iniciativa IA-BS a escala mundial. Utilizar los ODS para evaluar las aplicaciones de IA-BS significa equiparar IA-BS con IA que apoya los ODS (IAXODS). Este movimiento, IA-BS = IAXODS (Cowls *et al.*, 2021b), puede parecer restrictivo porque sin duda hay multitud de ejemplos de usos socialmente buenos de la IA fuera del ámbito de los ODS. No obstante, el planteamiento ofrece cinco ventajas significativas.

En primer lugar, los ODS ofrecen unos límites claros, bien definidos y compartibles para identificar *positivamente* lo que es una IA socialmente buena (lo que debería hacerse frente a lo que debería anular). Sin embargo, no debe entenderse que indican lo que *no* es una IA socialmente buena.

En segundo lugar, los ODS constituyen objetivos de desarrollo acordados internacionalmente. Han comenzado a informar las políticas pertinentes en todo el mundo, por lo que plantean menos preguntas sobre la relatividad y la dependencia cultural de los valores. Aunque inevitablemente mejorables, son lo más cercano que tenemos a un consenso de toda la humanidad sobre lo que debe hacerse para promover un cambio social positivo, mejorar el nivel de vida y conservar nuestro entorno natural.

---

[1]   Programa de las Naciones Unidas para el Desarrollo (2015).

En tercer lugar, el corpus de investigación existente sobre los ODS ya incluye estudios y métricas sobre cómo medir el progreso en la consecución de cada uno de los 17 objetivos y las 169 metas asociadas definidas en la Agenda 2030 para el Desarrollo Sostenible.[2] Estas métricas pueden aplicarse para evaluar el impacto de la IA en los ODS (Vinuesa *et al.*, 2020).

En cuarto lugar, centrarse en el impacto de los proyectos basados en la IA en diferentes ODS puede mejorar los esfuerzos existentes. También puede dar lugar a nuevas sinergias entre los proyectos que abordan diferentes ODS, aprovechando aún más la IA para obtener información a partir de conjuntos de datos grandes y diversos. En última instancia, puede allanar el camino a proyectos de colaboración más ambiciosos.

Por último, comprender IA-BS en términos de IAxODS permite una mejor planificación y asignación de recursos una vez que queda claro cuáles son los ODS que están poco atendidos y por qué.

2. Evaluar la evidencia de la IAxODS

En vista de las ventajas de utilizar los ODS de la ONU como punto de referencia para evaluar IA-BS, en el Laboratorio de Ética Digital hicimos una encuesta internacional de proyectos IAxODS. Realizada entre julio de 2018 y noviembre de 2020, la encuesta consistió en recopilar datos sobre proyectos de IAxODS que cumplieran los cinco criterios siguientes:

1. Solo proyectos que abordaban (aunque no explícitamente) al menos uno de los diecisiete ODS.

---

2 *Ibid.*

2. Solo proyectos concretos de la vida real basados en alguna forma real de IA (IA simbólica, redes neuronales redes simbólicas, AM, robots inteligentes, procesamiento del lenguaje natural, etc.) en lugar de limitarse a hacer referencia a la IA, lo que constituye un problema nada desdeñable entre las nuevas empresas de IA en general.[3]

3. Solo proyectos desarrollados y utilizados «sobre el terreno» durante al menos seis meses, en contraposición a proyectos teóricos o proyectos de investigación aún por desarrollar (por ejemplo, patentes o programas de subvención).

5. Solo proyectos con un impacto positivo demostrable, por ejemplo, documentado a través de una página web, un artículo periodístico, un artículo científico, un informe de una ONG, etc.

6. Solo proyectos sin contraindicaciones, efectos secundarios negativos o contraefectos significativos, o con pruebas mínimas de los mismos.

Los requisitos (3) y (4) eran cruciales para desenterrar casos concretos de IAXODS, es decir, proyectos con un historial probado de impacto sólido y positivo (en contraposición a la identificación de proyectos de investigación o herramientas desarrolladas en laboratorios y formadas sobre datos que pueden resultar inadecuados o inviables cuando la tecnología se despliega fuera de entornos controlados). No se asumieron restricciones sobre quién desarrolló el proyecto, dónde o por quién fue utilizado, quién lo apoyó financieramente o si el proyecto era de código abierto, excepto en el caso de

---

3 Ram (4 de marzo de 2019), https://www.ft.com/content/21b19010-3e9f-11e9-b896-fe36ec32aece [consultado el 25/9/2023]

proyectos realizados únicamente por entidades comerciales con sistemas totalmente propietarios. Se excluyeron estos últimos proyectos.

Los proyectos se descubrieron a través de una combinación de recursos, incluidas bases de datos académicas (ArXiv y Scopus), comunicados de prensa gubernamentales, registros de patentes, seguimiento de informes, compromisos públicos con los ODS de la ONU realizados por organizaciones y bases de datos existentes (incluidas las de la UIT y la asociación FAIR LAC del Banco Interamericano de Desarrollo). Este enfoque se basó en el trabajo realizado por (Vinuesa *et al.*, 2020), que utilizó un proceso de consulta a expertos para determinar cuáles de los ODS podrían verse afectados por la IA, ofreciendo pruebas empíricas de los beneficios reales que ya se están percibiendo con respecto a varios ODS.

De un grupo más amplio, la encuesta identificó 108 proyectos que cumplían estos criterios. Los datos sobre los proyectos de IA y ODS recogidos en este estudio están a disposición del público en la base de datos.[4] Esto forma parte de la Iniciativa de Investigación de Oxford sobre «Objetivos de Desarrollo Sostenible e Inteligencia Artificial»[5] que dirigí en colaboración con la Escuela de Negocios Said de Oxford. Presentamos los primeros resultados de nuestra investigación en septiembre de 2019 en un evento paralelo durante la Asamblea General anual de la ONU, y luego otra vez en 2020. La base de datos que creamos fue incorporada en 2023 a la base de datos del *think tank* «IA para los Objetivos de Desarrollo Sostenible».[6] Los resultados fueron publicados en Mazzi y Floridi (2023).

4   https://www.aiforsdgs.org/all-projects [consultada el 3/10/2023].
5   https://www.aiforsdgs.org/ [consultada el 3/10/2023].
6   Disponible en https://www.ai-for-sdgs.academy/ [consultada el 16/4/2024].

El análisis (véase la Imagen 17) muestra que cada ODS ya está siendo abordado por al menos un proyecto basado en IA. Indica que el uso de la IA en los ODS es un fenómeno cada vez más global, con proyectos que operan en los cinco continentes. Pero también que el fenómeno no se distribuye por igual entre los ODS. El Objetivo 3 («Buena salud y bienestar») encabeza la lista, mientras que los Objetivos 5 («Igualdad de género»), 16 («Paz, justicia e instituciones sólidas») y 17 («Alianzas para lograr los Objetivos») parecen ser abordados por menos de cinco proyectos.

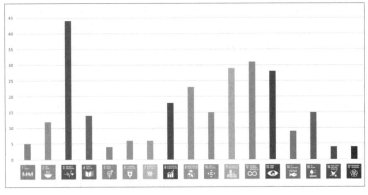

IMAGEN 17. Muestra de 108 proyectos de IA que abordan los ODS

Es importante señalar que el uso de la IA para abordar al menos uno de los ODS no se corresponde necesariamente con el éxito. Obsérvese también que un proyecto puede abordar varios ODS simultáneamente o en diferentes plazos y de diferentes maneras. Por otra parte, es muy poco probable que incluso el éxito completo de un proyecto determinado se traduzca en la erradicación de todos los retos asociados a un ODS. Esto se debe principalmente a que cada ODS se refiere a retos arraigados que están muy extendidos y son de naturaleza estructural. Esto se refleja bien en la forma en que están organizados los ODS: los diecisiete objetivos tienen varias metas, y algunas metas tienen a su vez más de una métrica de éxito. La encuesta muestra qué ODS están siendo abordados por la IA a alto nivel. Sin embargo, se requiere un análisis más detallado para evaluar el alcance del impacto positivo de las intervenciones basadas en la IA con respecto a los indicadores específicos de los ODS, así como los posibles efectos en cascada y las consecuencias imprevistas. Como indicaré en la conclusión, aún queda mucha investigación por hacer.

La desigual asignación de esfuerzos detectada por la encuesta puede deberse a las limitaciones de nuestros criterios al llevarla a cabo. Pero dado el grado de análisis sistemático y búsqueda realizado, es más probable que señale divergencias subyacentes en cuanto a la idoneidad del uso de la tecnología de IA para abordar cada objetivo. Por ejemplo, la idoneidad de la IA para un problema determinado también depende de la capacidad de formalizar ese problema en un nivel útil de abstracción (Floridi, 2008a). Es posible que objetivos como «Igualdad de género» o «Paz y justicia e instituciones sólidas» sean más difíciles de formalizar que problemas relacionados más directamente con la asignación de recursos, como «Energía asequible y limpia» o «Agua limpia y saneamiento».

También observamos diferencias en la distribución geográfica de los esfuerzos. Por ejemplo, los proyectos con sede en Sudamérica perseguían principalmente los objetivos de «Reducción de las desigualdades», «Educación de calidad» y «Buena salud y bienestar» (25 de los 108 proyectos). Las cuestiones más detalladas que suscita la encuesta, como qué explica la divergencia observada y cómo puede superarse o qué puede explicar la diferente distribución geográfica de los proyectos, requerirán más trabajo. De ello se ocupa nuestra investigación actual.

Conviene subrayar que, aunque uno de los criterios de la encuesta era que los proyectos ya hubieran demostrado un impacto positivo, en muchos casos este impacto era «solo» local o se encontraba en una fase inicial. Por lo tanto, sigue habiendo dudas sobre cuál es la mejor manera de «ampliar» las soluciones existentes para aplicarlas a escala regional o incluso mundial. La idea de ampliar las soluciones resulta atractiva. Esto se debe a que implica que el éxito demostrable en un dominio o área puede reproducirse en otros lugares, reduciendo los costes de duplicación (por no mencionar el entrenamiento computacionalmente intenso y, por tanto, problemático para el medio ambiente de los sistemas de IA). De hecho, como destacamos más adelante, aprender de los éxitos y fracasos es otra área crítica para la investigación futura.

Pero al preguntarnos cómo pueden ampliarse los éxitos, es importante no pasar por alto el hecho de que la mayoría de los proyectos de nuestro estudio ya representan una «reducción» de la tecnología existente. Más concretamente, la mayoría de los ejemplos de IAXODS reflejan la readaptación de herramientas y técnicas de IA existentes (desarrolladas *in silico* en contextos de investigación académica o industrial) para el problema específico en cuestión. Esto puede explicar en parte por qué en algunas áreas (como «Buena salud y bienestar») están floreciendo más proyectos IAXODS que en otras (como «Igualdad de género»), donde las herramientas y técnicas son relativamente escasas o aún no están igual de maduras. Esto también sugiere que IAXODS implica primero una situación en la que se consideran numerosas opciones (*in silico* y/o *in vivo*) para abordar una meta concreta de los

ODS en un lugar determinado. A continuación, se produce un «despliegue» que implica la difusión y adopción iterativa de los éxitos verificados en ámbitos y áreas adyacentes.

El análisis sugiere que los 108 proyectos que cumplen los criterios coinciden con los siete factores esenciales para una IA socialmente buena identificados en el capítulo 9: falsabilidad y despliegue incremental; salvaguardias contra la manipulación de predictores; intervención contextualizada en el receptor; explicación contextualizada en el receptor y propósitos transparentes; protección de la privacidad y consentimiento del sujeto de los datos; equidad situacional; y semantización respetuosa con el ser humano. Cada factor se relaciona con al menos uno de los cinco principios éticos de la IA —beneficencia, no maleficencia, justicia, autonomía y explicabilidad— identificados en el análisis comparativo del capítulo 4.

Esta coherencia es crucial: los IAxODS no pueden ser incoherentes con los marcos éticos que guían el diseño y la evaluación de cualquier tipo de IA. También hemos visto en los capítulos 4 y 11 que el principio de «beneficencia» es relevante a la hora de considerar la IA para los ODS, ya que establece que el uso de la IA debe beneficiar a la humanidad y nuestro entorno natural. Por lo tanto, los proyectos de IA para los ODS deben respetar y aplicar este principio. Pero aunque la beneficencia es una condición necesaria para que los proyectos de IAxODS tengan éxito, no es suficiente. El impacto benéfico de un proyecto de IAxODS puede verse «contrarrestado» por la creación o amplificación de otros riesgos o daños (véanse los capítulos 5, 7, 8 y 11). Los análisis éticos que informan el diseño, el desarrollo y el despliegue (incluida la supervisión) de las iniciativas de IA para los ODS desempeñan un papel fundamental en la mitigación de los riesgos previsibles que implican consecuencias no deseadas y posibles usos indebidos de la tecnología. Aquí, un ejemplo específico puede ayudar a aclarar el punto.

3. LA IA PARA IMPULSAR LA «ACCIÓN CLIMÁTICA»

Como anticipé en el capítulo 11, pero en términos de enfoque actual, el decimotercer objetivo, «Acción por el clima» (ODS 13), ocupa el cuarto lugar en la base de datos de Oxford, con 28 de las 108 iniciativas que lo abordan. Esto es así a pesar de los problemas éticos y medioambientales vinculados al uso de la IA, es decir, los intensos requisitos computacionales (y, por tanto, el alto consumo de energía) que requiere el entrenamiento de sistemas de aprendizaje profundo exitosos (Dandres *et al*., 2017; Strubell, Ganesh y McCallum, 2019; Cowls *et al*., 2021a).

Para explorar el grado en que la IA ya se está desarrollando para abordar el ODS 13, y específicamente cómo está ocurriendo, se pueden cruzar las iniciativas en el conjunto de datos que se codificaron abordando el objetivo de «Acción Climática» con las áreas de los treinta y cinco casos de uso prospectivos a través de trece dominios identificados en un esfuerzo de alcance a gran escala realizado por Rolnick *et al*. (2019). Como detalla la Imagen 18, al menos una iniciativa en nuestro conjunto de datos aborda ocho de los trece aspectos de la acción climática identificados por Rolnick y sus colegas.

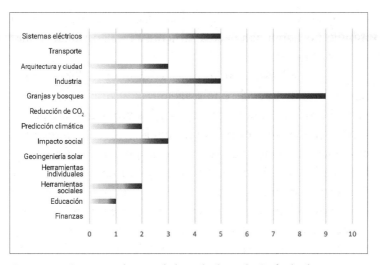

IMAGEN 18. Proyectos de IA en la base de datos de Oxford sobre IAXODS[7]

Los proyectos que se basan en la IA para apoyar la «acción climática» en nuestro conjunto de datos provienen de varios países. Esto sugiere una dispersión geográfica razonable, pero es importante señalar que la mayoría de estos países (Australia, Francia, Alemania, Japón, Eslovenia, Corea del Sur, Emiratos Árabes Unidos, Reino Unido y Estados Unidos) se consideran parte del Norte Global. Solo cuatro proyectos tenían su sede en el Sur Global, concretamente en Argentina, Perú y Chile. Esto no significa, por supuesto, que estas iniciativas no tengan impacto en otras partes del mundo; por poner un ejemplo, Global Forest Watch es un proyecto con sede en Reino Unido que intenta rastrear y proteger los bosques de todo el mundo. No obstante, esta conclusión pone de manifiesto el riesgo de

---

7   Los proyectos están organizados según los dominios de respuesta a la crisis climática identificados por (Rolnick *et al.*, 2019).

que los proyectos con sede (y financiación) en una parte del mundo no respondan necesariamente a las necesidades reales de otros lugares.

En general, este estudio de caso aporta pruebas preliminares prometedoras de que la IA se está utilizando de hecho para abordar el cambio climático y los problemas asociados. Como se desprende de las referencias cruzadas anteriores, esto encaja con investigaciones más amplias que sugieren que la IA podría y debería desarrollarse y utilizarse con este fin. Como muestran Rolnick *et al.* (2019), la IA podría apoyar los esfuerzos para mitigar el cambio climático en trece dominios existentes y potenciales que van desde la eliminación de CO_2, la optimización del transporte hasta la protección forestal. El potencial de la IA para apoyar la acción climática también ha sido reconocido por un consorcio de académicos, ONG y empresas energéticas que escribieron al gobierno de Reino Unido en 2019 para solicitar el establecimiento de un centro internacional de «IA, Energía y Clima».[8]

El panorama anterior indica que ya están «manos a la obra» con la IA para abordar la crisis climática, incluso si tales esfuerzos se encuentran solo en una etapa inicial. Dados los estrictos criterios aplicados en nuestro proceso de muestreo (por ejemplo, que los proyectos deben haber tenido pruebas de un impacto positivo), nuestras pruebas muestran una dirección positiva. Al mismo tiempo, pone de relieve que aún queda mucho por hacer, con varias lagunas existentes hacia las que las iniciativas prospectivas podrían orientar sus esfuerzos.

---

8 Shrestha (2019). https://www.energylivenews.com/2019/08/20/leadingenergy-and-tech-groups-call-for-international-centre-for-ai-energy-and-climate/ [consultado el 25/09/2023]

6. Conclusión: una agenda de investigación para IAXODS

Cada vez son más los proyectos que utilizan IA-BS para abordar los ODS de la ONU. Las tecnologías de IA no son la panacea. Pero pueden ser una parte importante de la solución y ayudar a abordar los grandes retos, tanto sociales como medioambientales, a los que se enfrenta la humanidad hoy en día. Si se diseñan bien, las tecnologías de la IA pueden fomentar la obtención de buenos resultados sociales a una escala y con una eficiencia sin precedentes. Por lo tanto, es crucial proporcionar una estructura coherente dentro de la cual puedan prosperar los proyectos de IAXODS nuevos y existentes.

Los próximos pasos para comprender la iniciativa IA-BS en términos de IAXODS son analizar qué factores determinan el éxito o el fracaso de los proyectos de IA para los ODS, en particular en lo que respecta a sus repercusiones específicas sobre el terreno; explicar las lagunas y discrepancias entre el uso de la IA para abordar diferentes ODS e indicadores, así como los desajustes entre el lugar en el que se basan los proyectos y el lugar en el que las necesidades relacionadas con los ODS son mayores; y aclarar qué funciones podrían desempeñar las principales partes interesadas para impulsar el éxito de los proyectos de IAXODS y abordar lagunas o discrepancias importantes. Inevitablemente, todo esto tendrá que basarse en un enfoque multidisciplinar. Tendrá que implicar una investigación más profunda de los proyectos de IAXODS en los lugares y comunidades donde se desarrollan y despliegan. Y requerirá una perspectiva más amplia, al menos en términos de qué tipo de proyecto humano queremos diseñar y perseguir en el siglo XXI. Este es el tema del próximo y último capítulo.

13. Conclusión: el verde y el azul

RESUMEN

A lo largo de este libro he analizado la naturaleza de la IA, su impacto positivo y negativo, las cuestiones éticas que se derivan de ella y qué medidas pueden adoptarse para garantizar que sea más probable el desarrollo de una buena sociedad de la IA. Este último capítulo extrae algunas conclusiones generales y ofrece una visión de lo que puede estar por venir: un paso de la ética de la agencia artificial a la política de las acciones sociales, para perseguir un proyecto humano basado en el matrimonio entre el verde de todos nuestros entornos y el azul de todas nuestras tecnologías digitales.

1. INTRODUCCIÓN: DEL DIVORCIO ENTRE AGENCIA E INTELIGENCIA AL MATRIMONIO ENTRE EL VERDE Y EL AZUL

A veces olvidamos que nuestra vida sin una buena política, una ciencia fiable y una tecnología robusta pronto se convierte en «solitaria, pobre, desagradable, brutal y corta», tomando prestada la frase del *Leviatán* de Thomas Hobbes. La crisis de la COVID-19 nos ha recordado trágicamente que la naturaleza puede ser despiadada. Solo el ingenio humano y la buena voluntad pueden mejorar y salvaguardar el nivel de vida de miles de millones de personas y su entorno. Hoy en día, gran parte de este ingenio está ocupado en llevar a cabo una revolución de época: la transformación de un mundo exclusivamente analógico en otro cada vez más digital. Los efectos ya los podemos apreciar en nuestro día a día. Esta es la primera pandemia en la que un nuevo hábitat, como es la «infoesfera», nos ha ayudado a superar los peligros de la «biosfera». Llevamos tiempo viviendo *onlife* (recordemos, tanto *online* como *offline*), pero la pandemia ha convertido la experiencia *onlife* en una realidad sin vuelta atrás posible para todo el planeta.

En los capítulos anteriores se ha argumentado que el desarrollo de la IA es un factor importante en esta revolución de época. La IA debe interpretarse como la ingeniería de artefactos para hacer cosas que requerirían inteligencia si fuéramos capaces de hacerlas. Esto se ilustra con un ejemplo clásico que he utilizado más de una vez: aunque solo es tan inteligente como una tostadora, un *smartphone* puede ganar a casi cualquiera al ajedrez. En otras palabras, la IA es un divorcio sin precedentes entre la capacidad de completar tareas o resolver problemas con éxito con vistas a un objetivo y cualquier necesidad de ser inteligente al hacerlo. Este divorcio exitoso únicamente ha sido posible en los últimos años, gracias al aumento vertiginoso de las cantidades de datos, a la gigantesca potencia de cálculo a costes cada vez más bajos, a herramientas estadísticas muy sofisticadas y a la transformación de nuestros hábitats en lugares cada vez más propicios para la IA, a través de un proceso que hemos definido como «envolvimiento». Cuanto más vivimos en la infoesfera y en la vida virtual, más compartimos nuestras realidades cotidianas con formas artificiales de agencia, y más puede la IA ocuparse de un número cada vez mayor de problemas y tareas. No hay más límite para la IA que el ingenio humano.

Desde esta perspectiva histórica y ecológica, la IA es una tecnología asombrosa, una nueva forma de agencia que puede ser una poderosa fuerza para el bien de dos maneras principales. Puede ayudarnos a conocer, comprender y prever más y mejor los numerosos retos que se están haciendo tan acuciantes, especialmente el cambio climático, la injusticia social y la pobreza mundial. La gestión eficaz de datos y procesos por parte de la IA puede acelerar el círculo virtuoso entre más información, mejor ciencia y mejores políticas. Sin embargo, el conocimiento solo es poder cuando se traduce en acción. La IA puede ser una notable fuerza positiva también en este caso, ayudándonos a mejorar el mundo y no solo nuestra interpretación de él. La pandemia nos ha recordado que los problemas a los que nos enfrentamos son complejos, sistémicos y globales. No podemos resolverlos individualmente. Necesitamos *coordinarnos* para no estorbarnos unos a otros, *colaborar* para que cada uno haga su parte y *cooperar* para trabajar juntos más, mejor y a escala internacional. La IA puede permitirnos ofrecer estas 3C de forma más eficiente (mediante más resultados con menos recursos), eficaz (mediante mejores resultados) e innovadora (mediante nuevos resultados).

Aquí nos encontramos con un «pero». Hemos visto que el ingenio humano sin buena voluntad puede ser peligroso. Si la IA no se controla y dirige de forma equitativa y sostenible, puede exacerbar los problemas sociales debidos a la parcialidad o la discriminación; erosionar la autonomía y la responsabilidad humanas; y magnificar problemas del pasado que van desde la brecha digital y la injusta asignación de la riqueza hasta el desarrollo de una cultura de la mera distracción, la del «*panem et digital circenses*» («pan y circo digital»). La IA corre el riesgo de pasar de ser parte de la solución a ser parte del problema. Por ello, iniciativas éticas como las descritas en el capítulo 4 y, en última instancia, una buena normativa internacional, son esenciales para garantizar que la IA siga siendo una poderosa fuerza para el bien.

IA-BS forma parte de un nuevo matrimonio entre el «verde» de todos nuestros hábitats (ya sean naturales, sintéticos y artificiales, desde la biosfera a la infoesfera, desde los entornos urbanos a las circunstancias económicas, sociales y políticas) y el «azul» de nuestras tecnologías digitales (desde los teléfonos móviles a las plataformas sociales, desde el Internet de las cosas al *big data,* desde la IA a la futura computación cuántica). Con todas sus ventajas, el matrimonio entre el verde y el azul contrarresta el divorcio entre agencia e inteligencia con todos sus riesgos. Es nuestra responsabilidad diseñar y gestionar ambos con éxito. La pandemia ha dejado claro que lo que está en juego no es tanto la innovación digital como la buena gobernanza de lo digital. Las tecnologías se multiplican y mejoran a diario. Para salvar nuestro planeta y a nosotros mismos (de nosotros mismos), podemos y debemos utilizarlas mucho mejor. Basta pensar en la propagación de la desinformación relacionada con la COVID-19 en las redes sociales, o en la ineficacia de las llamadas aplicaciones contra el coronavirus. La pandemia también podría interpretarse como el ensayo general de lo que debería ser el proyecto humano para el siglo XXI: un matrimonio fuerte y fructífero entre el verde y el azul. Juntos podemos conseguir que sea un éxito apoyándonos en más y mejor filosofía, no en menos y peor.

2. EL PAPEL DE LA FILOSOFÍA COMO DISEÑO CONCEPTUAL

Durante algún tiempo, la frontera del ciberespacio ha sido la división hombre/máquina. Hoy, nos hemos adentrado en la infoesfera. Su carácter omnipresente depende también de la medida en que aceptemos su naturaleza digital como parte integrante de nuestra realidad y transparente para nosotros (en el sentido de que ya no se percibe como presente). Lo importante no es mover *bits* en lugar de átomos. Se trata de una interpretación anticuada de la sociedad de la información, basada en la comunicación y demasiado deudora de la sociología de los medios de comunicación de masas. En cambio, lo que importa es el hecho mucho más radical de que nuestra comprensión y conceptualización de la esencia y el tejido de la realidad está cambiando. De hecho, hemos empezado a aceptar lo virtual como parcialmente real y lo real como parcialmente virtual. Así, la sociedad de la información se ve mejor como una sociedad neomanufacturera en la que las materias primas y la energía han sido sustituidas por los datos y la información, el nuevo oro digital, y la verdadera fuente de valor añadido. Aparte de la comunicación y las transacciones, la creación, el diseño y la gestión de la información son claves para comprender correctamente nuestra situación y desarrollar una infoesfera sostenible. Esta comprensión requiere una nueva narrativa. Es decir, requiere un nuevo tipo de historia realista y fiable que nos contemos a nosotros mismos para dar sentido a nuestro predicamento y diseñar el proyecto humano que deseamos perseguir. Esto puede parecer un paso anacrónico en la dirección equivocada. Hasta hace no mucho, se criticaban mucho las «grandes narrativas», desde el marxismo y el neoliberalismo hasta el llamado «fin de la historia». Pero lo cierto es que también esa crítica no era más que otra narrativa, y en ningún caso funcionaba. Una crítica sistemática de las grandes narrativas es inevitablemente parte del problema que intenta resolver. Entender por qué hay narrativas, qué las justifica y qué mejores narrativas pueden sustituirlas es un camino menos infantil y sustancialmente más fructífero.

Las tecnologías de la información y la comunicación están creando el nuevo entorno informativo en el que las generaciones futuras pasarán la mayor parte de su tiempo. Las anteriores revoluciones en la creación de riqueza (especialmente la agrícola y la industrial) provocaron transformaciones macroscópicas en nuestras estructuras sociales y políticas y en nuestros entornos arquitectónicos. Estas se produjeron a menudo sin mucha previsión, y normalmente con profundas implicaciones conceptuales y éticas. Tanto si se entiende en términos de creación de riqueza como de reconceptualización de nosotros mismos, la revolución de la información no es menos dramática. Estaremos en serios problemas si no nos tomamos en serio el hecho de que estamos construyendo nuevos entornos que serán habitados por las generaciones futuras.

Ante este importante cambio en el tipo de interacciones mediadas por las TIC de las que disfrutaremos cada vez más con otros agentes (ya sean biológicos o artificiales) y en nuestra autocomprensión, es vital un enfoque ético para abordar los nuevos retos que plantean las TIC. Este debe ser un enfoque que no privilegie lo natural o intacto, sino que trate como auténticas y genuinas todas las formas de existencia y comportamiento, incluso las basadas en artefactos artificiales, sintéticos, híbridos y de ingeniería. La tarea consiste en formular un marco ético que pueda tratar la infoesfera como un nuevo entorno digno de la atención y el cuidado morales de los agentes humanos que la habitan.

Dicho marco ético debe abordar y resolver los retos sin precedentes que surgen en el nuevo entorno. Debe ser una «ética e-medioambiental» para toda la infoesfera, como he defendido durante algún tiempo con poco éxito (Floridi, 2013). Lo que podríamos calificar de «e-medioambientalismo sintético» (tanto en el sentido de holístico o inclusivo, como en el sentido de artificial) requerirá un cambio en cómo nos percibimos a nosotros mismos y nuestros roles con respecto a la realidad, qué consideramos digno de nuestro respeto y cuidado, y cómo podríamos negociar una nueva alianza entre lo natural y lo artificial. Requerirá una reflexión seria sobre el proyecto humano y una revisión crítica de nuestras narrativas actuales a nivel individual, social y político. Son cuestiones urgentes que merecen toda nuestra atención.

Por desgracia, sospecho que hará falta algún tiempo y todo un nuevo tipo de educación y sensibilidad antes de que nos demos cuenta de que la infoesfera es un espacio común, uno que hay que preservar en beneficio de todos. La filosofía como diseño conceptual (Floridi, 2019d) debería contribuir no solo con un cambio de perspectiva, sino también con esfuerzos constructivos que puedan traducirse en políticas. Debería ayudarnos a mejorar nuestra autocomprensión y a desarrollar una sociedad que pueda cuidar tanto de la humanidad como de la naturaleza.

3. VOLVER A «LAS SEMILLAS DEL TIEMPO»

En el capítulo 2 vimos cómo Galileo pensaba que la naturaleza era como un libro escrito con símbolos matemáticos que podía ser leído por la ciencia. Puede que en su momento fuera una exageración metafórica, pero hoy en día el mundo en que vivimos se está convirtiendo cada vez más en un libro escrito con dígitos, que puede ser leído y ampliado por la informática y la ciencia de datos. Dentro de ese libro, las tecnologías digitales tienen cada vez más éxito porque son las verdaderas nativas de la infoesfera, como peces en el agua. Esto explica también por qué las aplicaciones de IA son mejores que nosotros en un número creciente de tareas: somos meros organismos analógicos que intentan adaptarse a un hábitat tan nuevo simplemente viviendo *onlife*. El cambio epocal de nuestro entorno hacia una infoesfera mixta que es, a la vez, analógica y digital, junto con el hecho de que compartimos la infoesfera con AA cada vez más autónomas inteligentes y sociales, tiene profundas consecuencias. Algunas de estas «semillas del tiempo» (recurriendo de nuevo a la metáfora de Shakespeare, presentadas en el capítulo 3) son aún indetectables. Solo las descubriremos con el tiempo. Otras son apenas perceptibles. Y otras están ante nuestros ojos. Permítanme empezar por estas últimas.

Los agentes de IA pueden ser blandos (*apps*, *webots*, algoritmos, *software* de todo tipo) o duros (robots, coches sin conductor, relojes inteligentes y *gadgets* de todo tipo). Estos agentes están sustituyendo a los humanos en áreas que hace unos años se consideraban fuera del alcance de cualquier tecnología. Los agentes artificiales están catalogando imágenes, traduciendo documentos, interpretando radiografías, pilotando *drones,* extrayendo nueva información de enormes masas de datos y haciendo muchas otras cosas que se suponía que solo podían hacer los trabajadores de cuello blanco. Los trabajadores, permítanme el anglicismo, de «cuello marrón»[1] (*brown-collar*) del sector primario (agricul-

---

1   Mientras que en el original Floridi sigue el tradicional código cromático an-

tura, ganadería, pesca, minería, etc.) y los de «cuello azul» (*blue-collar*) del sector secundario (la industria) llevan décadas sintiendo sobre sus nucas la presión digital. Los trabajadores del sector terciario o de servicios son el siguiente objetivo, por lo que una gran cantidad de empleos de «cuello blanco» (*white-collars*) también desaparecerán o se transformarán por completo. Cuántos y con qué rapidez, solo podemos razonablemente adivinarlo, pero es probable que la perturbación sea profunda. Dondequiera que los humanos trabajen hoy como interfaces, ese trabajo está en peligro. Por ejemplo, los humanos trabajan actualmente como interfaces entre un GPS y un coche, entre dos documentos en diferentes idiomas, entre unos ingredientes y un plato, entre los síntomas y la enfermedad correspondiente. Al mismo tiempo, aparecerán nuevos empleos. Serán necesarias nuevas interfaces entre servicios prestados por ordenadores, entre sitios web, entre aplicaciones de IA, entre los resultados de la IA, etc. Alguien tendrá que comprobar (y ocuparse de) que una traducción aproximadamente buena sea una traducción suficientemente fiable. Muchas tareas seguirán siendo demasiado caras para las aplicaciones de IA, incluso suponiendo que la IA pueda realizarlas. Pensemos, por ejemplo, en Amazon. Ya vimos en el capítulo 2 que la empresa proporciona «acceso a más de 500 000 trabajadores de 190 países»,[2] los llamados *turcos,* que Amazon también define como «inteligencia artificial artificial». La repetición aquí, cuanto menos, es indicativa: se trata de trabajos mecánicos pagados con céntimos. No

---

glosajón para referirse a los tipos de trabajos (cuellos marrones, azules, blancos y, finalmente, verdes), en la versión en castellano he optado por seguir el correspondiente código numeral (sector primario, secundario, terciario y, finalmente, cuaternario) por su mayor consolidación de en el ámbito hispanohablante. *(N. del T.)*
2   https://requester.mturk.com/create/projects/new [consultado el 25/9/2023].

es el tipo de trabajo que uno desearía para sus hijos, pero sigue siendo un tipo de trabajo que mucha gente necesita y no puede rechazar. Está claro que la IA corre el riesgo de polarizar aún más nuestra sociedad, a menos que establezcamos mejores marcos jurídicos y éticos. La polarización se producirá sobre todo entre los pocos que están por encima de las máquinas (los nuevos capitalistas) y los muchos que están por debajo de las máquinas (el nuevo proletariado). Los impuestos también se irán con los empleos, aunque esto es algo más lejano en el futuro. Sin trabajadores no hay contribuyentes, esto es obvio, y las empresas que se aprovechen de la IA-ficación de las tareas no serán tan generosas como con sus antiguos empleados a la hora de apoyar el bienestar social. Habrá que hacer algo para que las empresas y las personas acomodadas paguen más impuestos. Así pues, la legislación también influirá a la hora de determinar qué puestos de trabajo tendrán que seguir siendo «humanos». Los trenes sin conductor seguirán siendo una rareza también por razones legislativas,[3] aunque sean mucho más fáciles de gestionar que los taxis o autobuses sin conductor. Inevitablemente, la normativa contribuirá significativamente a cómo diseñemos el futuro de nuestra infoesfera y protejamos tanto a la humanidad como al planeta.

En un tono algo más optimista, muchas de las tareas que desaparezcan no harán desaparecer los puestos de trabajo correspondientes. Los jardineros ayudados por uno de los muchos robots cortacésped ya disponibles tendrán más tiempo para hacer otras cosas en lugar de cortar la hierba. Y muchas tareas no desaparecerán realmente. Simplemente se reubicarán

---

3   https://www.vice.com/en/article/wnj75z/why-dont-we-have-driverless-trains-yet [consultado el 16/4/2024].

sobre nuestros hombros como usuarios. Hoy en día pulsamos nosotros mismos los botones del ascensor (por lo que ese trabajo ha desaparecido). Cada vez estamos más habituados a escanear los productos en el supermercado (los puestos de cajero desaparecerán). Sin duda, en el futuro haremos más trabajos nosotros mismos. En términos más generales, cada vez serán más necesarios gestores, cuidadores y conservadores de entornos digitales y otros agentes inteligentes. Estos nuevos rebaños necesitarán «pastores humanos» (permítanme el juego de palabras heideggeriano) o lo que a mí me gusta llamar trabajadores del «sector cuaternario» (cuellos verdes). Este punto merece un análisis más profundo.

4. Se necesitan trabajadores del «sector cuaternario»

El 26 de abril de 2015, el Comité de Ciencia y Tecnología de la Cámara de los Comunes del Parlamento británico publicó en línea las respuestas a su investigación sobre «algoritmos en la toma de decisiones».[4] Las respuestas variaban en extensión, detalle y complejidad, pero parecían compartir al menos una característica: el reconocimiento de que la intervención humana puede ser inevitable, incluso bienvenida, cuando se trata de confiar en las decisiones algorítmicas. Esto era sensato y sigue siendo una buena noticia.

La automatización ha transformado el sector primario y secundario. Hoy, los agricultores, ganaderos, pescadores, etc. (cuellos marrones) y los obreros de las fábricas (cuellos azules) constituyen una minoría dentro del conjunto de trabajado-

4 https://old.parliament.uk/business/committees/committees-a-z/commons-select/science-andtechnology-committee/inquiries/parliament-2015/inquiry9/publications/ [consultado el 25/9/2023].

res. Cerca del 90% de los empleos estadounidenses son en los servicios y el gobierno (cuellos blancos). La mayoría de nosotros tratamos con datos y *software*, no con *bioware* o *hardware*. El problema es que, dicho de una manera pintoresca, los ordenadores se comen los datos y el *software* para desayunar. Así pues, la revolución digital está poniendo en entredicho los empleos de cuello blanco en todas partes. Esto no se debe a que lo digital haga que la tecnología sea inteligente; si así fuera, aún tendría posibilidades de jugar al ajedrez contra mi estúpido teléfono inteligente. Es porque lo digital convierte las tareas en estúpidas al desvincularlas de la inteligencia necesaria para llevarlas a cabo con éxito. Y allí donde lo digital desvincula una tarea de la inteligencia, un algoritmo puede intervenir y sustituirnos. El resultado es un desempleo rápido y generalizado hoy, pero también nuevos puestos de trabajo mañana. El largo plazo es más prometedor. Según el Banco Mundial, por ejemplo, el mundo necesitará 80 millones de trabajadores sanitarios en 2030, el doble que en 2013.[5]

En una sociedad cada vez más impregnada de algoritmos y procesos automatizados, la cuestión abordada por el Comité era cómo podemos confiar en tecnologías tan descerebradas cuando regularmente toman decisiones por nosotros y en lugar de nosotros. Tengamos en cuenta que en realidad se trata de usted y de mí. Desde que la automatización sustituyó a los trabajadores del sector primario, las patatas pueden correr el riesgo de ser maltratadas. Una vez desaparecidos los obreros de las fábricas, los robots podrían pintar los coches del color equivocado. Ahora que los trabajadores del sector de servicios están siendo sustituidos, todo el mundo puede estar a merced

---

5   http://elibrary.worldbank.org/doi/pdf/10.1596/1813-9450-7790 [consultado el 16/4/2024].

del error de un algoritmo, de una injusta identificación de responsabilidades, de una decisión sesgada o de cualquier otro lío kafkiano urdido por un ordenador. Los ejemplos abundan. Hemos visto en los capítulos anteriores que el riesgo es real y grave. La solución es volver a poner algo de inteligencia humana en su lugar. Esto podría hacerse al menos de cuatro maneras: *antes, dentro, sobre* y *después del bucle.*

La confianza se basa en la entrega, la transparencia y la responsabilidad. Usted confía en su médico cuando hace lo que se supone que debe hacer. Usted está, o al menos puede estar, informado de lo que hace, y ella es responsable si algo va mal. Lo mismo ocurre con los algoritmos. Podemos confiar en ellos cuando está claro lo que deben hacer y es transparente si lo hacen. Si hay algún problema, podemos confiar en que alguien es causalmente responsable (o al menos moralmente responsable), si no legalmente responsable. Por tanto, necesitamos seres humanos antes, durante y después del bucle. Necesitamos humanos «antes del bucle» porque queremos diseñar el tipo correcto de algoritmos y minimizar los riesgos. Los humanos deben estar «dentro del bucle» porque a veces incluso el mejor algoritmo puede salir mal, recibir datos erróneos o ser mal utilizado. Nosotros necesitamos control para que algunas decisiones importantes no se dejen totalmente en manos de máquinas descerebradas. Los humanos deben estar «sobre el bucle» porque, aunque las decisiones cruciales pueden ser demasiado complejas o sensibles al tiempo para que las tome cualquier humano, es nuestra supervisión inteligente la que debe comprobar y gestionar los procesos que son a la vez complejos y rápidos. Los humanos también deben estar «después del bucle» porque siempre hay cuestiones que nos gustaría volver a solucionar o rectificar, o una elección diferente que hacer. El hecho de que una decisión haya sido tomada por un algoritmo no es motivo para renunciar a nuestro derecho a apelar a la perspicacia y comprensión humanas. Así pues, necesitamos *diseño, control, transparencia* y *responsabilidad* operados por humanos. Y todo ello con toda la ayuda que podamos obtener de las propias tecnologías digitales. Ya ven por qué las respuestas del Comité fueron una buena noticia. Queda mucho trabajo inteligente por hacer en el futuro, pero no serán los trabajadores del sector de servicios los que ocupen los nuevos puestos. Serán expertos los que puedan ocuparse de los nuevos entornos digitales y sus AA. Los algoritmos son el nuevo rebaño. Nuestros futuros trabajos serán de pastores. Llega la era del sector cuaternario.

5. CONCLUSIÓN: LA HUMANIDAD COMO UN HERMOSO FALLO

¿Qué pasa con aquellas «semillas» que son menos evidentes, las consecuencias apenas perceptibles, cuando la IA deje de estar en manos de investigadores, técnicos y gestores para «democratizarse» en los bolsillos de miles de millones de personas? Aquí solo puedo ser aún más abstracto y tentativo. Junto con las herramientas de predicción capaces de anticipar y manipular las decisiones humanas, la IA ofrece una oportunidad histórica para repensar la excepcionalidad humana como algo que no es erróneo, sino más bien mal enfocado. Nuestra conducta inteligente se verá desafiado por el comportamiento inteligente de las IA, que pueden adaptarse con más éxito en la infoesfera. Nuestro comportamiento autónomo se verá cuestionado por la previsibilidad y manipulabilidad de nuestras decisiones racionales y por el desarrollo de la autonomía artificial. Y nuestra sociabilidad se verá desafiada por su contrapartida artificial, representada por compañeros

artificiales, hologramas o meras voces, sirvientes 3D o robots
sexuales de aspecto humano. Estos homólogos pueden ser a
la vez atractivos para los humanos y a veces indistinguibles de
ellos. No está claro cómo se desarrollará todo esto. Pero una
cosa parece predecible: el desarrollo de los AA no conducirá
a la realización alarmista de algún escenario distópico de
ciencia ficción, una posibilidad que nos distrae de un modo
profundamente irresponsable. Así, *Terminator* no va a llegar.
De hecho, en este libro sostengo que la IA es, cuanto menos,
un oxímoron: nuestras tecnologías inteligentes llegarán a
ser tan estúpidas como nuestras viejas tecnologías. Pero la
IA nos invitará a reflexionar más seriamente y con menos
complacencia sobre quiénes somos, quiénes podríamos ser
y quiénes nos gustaría llegar a ser y, por tanto, sobre nuestras responsabilidades y nuestra autocomprensión. Desafiará
profundamente nuestra identidad y «excepcionalidad», en
términos de lo que entendemos por considerarnos algo
«especial» incluso después de la cuarta revolución (Floridi,
2014a), según la cual no estamos en el centro del universo
(Copérnico), de la biosfera (Darwin), del espacio mental o
«psicoesfera» (Freud) y ahora de la infoesfera (Turing). Aquí
no estoy argumentando que nuestra excepcionalidad sea incorrecta. Estoy sugiriendo que la IA nos hará darnos cuenta
de que nuestra excepcionalidad reside en la forma única y
quizá irreproducible en que somos disfuncionales con éxito.
Somos tan únicos como un *hapax legomenon* en el libro de la
naturaleza de Galileo, es decir, como una expresión que solo
aparece una vez en un texto, como la expresión «madera de
topo», que se refiere al principal material de construcción del
arca de Noé y solo aparece una vez en toda la Biblia. Con
una metáfora más digital y contemporánea, somos un «bello
glitch» (literalmente, «fallo») en el gran *software* del universo, no

la aplicación definitiva. Seguiremos siendo un fallo, un error de éxito único, mientras que la IA se convertirá cada vez más en un rasgo del libro matemático de la naturaleza de Galileo. Ese hermoso fallo será cada vez más responsable de la naturaleza y de la historia. En resumen, Shakespeare tenía razón:

> Los hombres en algún momento son dueños de sus destinos.
> La culpa, querido Bruto, no está en nuestras estrellas.
> Sino en nosotros mismos, que somos subalternos.

W. SHAKESPEARE, *Julio César*, I.2

Pero no podremos convertirnos en dueños de nuestro destino sin repensar otra forma de agencia, la política. De ahí *La política de la información*, tema del próximo volumen.

Bibliografía

ABADI, M., CHU, A., GOODFELLOW, I., MCMAHAN H.B., MIRONOV, I., TALWAR, K. y ZHANG, L. (2016). «Deep Learning with Differential Privacy». CCS'16: 2016 ACM SIGSAC Conference on Computer and Communications Security, 24/10/2016.

ABDELLA, G.M., KUCUKVAR, M., CIHAT ONAT, N., AL-YAFAY, H.M. y BULAK M.E. (2020). «Sustainability assessment and modeling based on supervised machine learning techniques: The case for food consumption». *Journal of Cleaner Production* 251:119661.

ABEBE, R., BAROCAS, S., KLEINBERG, J., LEVY, K., RAGHAVAN, M. y ROBINSON, D.G. (2020). «Roles for computing in social change». Actas de 2020 Conference on Fairness, Accountability, and Transparency.

ABRELL, J., KOSCH, M. y RAUSCH, S. (2019). *How Effective Was the UK Carbon Tax? - A Machine Learning Approach to Policy Evaluation.* Rochester: Social Science Research Network.

ADAMS, J. (1787). *A defence of the constitutions of government of the United States of America.* Londres: C. Dilly.

AFTAB, M., CHEN, C., CHAU, C.K. y RAHWAN, T. (2017). «Automatic HVAC control with real-time occupancy recognition and simulation-guided model predictive control in low-cost embedded system». *Energy and Buildings* 154:141-156.

AGGARWAL, N. (2020). «The Norms of Algorithmic Credit Scoring». *SSRN Electronic Journal.*

AL-ABDULKARIM, L., ATKINSON K. y BENCH-CAPON, T. (2015). «Factors, Issues and Values: Revisiting Reasoning with Cases».

ALAIERI, F. y VELLINO, A. (2016). «Ethical decision making in robots: Autonomy, trust and responsibility». International conference on social robotics.

ALAZAB, M. y BROADHURST, R. (2016). «Spam and criminal activity». *Trends and Issues in Crime and Criminal Justice (Australian Institute of Criminology)* 52.

ALGORITHM WATCH. «The AI Ethics Guidelines Global Inventory». *https://algorithmwatch.org/en/project/ai-ethics-guidelines-global-inventory/* [Consultado el 04/10/2023].

ALLEN, A. (2011). *Unpopular Privacy What Must We Hide?* Oxford: Oxford University Press.

ALLO, P. (2010). *Putting information first: Luciano Floridi and the philosophy of information.* Oxford: Wiley-Blackwell.

ALTERMAN, H. (1969). *Counting people: The census in history.* Nueva York: Harcourt, Brace & World.

ALVISI, L., CLEMENT, A., EPASTO, A., LATTANZI, S. y PANCONESI, A. (2013). «Sok: The evolution of sybil defense via social networks». 2013 IEEE symposium on security and privacy.

AMMANATH, B. (2022). «Trustworthy AI: a business guide for navigating trust and ethics in AI». Hoboken: John Wiley & Sons.

AMODEI, D. y HERNANDEZ, D. (2018). «AI and Compute». *https://openai.com/blog/ai-and-compute/*

ANANNY, M. y CRAWFORD, K. (2018). «Seeing without knowing: Limitations of the transparency ideal and its application to algorithmic accountability». *New Media & Society* 20 (3):973- 989.

ANDRAE, A. y EDLER, T. (2015). «On Global Electricity Usage of Communication Technology: Trends to 2030». *Challenges* 6 (1):117-157.

ANDRIGHETTO, G., GOVERNATORI, G., NORIEGA, P. y VAN DER TORRE, L. (2013). *Normative multi-agent systems.* Vol. 4. Schloss Dagstuhl-Leibniz-Zentrum fuer Informatik.

ANGWIN, J., LARSON, J., MATTU, S. y KIRCHNER, L. (2016). «Machine Bias». 2016.

ANTHONY, L.F.W., KANDING, B. y SELVAN, R. (2020). «Carbontracker: Tracking and predicting the carbon footprint of training deep learning models». *arXiv preprint arXiv:2007.03051.*

ARCHBOLD, J.F. (1991). *Criminal pleading, evidence and practice.* Londres: Sweet & Maxwell.

ARKIN, R.C. (2008). «Governing lethal behavior: Embedding ethics in a hybrid deliberative/reactive robot architecture». Actas del 3rd ACM/IEEE international conference on Human robot interaction.

ARKIN, R.C. y ULAM, P. (2012). *Overriding ethical constraints in lethal autonomous systems*. Atlanta: Georgia Institute of Technology-Atlanta Mobile Robot Lab.

ARNOLD, M., BELLAMY, R.K.E., HIND, M., HOUDE, S., MEHTA, S., MOJSILOVIC, A., NAIR, R. RAMAMURTHY, K.N., REIMER, D., OLTEANU, A., PIORKOWSKI, D., TSAY, J. y VARSHNEY, K.R. (2019). «FactSheets: Increasing Trust in AI Services through Supplier's Declarations of Conformity». *arXiv:1808.07261*.

ARORA, S. y BARAK, B. (2009). *Computational complexity: a modern approach*. Cambridge: Cambridge University Press.

ASHWORTH, A. (2010). «Should strict criminal liability be removed from all imprisonable offences?». *Irish Jurist* (1966):1-21.

AVGERINOU, M., BERTOLDI, P. y CASTELLAZZI, L. (2017). «Trends in Data Centre Energy Consumption under the European Code of Conduct for Data Centre Energy Efficiency». *Energies* 10 (10):1470.

BAMBAUER, J. y ZARSKY, T. (2018). «The Algorithmic Game». *Notre Dame Law Review* 94 (1):1-47.

BANJO, O. (2018). «Bias in maternal AI could hurt expectant black mothers». *Motherboard. Aug* 17.

BARNES, E.A., HURRELL, J.W., EBERT-UPHOFF, I., ANDERSON, C. y ANDERSON, D. (2019). «Viewing Forced Climate Patterns Through an AI Lens». *Geophysical Research Letters* 46 (22):13389-13398.

BAROCAS, S. y SELBST, A.D. (2016). «Big data's disparate impact». *California Law Review* 104 (3).

BARTNECK, C., BELPAEME, T., EYSSEL, F., KANDA, T., KEIJSERS, M. y ŠABANOVIĆ, S. (2020). *Human-robot interaction: An introduction*. Cambridge: Cambridge University Press.

BARTNECK, C., LUTGE, C., Wagner, A. y Welsh, S. (2021). «An Introduction to Ethics in Robotics and AI». Springer.

BAUM, S.D. (2020). «Social choice ethics in artificial intelligence». *AI & SOCIETY*:1-12.

BAUMER, E.P.S. (2017). «Toward human-centered algorithm design». *Big Data & Society* 4(2):205395171771885.

BEAUCHAMP, T.L. y CHILDRESS, J.F. (2013). *Principles of biomedical ethics.* Nueva York: Oxford University Press.

BEER, D. (2017). «The social power of algorithms». *Information, Communication & Society* 20 248 (1):1-13.

BEIJING ACADEMY OF ARTIFICIAL INTELLIGENCE. (2019). «Beijing AI Principles».

BELKHIR, L. y ELMELIGI, A. (2018). «Assessing ICT global emissions footprint: Trends to 2040 & recommendations». *Journal of Cleaner Production* 177:448-463.

BENDEL, O. (2019). «The synthetization of human voices». *AI & Society* 34 (1):83-89.

BENJAMIN, R. (2019). *Race after technology: abolitionist tools for the new Jim code.* Medford: Polity.

BENKLER, Y. (2019). «Don't let industry write the rules for AI». *Nature* 569 (7754):161-162.

BERK, R., HEIDARI, H., JABBARI, S., KEARNS, M. y ROTH, A. (2018). «Fairness in Criminal Justice Risk Assessments: The State of the Art». *Sociological Methods & Research*:004912411878253.

BILGE, L., STRUFE, T., BALZAROTTI, D. y KIRDA, E. (2009). «All your contacts belong to us: automated identity theft attacks on social networks». 18th international conference on World wide web.

BILGIC, M. y MOONEY, R. (2005). «Explaining Recommendations: Satisfaction vs. Promotion». Actas de la conferencia Beyond Personalization 2005.

BINNS, R. (2018a). «Algorithmic Accountability and Public Reason». *Philosophy & Technology* 31 (4):543-556.

BINNS, R. (2018b). «Fairness in Machine Learning: Lessons from Political Philosophy». *arXiv:1712.03586.*

BLACKLAWS, C. (2018). «Algorithms: transparency and accountability». *Philosophical Transactions of the Royal Society A: Mathematical, Physical and Engineering Sciences* 376 (2128):20170351.

BLACKMAN, R. (2022). *Ethical machines: your concise guide to totally unbiased, transparent, and respectful AI.* Boston: Harvard Business Review Press.

BLYTH, C.R. (1972). «On Simpson's Paradox and the Sure-Thing Principle». *Journal of the American Statistical Association* 67 (338):364-366.

BOLAND, H. (2018). «Tencent executive urges Europe to focus on ethical uses of artificial intelligence». *The Telegraph*.

BOSHMAF, Y., MUSLUKHOV, I., BEZNOSOV, K. y RIPEANU, M. (2012). «Key challenges in defending against malicious socialbots». 5th {USENIX} Workshop on Large-Scale Exploits and Emergent Threats.

BOSHMAF, Y., MUSLUKHOV, I., BEZNOSOV, K. y RIPEANU, M. (2013). «Design and analysis of a social botnet». *Computer Networks* 57(2):556-578.

BOUTILIER, C. (2002). «A POMDP formulation of preference elicitation problems». AAAI/IAAI.

BRADSHAW, J.M, DUTFIELD, S., BENOIT, P. y WOOLLEY, J.D. (1997). «KAOS: Toward an industrial-strength open agent architecture». *Software agents* 13:375-418.

BRITISH ACADEMY, THE ROYAL SOCIETY. (2017). *Data management and use: Governance in the 21st century - A joint report by the British Academy and the Royal Society*. Londres.

BROADHURST, R., MAXIM, D., BROWN, P., TRIVEDI, H. y WANG, J. (2019). «Artificial Intelligence and Crime». *SSRN 3407779*.

BROWN, T.B., MANN, B., RYDER, N., SUBBIAH, M., KAPLAN, J., DHARIWAL, P., NEELAKANTAN, A., SHYAM, P., SASTRY, G. y ASKELL, A. (2020). «Language models are few-shot learners». *arXiv:2005.14165*.

BRUNDAGE, M., AVIN, S., CLARK, J., TONER, H., ECKERSLEY, P., GARFINKEL, B., DAFOE, A., SCHARRE, P., ZEITZOFF, T. y FILAR, B. (2018). «The malicious use of artificial intelligence: Forecasting, prevention, and mitigation». *arXiv:1802.07228*.

BRUNDAGE, M, AVIN, S., WANG, J., BELFIELD, H., KRUEGER, G., HADFIELD, G., KHLAAF, H., YANG, J., TONER, H. y FONG, R. (2020). «Toward trustworthy AI development: mechanisms for supporting verifiable claims». *arXiv:2004.07213*.

BRUNDTLAND, G.H. (1987). *The Brundtland Report, World Commission on Environment and Development*. Oxford: OUP

BUHMANN, A, PASMANN, J. y FIESELER. C. (2019). «Managing Algorithmic Accountability: Balancing Reputational Concerns, Engagement Strategies, and the Potential of Rational Discourse». *Journal of Business Ethics*.

BURGESS, M. (2017). «NHS DeepMind deal broke data protection law, regulator rules». *Wired UK*, 3 de julio de 2017.

BURNS, A. y RABINS, P. (2000). «Carer burden in dementia». *International Journal of Geriatric Psychiatry* 15(S1):S9-S13.

BURRELL, J. (2016). «How the Machine "Thinks": Understanding Opacity in Machine Learning Algorithms». *Big Data & Society*.

C2E2. (2018). «Greenhouse gas emissions in the ICT sector». https://c2e2.unepdtu.org/collection/c2e2-publications/

CABINET OFFICE, GOVERNMENT DIGITAL SERVICE. (2016). Data Science Ethical Framework.

CAI, H, GAN, C., WANG, T., ZHANG, Z. y HAN, S. (2020). «Once-for-All: Train One Network and Specialize it for Efficient Deployment». *arXiv:1908.09791*.

CALDWELL, M., ANDREWS, J.T.A., TANAY, T. y GRIFFIN, L.D. (2020). «AI-enabled future crime». *Crime Science* 9 (1):1-13.

CALISKAN, A, BRYSON, J.J. y NARAYANAN, A. (2017). «Semantics derived automatically from language corpora contain human-like biases». *Science* 356 (6334):183-186.

CALLAWAY, E. (2020). «It will change everything: DeepMind's AI makes gigantic leap in solving protein structures». *Nature* 588:203-204.

CAMPBELL, M, HOANE Jr, A.J. y HSU, F.-H.J. (2002). «Deep blue». *Artificial intelligence* 134 (1-2):57-83.

CARTON, S, HELSBY, J., JOSEPH, K., MAHMUD, A., PARK, Y., WALSH, J., CODY, C., PATTERSON, E., HAYNES, L. y GHANI, R. (2016). «Identifying Police Officers at Risk of Adverse Events».

CATH, C.N.J., GLORIOSO, L. y TADDEO, M. (2017). «NATO CCD COE Workshop on *Ethics and Policies for Cyber Warfare* – A Report». En M. Taddeo y L. Glorioso (eds.). *Ethics and Policies for Cyber Operations.* Cham: Springer International Publishing, 231-241.

CATH, C., WACHTER, S., MITTELSTADT, B., TADDEO, M. y FLORIDI, L. (2018). «Artificial Intelligence and the "Good Society": the US, EU, and UK approach». *Science and Engineering Ethics* 24 (2):505-528.

CDC. (2019). «Pregnancy Mortality Surveillance System | Maternal and Infant Health». Washington: CDC.

CHAJEWSKA, U., KOLLER, D. y PARR, R. (2000). «Making rational decisions using adaptive utility elicitation».

CHAKRABORTY, A., PATRO, G.K., GANGULY, N., GUMMADI, K.P. y LOISEAU, P. (2019). «Equality of Voice: Towards Fair Representation in Crowdsourced Top-K Recommendations».

CHAMEAU, J.-L., BALLHAUS, W.F., LIN, H.S., COMMITTEE ON ETHICAL AND SOCIETAL IMPLICATIONS OF ADVANCES IN MILITARILY SIGNIFICANT TECHNOLOGIES THAT ARE RAPIDLY CHANGING AND INCREASINGLY GLOBALLY, ACCESSIBLE, COMPUTER SCIENCE AND TELECOMMUNICATIONS BOARD, BOARD ON LIFE SCIENCES, TECHNOLOGY COMMITTEE ON SCIENCE, ETHICS CENTER FOR ENGINEERING, NATIONAL RESEARCH COUNCIL, NATIONAL ACADEMY OF ENGINEERING. (2014). *Foundational Technologies.* Washington: National Academies Press.

CHANTLER, N. y BROADHURST, R. (2008). «Social engineering and crime prevention in cyberspace». *Proceedings of the Korean Institute of Criminology*:65-92.

CHATTOPADHYAY, A., HASSANZADEH, P. y PASHA, S. (2020). «Predicting clustered weather patterns: A test case for applications of convolutional neural networks to spatio-temporal climate data». *Scientific Reports* 10 (1):1317.

CHEN, Y.-C., CHEN, P.S., SONG, R. y KORBA, L. (2004). «Online Gaming Crime and Security Issue-Cases and Countermeasures from Taiwan». PST.

CHEN, Y.-C., CHEN, P.S., HWANG, J.-J., KORBA, L., SONG, R. y YEE, G. (2005). «An analysis of online gaming crime characteristics». *Internet Research.*

CHINA STATE COUNCIL (2017). «State Council Notice on the Issuance of the Next Generation Artificial Intelligence Development Plan». *http://www.gov.cn/zhengce/content/2017-07/20/content_5211996.htm.*

CHOI, C., KIM, J., KIM, J., KIM, D., BAE, Y. y KIM, H.S. (2018). «Development of heavy rain damage prediction model using machine learning based on big data». *Advances in meteorology* 2018.

CHU, Y., SONG, Y.C., LEVINSON, R. y KAUTZ, H. (2012). «Interactive activity recognition and prompting to assist people with cognitive disabilities». *Journal of Ambient Intelligence and Smart Environments* 4 (5):443-459.

CHU, Z., GIANVECCHIO, S., WANG, H. y JAJODIA, S. (2010). «Who is tweeting on Twitter: human, bot, or cyborg?». Actas del 26th annual computer security applications conference.

CHUI, M., MANYIKA, J., MIREMADI, M., HENKE, N., CHUNG, R., NEL, P. y MALHOTRA, S. (2018). «Notes from the AI frontier: Insights from hundreds of use cases». *McKinsey Global Institute.*

CIFUENTES, J., MARULANDA, G., BELLO, A. y RENESES, J. (2020). «Air temperature forecasting using machine learning techniques: a review». *Energies* 13 (16):4215.

CLIFF, D. y NORTHROP, L. (2012). «The global financial markets: An ultra-large-scale systems perspective».

COBB, M. (27 de febrero de 2020). «Why your brain is not a computer». *The Guardian.*

COBB, M. (2020). *The idea of the brain : a history.* Londres: Profile Books.

COECKELBERGH, M. (2020). *AI ethics, The MIT press essential knowledge series.* Cambridge: The MIT Press.

COHEN, J. (2000). «Examined Lives: Informational Privacy and the Subject as Object». Washington: Georgetown Law Faculty Publications and Other Works.

COMISIÓN EUROPEA. (8 de abril 2019). «Ethics Guidelines for Trustworthy AI». *https://ec.europa.eu/digital-single-market/en/ news/ethics-guidelines-trustworthy-ai.*

COMISIÓN EUROPEA. (2020). «Energy-efficient Cloud Computing Technologies and Policies for an Eco-friendly Cloud Market».

COMISIÓN EUROPEA. (2021). «Proposal for a Regulation laying down harmonised rules on artificial intelligence (Artificial Intelligence Act)».

CORBETT-DAVIES, S. y GOEL, S. (2018). «The Measure and Mismeasure of Fairness: A Critical Review of Fair Machine Learning». *arXiv:1808.00023.*

COREA, F. (29 de Agosto de 2018). «AI Knowledge Map: how to classify AI technologies, a sketch of a new AI technology landscape». *Medium - Artificial Intelligence.*

Cowls, J., King, T., Taddeo, M. y Floridi, L. (2019). «Designing AI for Social Good: Seven Essential Factors». *SSRN Electronic Journal*.

Cowls, J., Png, M.Y. y Au, Y. «Some Tentative Foundations for "Global" Algorithmic Ethics». Inédito.

Cowls, J., Tsamados, A., Taddeo, M. y Floridi, L. (2021a). «The AI Gambit —Leveraging Artificial Intelligence to Combat Climate Change: Opportunities, Challenges, and Recommendations». *SSRN*.

Cowls, J., Tsamados, A., Taddeo, M. y Floridi, L. (2021b). «A definition, benchmark and database of AI for social good initiatives». *Nature Machine Intelligence* 3 (2):111-115.

Crain, M. (2018). «The limits of transparency: Data brokers and commodification». *New Media & Society* 20(1):88-104.

Crawford, K. (2016). «Artificial Intelligence's White Guy Problem».

Crawford, K. y Schultz, J. (2014). «Big data and due process: Toward a framework to redress predictive privacy harms». *BCL Rev.* 55:93.

Cummings, M. (2012). «Automation Bias in Intelligent Time Critical Decision Support Systems». AIAA 1st Intelligent Systems Technical Conference.

Dahl, E.S. (2018). «Appraising Black-Boxed Technology: the Positive Prospects». *Philosophy & Technology* 31 (4):571-591.

Danaher, J. (2017). «Robotic rape and robotic child sexual abuse: should they be criminalised?». *Criminal law and philosophy* 11 (1):71-95.

Dandres, T., Vandromme, N., Obrekht, G., Wong, A., Nguyen, K.K., Lemieux, Y., Cheriet, M. y Samson, R. (2017). «Consequences of future data center deployment in Canada on electricity generation and environmental impacts: a 2015-2030 prospective study». *Journal of Industrial Ecology* 21 (5):1312-1322.

Danks, D. y London, A.J. (2017). «Algorithmic Bias in Autonomous Systems». Twenty-Sixth International Joint Conference on Artificial Intelligence.

Darling, K. (2015). «Who's Johnny? Anthropomorphic Framing in Human-Robot Interaction, Integration, and Policy». 23 de marzo de 2015. *Robot Ethics 2*.

DATTA, A., TSCHANTZ, M.C. y DATTA, A. (2015). «Automated Experiments on Ad Privacy Settings». *Proceedings on Privacy Enhancing Technologies* 2015 (1):92-112.

DATTA, A., SEN, S. y ZICK, Y. (2016). «Algorithmic Transparency via Quantitative Input Influence: Theory and Experiments with Learning Systems». 5/2016.

DAVENPORT, T. y KALAKOTA, R. (2019). «The potential for artificial intelligence in healthcare». *Future healthcare journal* 6(2):94.

DAVIS, E. y MARCUS, G. (2019). *Rebooting AI: Building Artificial Intelligence We Can Trust.* Nueva York: Pantheon Books.

DE ANGELI, A. (2009). «Ethical implications of verbal disinhibition with conversational agents». *PsychNology Journal* 7 (1).

DE ANGELI, A. y BRAHNAM, S. (2008). «I hate you! Disinhibition with virtual partners». *Interacting with computers* 20(3):302-310.

DE FAUW, J., LEDSAM, J.R., ROMERA-PAREDES, B., NIKOLOV, S., TOMASEV, N., BLACKWELL, S., ASKHAM, H., GLOROT, X., O'DONOGHUE, B., VISENTIN, D., VAN DEN DRIESSCHE, G., LAKSHMINARAYANAN, B., MEYER, C., MACKINDER, F., BOUTON, S., AYOUB, K., CHOPRA, R., KING, D., KARTHIKESALINGAM, A., HUGHES, C.O., RAINE, R., HUGHES, J., SIM, D.A., EGAN, C., TUFAIL, A., MONTGOMERY, H., HASSABIS, D., REES, G,. BACK, T., KHAW, P.T., SULEYMAN, M., CORNEBISE, J., KEANE, P.A. y RONNEBERGER, O. (2018). «Clinically applicable deep learning for diagnosis and referral in retinal disease». *Nature Medicine* 24(9):1342-1350.

DE LIMA SALGE, C.A. y BERENTE, N. (2017). «Is that social bot behaving unethically?». *Communications of the ACM* 60(9):29-31».

G7. (2017). *G7 Declaration on Responsible State Behavior in Cyberspace.* Lucca.

DELAMAIRE, L., ABDOU, H. y POINTON, J. (2009). «Credit card fraud and detection techniques: a review». *Banks and Bank systems* 4 (2):57-68.

DELCKER, J. (3 de marzo de 2018). «Europe's silver bullet in global AI battle: Ethics». *Politico.*

DELMAS, M. y CUEREL BURBANO, V. (2011). «The Drivers of Greenwashing». *California Management Review* 54(1):64-87.

DEMIR, H. (2012). *Luciano Floridi's philosophy of technology: critical reflections*. Londres: Springer.

DENNETT, D. (1987). *The intentional stance*. Cambridge: The MIT Press.

DENNIS, L., FISHER, M., SLAVKOVIK, M. y WEBSTER, M. (2016). «Formal verification of ethical choices in autonomous systems». *Robotics and Autonomous Systems* 77:1-14.

DI PIAZZA, A., DI PIAZZA, M.C., LA TONA, G. y LUNA, M. (2020). «An artificial neural network-based forecasting model of energy-related time series for electrical grid management». *Mathematics and Computers in Simulation*.

DIAKOPOULOS, N. y KOLISKA, M. (2017). «Algorithmic Transparency in the News Media». *Digital Journalism* 5(7):809-828.

DIGNUM, V. (2019). *Responsible artificial intelligence: how to develop and use AI in a responsible way*. Cham: Springer.

DIGNUM, V., LOPEZ-SANCHEZ, M., MICALIZIO, R., PAVON, J., SLAVKOVIK, M., SMAKMAN, M., VAN STEENBERGEN, M., TEDESCHI, S., VAN DER TOREE, L., VILLATA, S., DE WILDT, T., BALDONI, M., BAROGLIO, C., CAON, M., CHATILA, R., DENNIS, L., GENOVA, G., HAIM, G. y KLIES, M.S. (2018). «Ethics by Design: Necessity or Curse?». 2018 AAAI/ACM Conference.

DIMATTEO, L.A., PONCIBO, C. y CANNARSA, M. (2022). *The Cambridge handbook of artificial intelligence: global perspectives on law and ethics*. Cambridge: Cambridge University Press.

DING, J. (2018). «Deciphering China's AI dream». *Future of Humanity Institute Technical Report*.

DOBBE, R., SONDERMEIJER, O., FRIDOVICH-KEIL, D., ARNOLD, D., CALLAWAY, D. y TOMLIN, C. (2019). «Toward Distributed Energy Services: Decentralizing Optimal Power Flow with Machine Learning». *IEEE Transactions on Smart Grid* 11 (2):1296-1306.

DORING, N., MOHSENI, M.R. y WALTER, R. (2020). «Design, use, and effects of sex dolls and sex robots: scoping review». *Journal of medical Internet research* 22 (7):e18551.

DOSHI-VELEZ, F. y KIM, B. (2017). «Towards A Rigorous Science of Interpretable Machine Learning». *arXiv:1702.08608*.

DREMLIUGA, R. y PRISEKINA, N. (2020). «The Concept of Culpability in Criminal Law and AI Systems». *Journal of Politics and Law* 13:256.

DUBBER, M.D., PASQUALE, F. y DAS, S. (2020). «The Oxford Handbook of Ethics of AI». Nueva York: Oxford University Press.

DURANTE, M. (2017). «Ethics, law and the politics of information: a guide to the philosophy of Luciano Floridi». *The International Library of Ethics, Law and Technology*. Dordrecht: Springer.

DWORKIN, R.M. (1967). «The model of rules». *The University of Chicago Law Review* 35(1):14- 46.

EDMONDS, B. y GERSHENSON, C. (2015). «Modelling complexity for policy: Opportunities and challenges». *Handbook on complexity and public policy*. Londres: Edward Elgar Publishing.

EDPS ETHICS ADVISORY GROUP. (2018). *Towards a digital ehics.*

EDWARDS, L. y VEALE, M. (2017). «Slave to the Algorithm? Why a Right to Explanation is Probably Not the Remedy You are Looking for». *SSRN Electronic Journal.*

EGE. (2018). «European Commission's European Group on Ethics in Science and New Technologies, Statement on Artificial Intelligence, Robotics and "Autonomous" Systems».

EICHER, B., POLEPEDDI, L. y GOEL, A. (2017). «Jill Watson doesn't care if you're pregnant: grounding AI ethics in empirical studies».

EKSTRAND, M. y LEVY, K. (2018). «FAT★ Network».

EPA, US. (2016). «Greenhouse Gas Emissions from a Typical Passenger Vehicle».

EPSTEIN, R. (2016). «The empty brain». *Aeon, May* 18:2016.

ESTEVEZ, D., VICTORES, J.G., FERNANDEZ-FERNANDEZ, R. y BALAGUER, C. (2017). «Robotic ironing with 3D perception and force/torque feedback in household environments». 2017 IEEE/RSJ International Conference on Intelligent Robots and Systems (IROS).

ETZIONI, A. (1999). «Enhancing Privacy, Preserving the Common Good». *Hastings Center Report* 29 (2):14-23.

EUBANKS, V. (2017). *Automating inequality: how high-tech tools profile, police, and punish the poor.* Nueva York: St. Martin's Press.

EVANS, R. y GAO, J. (2016). «DeepMind AI Reduces Google Data Centre Cooling Bill by 40%».

EZRACHI, A. y STUCKE, M. (2017). «Two Artificial Neural Networks Meet in an Online Hub and Change the Future (Of Competition, Market Dynamics and Society)». *Oxford Legal Studies. Research Paper* 24.

FALTINGS, B., PU, P., TORRENS, M. y VIAPPIANI, P. (2004). «Designing example critiquing interaction». Actas de la 9th international conference on Intelligent user interfaces.

FANG, F., NGUYEN, T.H., PICKLES, R., LAM, W.Y., CLEMENTS, G.R., AN, B., SINGH, A., TAMBE, M. y LEMIEUX, A. (2016). «Deploying PAWS: Field Optimization of the Protection Assistant for Wildlife Security». 28 Conferencia IAAI.

FARMER, J.D. y SKOURAS, S. (2013). «An ecological perspective on the future of computer trading». *Quantitative Finance* 13 (3):325-346.

FATHI, S., SRINIVASAN, R., FENNER, A. y FATHI, S. (2020). «Machine learning applications in urban building energy performance forecasting: A systematic review». *Renewable and Sustainable Energy Reviews* 133:110287.

FEDUS, W., ZOPH, B. y SHAZEER, N. (2021). «Switch Transformers: Scaling to Trillion Parameter Models with Simple and Efficient Sparsity». *arXiv:2101.03961*.

FERGUSON, C.J. y HARTLEY, R.D. (2009). «The pleasure is momentary… the expense damnable?: The influence of pornography on rape and sexual assault». *Aggression and violent behavior* 14 (5):323-329.

FERRARA, E. (2015). «Manipulation and abuse on social media by Emilio Ferrara with Ching-man Au Yeung as coordinator». *ACM SIGWEB Newsletter* (Spring):1-9.

FERRARA, E., VAROL, O., DAVIS, C., MENCZER, F. y FLAMMINI, A. (2016). «The rise of social bots». *Communications of the ACM* 59 (7):96-104.

FLORIDI, L. (1999). *Philosophy and computing: an introduction*. Londres: Routledge.

FLORIDI, L. (2003). «Informational realism». En J. Weckert y Y. Al-Saggaf (eds.), *Selected papers from conference on Com-*

puters and philosophy-Volume 37, 7-12. Australian Computer Society.

FLORIDI, L. (2004). «LIS as Applied Philosophy of Information: A Reappraisal». *Library Trends* 52 (3):658-665.

FLORIDI, L. (2005a). «The Ontological Interpretation of Informational Privacy». *Ethics and Information Technology* 7 (4):185-200.

FLORIDI, L. (2005b). «The Philosophy of Presence: From Epistemic Failure to Successful Observation». *Presence: Teleoperators & Virtual Environments* 14 (6):656-667.

FLORIDI, L. (2006). «Four challenges for a theory of informational privacy». *Ethics and Information Technology* 8 (3):109-119.

FLORIDI, L. (2008a). «The Method of Levels of Abstraction». *Minds and Machines* 18 (3):303- 329.

FLORIDI, L. (2008b). «Understanding Epistemic Relevance». *Erkenntnis* 69 (1):69-92.

FLORIDI, L. (2010a). *The Cambridge handbook of information and computer ethics*. Cambridge: Cambridge University Press.

FLORIDI, L. (2010b). *Information: a very short introduction*. Oxford: Oxford University Press.

FLORIDI, L. (2011). *The philosophy of information*. Oxford: Oxford University Press.

FLORIDI, L. (2012a). «Big Data and Their Epistemological Challenge». *Philosophy & Technology* 25(4):435-437.

FLORIDI, L. (2012b). «Distributed Morality in an Information Society». *Science and Engineering Ethics* 19 (3):727-743.

FLORIDI, L. (2013). *The ethics of information*. Oxford: Oxford University Press.

FLORIDI, L. (2014a). *The Fourth Revolution - How the Infosphere is Reshaping Human Reality*. Oxford: Oxford University Press.

FLORIDI, L. (ed.) (2014b). *The Onlife Manifesto - Being Human in a Hyperconnected Era*. Nueva York: Springer.

FLORIDI, L. (2014c). «Open data, data protection, and group privacy». *Philosophy & Technology* 27(1):1-3.

FLORIDI, L. (2014d). «Technoscience and Ethics Foresight». *Philosophy & Technology* 27(4):499-501.

FLORIDI, L. (2015a). «The Right to Be Forgotten: a Philosophical View». *Jahrbuch für Recht und Ethik - Annual Review of Law and Ethics* 23(1):30-45.

FLORIDI, L. (2015b). «Should You Have The Right To Be Forgotten On Google? Nationally, Yes. Globally, No». *New Perspectives Quarterly* 32(2):24-29.

FLORIDI, L. (2015c). «Toleration and the Design of Norms». *Science and Engineering Ethics* 21(5):1095-1123.

FLORIDI, L. (2016a). «Faultless responsibility: on the nature and all location of moral responsibility for distributed moral actions». *Philosophical Transactions of the Royal Society A: Mathematical, Physical and Engineering Sciences* 374(2083):2016-0112.

FLORIDI, L. (2016b). «Mature information societies —A matter of expectations». *Philosophy & Technology* 29(1):1-4.

FLORIDI, L. (2016c). «On human dignity as a foundation for the right to privacy». *Philosophy & Technology* 29(4):307-312.

FLORIDI, L. (2016d). «Should we be afraid of AI». *Aeon Essays*.

FLORIDI, L. (2016e). «Technology and democracy: three lessons from Brexit». *Philosophy & Technology* 29(3):189-193.

FLORIDI, L. (2016f). «Tolerant Paternalism: Pro-ethical Design as a Resolution of the Dilemma of Toleration». *Science and Engineering Ethics* 22(6):1669-1688.

FLORIDI, L. (2017a). «Infraethics —on the Conditions of Possibility of Morality». *Philosophy & Technology* 30(4):391-394.

FLORIDI, L. (2017b). «The Logic of Design as a Conceptual Logic of Information». *Minds and Machines* 27(3):495-519.

FLORIDI, L. (2017c). «Robots, Jobs, Taxes, and Responsibilities». *Philosophy & Technology* 30(1):1-4.

FLORIDI, L. (2018a). «Soft Ethics and the Governance of the Digital». *Philosophy & Technology* 31(1):1-8.

FLORIDI, L. (2018b). «What the Maker's Knowledge could be». *Synthese* 195(1):465-481.

FLORIDI, L. (2019a). «Autonomous Vehicles: from Whether and When to Where and How». *Philosophy & Technology* 32(4):569-573.

(2019b). «Establishing the rules for building trustworthy AI». *Nature Machine Intelligence* 1(6):261-262.

FLORIDI, L. (2019c). «The Green and the Blue: Naive Ideas to Improve Politics in a Mature Information Society». En C. Ohman y D. Watson (eds.), *The 2018 Yearbook of the Digital Ethics Lab*, 183-221. Berlín: Springer.

FLORIDI, L. (2019d). The Logic of Information: A Theory of Philosophy as Conceptual Design. Oxford: Oxford University Press.

FLORIDI, L. (2019e). «Translating Principles into Practices of Digital Ethics: Five Risks of Being Unethical». *Philosophy & Technology* 32(2):185-193.

FLORIDI, L. (2019f). «What the Near Future of Artificial Intelligence Could Be». *Philosophy & Technology* 32(1):1-15.

FLORIDI, L. (2020a). «AI and Its New Winter: from Myths to Realities». *Philosophy & Technology*.

FLORIDI, L. (2020b). «The Fight for Digital Sovereignty: What It Is, and Why It Matters, Especially for the EU». *Philosophy & Technology* 33(3):369-378.

FLORIDI, L. (2021). «The European Legislation on AI: a Brief Analysis of its Philosophical Approach». *Philosophy & Technology* 34(2):215-222.

FLORIDI, L. (en prensa). *The Green and the Blue —Naive Ideas to Improve Politics in an Information Society*. Nueva York: Wiley.

FLORIDI, L. y CHIRIATTI, M. (2020). «GPT-3: Its nature, scope, limits, and consequences». *Minds and Machines*:1-14.

FLORIDI, L. y COWLS, J. (2019). «A Unified Framework of Five Principles for AI in Society». *Harvard Data Science Review*.

FLORIDI, L., COWLS, J., BELTRAMETTI, M., CHATILA, R., CHAZERAND, P., DIGNUM, V., LUETGE, C., MADELIN, R., PAGALLO, U., ROSSI, F., SCHAFER, B., VALCKE, P. y VAYENA, E. (2018). «AI4People —An Ethical Framework for a Good AI Society: Opportunities, Risks, Principles, and Recommendations». *Minds and Machines* 28 (4):689-707.

FLORIDI, L., COWLS, J., KING, T.C. y TADDEO, M. (2020). «How to Design AI for Social Good: Seven Essential Factors». *Science and Engineering Ethics* 26(3):1771- 1796.

FLORIDI, L., HOLWEG, M., TADDEO, M., AMAYA SILVA, J., MOKANDER J. y WEN, Y. (2022). «capAI-A Procedure for Conducting

Conformity Assessment of AI Systems in Line with the EU Artificial Intelligence Act». *SSRN 4064091.*

FLORIDI, L. y ILLARI, P. (2014). The philosophy of information quality. Cham: Springer.

FLORIDI, L., KAUFFMAN, S., KOLUCKA-ZUK, L. LARUE, F., LEUTHE-USSER-SCHNARRENBERGER, S., PINAR, J.L.VALCKE, P. y WALES, J. (2015). *The Advisory Council to Google on the Right to be Forgotten.* Comisión de Google sobre el Derecho a ser Olvidado.

FLORIDI, L. y LORD CLEMENT-JONES, T. (20 de marzo de 2019). «The five principles key to any ethical framework for AI». *New Statesman.*

FLORIDI, L. y NOBRE, K. (2020). «The Green and the Blue: How AI may be a force for good». OECD.

FLORIDI, L. y SANDERS, J.W. (2004). «On the morality of artificial agents». *Minds and machines* 14 (3):349-379.

FLORIDI, L. y TADDEO, M. (2014). *The ethics of information warfare.* NuevaYork: Springer.

FLORIDI, L. y TADDEO, M. (2016). «What is data ethics?». *Philosophical Transactions of the Royal Society A: Mathematical, Physical and Engineering Sciences* 374(2083).

FLORIDI, L.,TADDEO, M. y TURILLI, M. (2009). «Turing's Imitation Game: Still an Impossible Challenge for All Machines and Some Judges —An Evaluation of the 2008 Loebner Contest». *Minds and Machines* 19 (1):145-150.

FREIER, N.G. (2008). «Children attribute moral standing to a personified agent». Actas de la SIGCHI Conference on Human Factors in Computing Systems.

FREITAS, P.M., ANDRADE, F. y NOVAIS, P. (2013). «Criminal liability of autonomous agents: From the unthinkable to the plausible». International Workshop on AI Approaches to the Complexity of Legal Systems.

FREUD, S. (1955). *A difficulty in the path of psychoanalysis.*Vol. XVII (1917-1919): 135-144., *The Standard Edition of the Complete Psychological Works of Sigmund Freud.* Londres.

FRIEDMAN, B. y NISSENBAUM, H. (1996). «Bias in computer systems». *ACM Transactions on Information Systems (TOIS)* 14 (3):330-347.

FRIIS, J.K., PEDERSEN, S.A. y HENDRICKS, V.F. (2013). *A companion to the philosophy of technology, Blackwell companions to philosophy*. Chichester: Wiley-Blackwell.

FUSTER, A., GOLDSMITH-PINKHAM, P., RAMADORAI, T. y WALTHER, A. (2017). «Predictably Unequal? The Effects of Machine Learning on Credit Markets». *SSRN Electronic Journal*.

FUTURE OF LIFE INSTITUTE. (2017). «The Asilomar AI Principles».

GAGNE, D.J., CHRISTENSEN, H.M., SUBRAMANIAN, A.C. y MONA-HAN, A.H. (2020). «Machine Learning for Stochastic Parameterization: Generative Adversarial Networks in the Lorenz '96 Model». *Journal of Advances in Modeling Earth Systems* 12(3):e2019MS001896.

GAJANE, P. y PECHENIZKIY, M. (2018). «On Formalizing Fairness in Prediction with Machine Learning». *arXiv:1710.03184*.

GANASCIA, J.-G. (2010). «Epistemology of AI Revisited in the Light of the Philosophy of Information». *Knowledge, Technology & Policy* 23 (1):57-73.

GARCIA-MARTIN, E., RODRIGUES, C.F., RILEY, G. y GRAHN, H. (2019). «Estimation of energy consumption in machine learning». *Journal of Parallel and Distributed Computing* 134:75-88.

GAUCI, M., CHEN, J., LI, W., DODD, T.J. y GROSS, R. (2014). «Clustering objects with robots that do not compute». Actas de la 2014 international conference on Autonomous agents and multi-agent systems.

GEBRU, T., MORGENSTERN, J., VECCHIONE, B., WORTMAN VAUGHAN, J., WALLACH, H., DAUME III, H. y CRAWFORD, K. (2020). «Datasheets for Datasets». *arXiv:1803.09010*.

GHANI, R. (2016). «You Say You Want Transparency and Interpretability?».

GILLIS, T.B. y SPIESS, J. (2019). «Big Data and Discrimination». *University of Chicago Law Review* 459.

GLESS, S., SILVERMAN, E. y WEIGEND, T. (2016). «If Robots cause harm, Who is to blame? Self-driving Cars and Criminal Liability». *New Criminal Law Review* 19(3):412- 436.

GOEL, A., CREEDEN, B., KUMBLE, M., SALUNKE, S., SHETTY, A. y WILTGEN, B. (2015). «Using watson for enhancing human-computer co-creativity».

GOGARTY, B. y HAGGER, M. (2008). «The laws of man over vehicles unmanned: The legal response to robotic revolution on sea, land and air». *Journal of Law Information & Science* 19:73.

GOLDER, S.A. y MACY, M.W. (2011). «Diurnal and seasonal mood vary with work, sleep, and daylength across diverse cultures». *Science* 333(6051):1878-1881.

GONZALEZ-GONZALEZ, C.S., GIL-IRANZO, R.M., y PADEREWSKI-RODRIGUEZ, P. (2021). «Human-Robot Interaction and Sexbots: A Systematic Literature Review». *Sensors* 21(1):216.

GOODFELLOW, I., POUGET-ABADIE, J., MIRZA, M., XU, B., WARDE-FARLEY, D., OZAIR, S., COURVILLE, A. y BENGIO, Y. (2014). «Generative adversarial nets». Advances in neural information processing systems.

GOODHART, C.A.E. (1984). «Problems of monetary management: the UK experience». En *Monetary Theory and Practice*, 91-121. Londres: McMillan.

GRAEFF, E. (2013a). «What we should do before the social bots take over: Online privacy protection and the political economy of our near future».

GRAEFF, E. (2013b). «What We Should Do Before the Social Bots Take Over: Online Privacy Protection and the Political Economy of Our Near Future».

GREEN, B. (2019). «"Good" isn't good enough». Actas del AI for Social Good workshop at NeurIPS.

GREEN, B. y CHEN, Y. (2019). «Disparate Interactions: An Algorithm-in-the-Loop Analysis of Fairness in Risk Assessments».

GREEN, B. y VILJOEN, S. (2020). «Algorithmic realism: expanding the boundaries of algorithmic thought». FAT* '20: Conference on Fairness, Accountability, and Transparency.

GREGOR, S. y BENBASAT, I. (1999). «Explanations From Intelligent Systems: Theoretical Foundations and Implications for Practice». *MIS Quarterly* 23:497-530.

GRGIĆ-HLAČA, N., REDMILES, E.M., GUMMADI, K.P. y WELLER, A. (2018). «Human Perceptions of Fairness in Algorithmic Decision Making: A Case Study of Criminal Risk Prediction». *arXiv:1802.09548.*

GROTE, T. y BERENS, P. (2020). «On the ethics of algorithmic decision-making in healthcare». *Journal of Medical Ethics* 46(3):205-211.

GRUT, C. (2013). «The challenge of autonomous lethal robotics to International Humanitarian Law». *Journal of conflict and security law* 18(1):5-23.

HAGE, J. (2018). «Two Concepts of Constitutive Rules». *Argumenta* 4(1):21-39.

HAGENDORFF, T. (2020). «The ethics of AI ethics: An evaluation of guidelines». *Minds and Machines* 30 (1):99-120.

HAGER, G.D., DROBNIS, A., FANG, F., GHANI, R., GREENWALD, A., LYONS, T., PARKES, D.C., SCHULTZ, J., SARIA, S., SMITH, S.F. y TAMBE, M. (2019). «Artificial Intelligence for Social Good». *arXiv:1901.05406.*

HALLEVY, G. (2011). «Unmanned vehicles: subordination to criminal law under the modern concept of criminal liability». *Journal of Law Information & Science* 21:200.

HAM, Y.-G., KIM, J.-H. y LUO, J.-J. (2019). «Deep learning for multi-year ENSO forecasts». *Nature* 573(7775):568-572.

HAQUE, A., GUO, M., ALAHI, A., YEUNG, S., LUO, Z., REGE, A., JOPLING, J., DOWNING, L., BENINATI, W., SINGH, A., PLATCHEK, T., MILSTEIN, A. y FEI-FEI, L. (2017). «Towards Vision-Based Smart Hospitals: A System for Tracking and Monitoring Hand Hygiene Compliance».

HARWELL, D. (2020). «Dating apps need women. Advertisers need diversity. AI companies offer a solution: Fake people». *The Washington Post.*

HAUER, T. (2019). «Society Caught in a Labyrinth of Algorithms: Disputes, Promises, and Limitations of the New Order of Things». *Society* 56(3):222-230.

HAUGEN, G.M.S. (2017). «Manipulation and deception with social bots: Strategies and indicators for minimizing impact». NTNU.

HAY, G.A. y KELLEY, D. (1974). «An empirical survey of price fixing conspiracies». *The Journal of Law and Economics* 17 (1):13-38.

HAYWARD, K.J. y MAAS, M.M. (2020). «Artificial intelligence and crime: A primer for criminologists». *Crime, Media, Culture*:1741659020917434.

HEGEL, G.W.F. (2009). *The phenomenology of spirit, The Cambridge Hegel translations*. Cambridge: Cambridge University Press.

HENDERSON, P., HU, J., ROMOFF, J., BRUNSKILL, E., JURAFSKY, D. y PINEAU, J. (2020). «Towards the systematic reporting of the energy and carbon footprints of machine learning». *Journal of Machine Learning Research* 21(248):1-43.

HENDERSON, P., SINHA, K., ANGELARD-GONTIER, N., KE, N.R., FRIED, G., LOWE, R. y PINEAU, J. (2018). «Ethical Challenges in Data-Driven Dialogue Systems». AIES '18: AAAI/ACM Conference on AI, Ethics, and Society.

HENRY, K.E., HAGER, D.N., PRONOVOST, P.J. y SARIA, S. (2015). «A targeted real-time early warning score (TREWScore) for septic shock». *Science Translational Medicine* 7(299):299ra122-299ra122.

HERLOCKER, J.L., KONSTAN, J.A. y Riedl, J. (2000). «Explaining collaborative filtering recommendations».

HILBERT, M. (2016). «Big data for development: A review of promises and challenges». *Development Policy Review* 34 (1):135-174.

HILDEBRANDT, M. (2008). «Ambient Intelligence, Criminal Liability and Democracy». *Criminal Law and Philosophy* 2:163-180.

HILL, R.K. (2016). «What an Algorithm Is». *Philosophy & Technology* 29 (1):35-59.

HINE, E. y FLORIDI, L. (2022). «Artificial Intelligence with American Values and Chinese Characteristics: A Comparative Analysis of American and Chinese Governmental AI Policies». *SSRN*.

HINTEMANN, R. y HINTERHOLZER, S. (2019). «Energy consumption of data centers worldwide». The 6th International Conference on ICT for Sustainability (ICT4S). Lappeenranta.

HLEGAI. (8 de abril de 2019). «High Level Expert Group on Artificial Intelligence, EU-Ethics Guidelines for Trustworthy AI».

HLEGAI. (18 de diciembre de 2018). «High Level Expert Group on Artificial Intelligence, EU-Draft Ethics Guidelines for Trustworthy AI».

HOFFMANN, A.L., ROBERTS, S.T., WOLF, C.T. y WOOD, S. (2018). «Beyond fairness, accountability, and transparency in the ethics of algorithms: Contributions and perspectives from LIS».

Proceedings of the Association for Information Science and Technology 55 (1):694-696.

HOUSE OF LORDS-ARTIFICIAL INTELLIGENCE COMMITTEE. (16 de abril de 2017). «AI in the UK: ready, willing and able?». *Report of Session 2017-19* HL Paper 100.

HOWE, B., STOYANOVICH, J., PING, H., HERMAN, B. y GEE, M. (2017). «Synthetic Data for Social Good». *arXiv preprint arXiv:1710.08874.*

HU, M. (2017). «Algorithmic Jim Crow». *Fordham Law Review.*

HUTSON, M. (2019). «Bringing machine learning to the masses». *Science* 365(6452):416-417.

ICO. (2020). «ICO and The Turing consultation on Explaining AI decisions guidance».

IEEE. (2017). «Ethically Aligned Design: A Vision for Prioritizing Human Well-being with Autonomous and Intelligent Systems, version 2».

INDERWILDI, O., ZHANG, C., WANG, X. y KRAFT, M. (2020). «The impact of intelligent cyber-physical systems on the decarbonization of energy». *Energy & Environmental Science* 13(3):744-771.

INFORMATION COMMISSIONER'S OFFICE. (2017). «Royal Free - Google DeepMind trial failed to comply with data protection law».

ISE, T. y OBA, Y. (2019). «Forecasting Climatic Trends Using Neural Networks: An Experimental Study Using Global Historical Data». *Frontiers in Robotics and AI* 6.

JAAFARI, A., ZENNER, E.K., PANAHI, M. y SHAHABI, H. (2019). «Hybrid artificial intelligence models based on a neuro-fuzzy system and metaheuristic optimization algorithms for spatial prediction of wildfire probability». *Agricultural and Forest Meteorology* 266-267:198-207.

JAGATIC, T.N., JOHNSON, N.A., JAKOBSSON, M. y MENCZER, F. (2007). «Social phishing». *Communications of the* ACM 50 (10):94-100.

JAMES, G., WITTEN, D., HASTIE, T. y TIBSHIRANI, R. (2013). *An introduction to statistical learning.* Nueva York: Springer.

JANOFF-BULMAN, R. (2007). «Erroneous assumptions: Popular belief in the effectiveness of torture interrogation». *Peace and Conflict: Journal of Peace Psychology* 13(4):429-435.

JEZARD, A. (11 de abril de 2018). «China is now home to the world's most valuable AI start-up».
https://www.weforum.org/agenda/2018/04/chart-of-the-day-china-now-has-the-worlds-mostvaluable-ai-startup/.

JOBIN, A., IENCA, M. y VAYENA, E. (2019). «The global landscape of AI ethics guidelines». *Nature Machine Intelligence* 1(9):389-399.

JOH, E.E. (2016). «Policing police robots». *UCLA Law Review Discourse* 64:516.

JONES, N. (2018). «How to stop data centres from gobbling up the world's electricity». *Nature* 561(7722):163-167.

KARPPI, T. (2018). «"The Computer Said So": On the Ethics, Effectiveness, and Cultural Techniques of Predictive Policing». *Social Media + Society* 4(2):2056305118768829.

KARRAS, T., LAINE, S. y AILA, T. (2019). «A Style-Based Generator Architecture for Generative Adversarial Networks». *arXiv:1812.04948*.

KATELL, M., YOUNG, M., DAILEY, D., HERMAN, B., GUETLER, V., TAM, A., BINZ, C., RAZ, D. y KRAFFT, P.M. (2020). «Toward situated interventions for algorithmic equity: lessons from the field». FAT* '20: Conference on Fairness, Accountability, and Transparency.

KAYE, J., WHITLEY, E.A., LUND, D., MORRISON, M., TEARE, H. y MELHAM, K. (2015). «Dynamic consent: a patient interface for twenty-first century research networks». *European Journal of Human Genetics* 23 (2):141-146.

KERR, I.R. y BORNFREUND, M. (2005). «Buddy bots: How turing's fast friends are undermining consumer privacy». *Presence: Teleoperators & Virtual Environments* 14(6):647-655.

KERR, I.R. (2003). «Bots, babes and the californication of commerce». *University of Ottawa Law and Technology Journal* 1:285.

KING, T.C., AGGARWAL, N., TADDEO, M. y FLORIDI, L. (2019). «Artificial Intelligence Crime: An Interdisciplinary Analysis of Foreseeable Threats and Solutions». *Science and Engineering Ethics*.

KIZILCEC, R. (2016). «How Much Information?». Actas de la 2016 CHI Conference on Human Factors in Computing Systems, pp. 2390-2395.

KLEE, R. (1996). *Introduction to the Philosophy of Science: Cutting Nature at its Seams*: Oxford: Oxford University Press.

KLEINBERG, J., MULLAINATHAN, S. y RAGHAVAN, M. (2016). «Inherent Trade-Offs in the Fair Determination of Risk Scores». *arXiv:1609.05807*.

KORTYLEWSKI, A., EGGER, B., SCHNEIDER, A., GERIG, T., MOREL-FORSTER, A. y VETTER, T. (2019). «Analyzing and Reducing the Damage of Dataset Bias to Face Recognition With Synthetic Data». Actas de la IEEE Conference on Computer Vision and Pattern Recognition Workshops.

LABATI, R.D., GENOVESE, A., MUNOZ, E., PIURI, V., SCOTTI, F. y SFORZA, G. (2016). «Biometric Recognition in Automated Border Control: A Survey». *ACM Computing Surveys* 49 (2):1-39.

LACOSTE, A., LUCCIONI, A., SCHMIDT, V. y DANDRES, T. (2019). «Quantifying the carbon emissions of machine learning». *arXiv:1910.09700*.

LAGIOIA, F. y SARTOR, G. (2019). «AI Systems Under Criminal Law: a Legal Analysis and a Regulatory Perspective». *Philosophy & Technology*:1-33.

LAKKARAJU, H., AGUIAR, E., SHAN, C., MILLER, D., BHANPURI, N., GHANI, R. y ADDISON, K.L. (2015). «A machine learning framework to identify students at risk of adverse academic outcomes».

LAMBRECHT, A. y TUCKER, C. (2019). «Algorithmic Bias? An Empirical Study of Apparent Gender-Based Discrimination in the Display of STEM Career Ads». *Management Science* 65(7):2966-2981.

LARRAONDO, P.R., RENZULLO, L.J., VAN DIJK, A.I.J.M., INZA, I. y LOZANO, J.A. (2020). «Optimization of Deep Learning Precipitation Models Using Categorical Binary Metrics». *Journal of Advances in Modeling Earth Systems* 12(5):e2019MS001909.

LARSON, B. (2017). «Gender as a Variable in Natural-Language Processing: Ethical Considerations». Actas del First ACL Workshop on Ethics in Natural Language Processing.

LEE, K. y TRIOLO, P. (Diciembre de 2017). «China's Artificial Intelligence Revolution: Understanding Beijing's Structural

Advantages - Eurasian Group». *https://www.eurasiagroup.net/live-post/ai-in-china-cutting-through-the-hype*.

LEE, M.A.S. y FLORIDI, L. (2020). «Algorithmic Fairness in Mortgage Lending: from Absolute Conditions to Relational Trade-offs». *Minds and Machines*.

LEE, M.A.S., FLORIDI, L, y DENEV, A. (2020). «Innovating with Confidence: Embedding AI Governance and Fairness in a Financial Services Risk Management Framework». *Berkeley Technology Law Journal* 34 (2):1-19.

LEE, M.K. (2018). «Understanding perception of algorithmic decisions: Fairness, trust, and emotion in response to algorithmic management». *Big Data & Society* 5(1):2053951718756684.

LEE, M.K., KIM, J.T. y LIZARONDO, L. (2017). «A Human-Centered Approach to Algorithmic Services: Considerations for Fair and Motivating Smart Community Service Management that Allocates Donations to Non-Profit Organizations». The 2017 CHI Conference, 2017.

LEE, R.B. y DALY, R.H. (1999). *The Cambridge encyclopedia of hunters and gatherers*. Cambridge: Cambridge University Press.

LEGG, S. y HUTTER, M. (2007). «A collection of definitions of intelligence». En B. Goertzel y P. Wang (eds.), *Advances in Artificial General intelligence: Concepts, Architecture, and Algorithms*. Ámsterdam: IOS Press, pp. 17-24.

LEPRI, B., OLIVER, N., LETOUZE, E., PENTLAND, A. y VINCK, P. (2018). «Fair, Transparent, and Accountable Algorithmic Decision-making Processes: The Premise, the Proposed Solutions, and the Open Challenges». *Philosophy & Technology* 31(4):611-627.

LESSIG, L. (1999). *Code: and other laws of cyberspace*. Nueva York: Basic Books.

LEWIS, D. (2019). «Social Credit Case Study: City Citizen Scores in Xiamen and Fuzhou». *Medium: Berkman Klein Center Collection*.

LIAKOS, K.G., BUSATO, P., MOSHOU, D., PEARSON, S. y BOCHTIS, D. (2018). «Machine learning in agriculture: A review». *Sensors* 18(8):2674.

LIANG, H., TSUI, B.Y., NI, H., VALENTIM, C.C.S., BAXTER, S.L., LIU, G., CAI, W., KERMANY, D.S., SUN, X., CHEN, J., HE, L., ZHU, J.,

TIAN, P., SHAO, H., ZHENG, L., HOU, R., HEWETT, S., LI, G., LI-ANG, P., ZANG, X., ZHANG, Z., PAN, L., CAI, H., LING, R:, LI, S:, CUI,Y.,TANG, S.,Ye, H., HUANG, X., HE,W., LIANG,W., ZHANG, Q.,JIANG, J.,YU,W., GAO, J., OU,W., DENG,Y., HOU, Q.,WANG, B.,YAO, C., LIANG,Y., ZHANG,Y., DUAN,Y., ZHANG, R., GIBSON, S., ZHANG, C.L., LI, O., ZHANG, E.D., KARIN, G., NGUYEN, N., WU, X., WEN, C., XU, J., XU, W., WANG, B., WANG, W., LI, J., PIZZATO, B., BAO, C., XIANG, D., HE,W., HE, S., ZHOU,Y., HAW, W., GOLDBAUM, M., TREMOULET, A., HSU, C.-N., CARTER, H., ZHU, L., ZHANG, K. y XIA, H. (2019). «Evaluation and accurate diagnoses of pediatric diseases using artificial intelligence». *Nature Medicine*.

LIN, T.C.W. (2016). «The new market manipulation». *Emory Law Journal* 66:1253.

LIPWORTH,W, MASON, P.H., KERRIDGE, I. y IOANNIDIS, J.P.A. (2017). «Ethics and Epistemology in Big Data Research». *Journal of Bioethical Inquiry* 14(4):489-500.

LU, H.,ARSHAD, M.,THORNTON,A.,AVESANI, G., CUNNEA, P., CURRY, E., KANAVATI, F., LIANG, J., NIXON, K.,WILLIAMS, S.T., HASSAN, M.A., BOWTELL, D.D.L., GABRA, H., FOTOPOULOU, C., ROCK-ALL, A. y ABOAGYE, E.O. (2019). «A mathematical-descriptor of tumor-mesoscopic structure from computed-tomography images annotates prognostic and molecular phenotypes of epithelial ovarian cancer». *Nature Communications* 10(1):764.

LU, H., MA, X., HUANG, K. y AZIMI, M. (2020). «Carbon trading volume and price forecasting in China using multiple machine learning models». *Journal of Cleaner Production* 249:119386.

LUCCIONI,A., SCHMIDT,V.,VARDANYAN,V. y BENGIO,Y. (2021). «Using Artificial Intelligence to Visualize the Impacts of Climate Change». *IEEE Computer Graphics and Applications* 41(1):8-14.

LUHMANN, N. y BEDNARZ, J. (1995). *Social systems, Writing science*. Stanford: Stanford University Press.

LUM, K. y ISAAC, W. (2016). «To predict and serve?». *Significance* 13(5):14-19.

LYNSKEY, O. (2015). *The Foundations of EU Data Protection Law, Oxford Studies in European Law*. Nueva York: Oxford University Press.

MAGALHAES, J.C. (2018). «Do Algorithms Shape Character? Considering Algorithmic Ethical Subjectivation». *Social Media + Society* 4(2):2056305118768830.

MALHOTRA, C., KOTWAL, V. y DALAL, S. (2018). «Ethical Framework for Machine Learning». 2018 ITU Kaleidoscope: Machine Learning for a 5G Future (ITU K).

MALMODIN, J. y LUNDEN, D. (2018). «The Energy and Carbon Footprint of the Global ICT and E&M Sectors 2010-2015». *Sustainability* 10 (9):3027.

MANHEIM, D. y GARRABRANT, S. (2018). «Categorizing variants of Goodhart's Law». *arXiv:1803.04585.*

MARDANI, A., LIAO, H., NILASHI, M., ALRASHEEDI, M. y CAVALLARO, F. (2020). «A multi-stage method to predict carbon dioxide emissions using dimensionality reduction, clustering, and machine learning techniques». *Journal of Cleaner Production* 275:122942.

MARRERO, T. (10 de septiembre de 2016). «Record pacific cocaine haul brings hundreds of cases to Tampa court». *Tampa Bay Times.*

MARTIN, K. (2019). «Ethical Implications and Accountability of Algorithms». *Journal of Business Ethics* 160(4):835-850.

MARTÍNEZ-MIRANDA, E., McBURNEY, P. y HOWARD, M.J.W. (2016). «Learning unfair trading: A market manipulation analysis from the reinforcement learning perspective». 2016 IEEE Conference on Evolving and Adaptive Intelligent Systems (EAIS).

MARTÍNEZ-MIRANDA, J. y ALDEA, A. (2005). «Emotions in human and artificial intelligence». *Computers in Human Behavior* 21(2):323-341.

MASANET, E., SHEHABI, A., LEI, N., SMITH, S. y KOOMEY, J. (2020). «Recalibrating global data center energy-use estimates». *Science* 367(6481):984-986.

MAYSON, S.G. (2019). «Bias In, Bias Out». *Yale Law Journal* 128.

MAZZINI, G. (en prensa). «A System of Governance for Artificial Intelligence through the Lens of Emerging Intersections between AI and EU Law». En A. De Franceschi, R. Schulze, M. Graziadei, O. Pollicino, F. Riente, S. Sica y P. Sirena (eds.), *Digital Revolution - New challenges for Law*, SSRN: https://ssrn.com/abstract=3369266

McAllister, A. (2016). «Stranger than science fiction: The rise of
AI interrogation in the dawn of autonomous robots and the
need for an additional protocol to the UN convention against
torture». *Minnesota Law Review* 101, p. 2527.

McBurney, P. y Howard, M.J. (2015). *Learning Unfair Trading: a
Market Manipulation Analysis From the Reinforcement Learning
Perspective.*

McCarthy, J. (1997). «Review of Kasparov vs. Deep Blue by
Monty Newborn». *Science,* 6 junio.

McCarthy, J., Minsky, M.L., Rochester, N. y Shannon, C.E.
(2006). «A proposal for the dartmouth summer research project on artificial intelligence, august 31, 1955». *AI magazine*
27(4), p. 12.

McFarlane, D. (1999). «Interruption of People in Human-Computer Interaction: A General Unifying Definition of Human
Interruption and Taxonomy».

McFarlane, D. y Latorella, K. (2002). «The Scope and Impor-
tance of Human Interruption in Human-Computer Interaction Design». *Human-computer Interaction* 17, p. 1-61.

McKelvey, F. y Dubois, E. (2017). «Computational propaganda in
Canada: The use of political bots». *Computational Propaganda
Research Project* 2017.6, Universidad de Oxford.

Menad, N.A., Hemmati-Sarapardeh, A., Varamesh, A. y Sham-
shirband, S. (2019). «Predicting solubility of CO_2 in brine by
advanced machine learning systems: Application to carbon
capture and sequestration». *Journal of CO2 Utilization* 33:83-
95.

Mendelsohn, R., Dinar, A. y Williams, L. (2006). «The distribu-
tional impact of climate change on rich and poor countries».
Environment and Development Economics 11(2):159-178.

Meneguzzi, F.R. y Luck, M. (2009). «Norm-based behaviour
modification in BDI agents». AAMAS (1).

Microsoft. (2018). *The Carbon Benefits of Cloud Computing: A
Study on the Microsoft Cloud.*

Milano, S., Taddeo, M. y Floridi, L. (2019). «Ethical Aspects of
Multistakeholder Recommendation Systems». *SSRN Electronic
Journal.*

MILANO, S., TADDEO, M. y FLORIDI, L. (2020b). «Recommender systems and their ethical challenges». *AI & Society* 35(4):957-967.

MILANO, S., TADDEO, M. y FLORIDI, L. (2021). «Ethical aspects of multistakeholder recommendation systems». *The Information Society* 37(1):35-45.

MILL, J.S. (1861). *Considerations on representative government.* Londres: Parker, Son, and Bourn.

MITTELSTADT, B.D., ALLO, P., TADDEO, M., WACHTER, S. y FLORIDI, L. (2016). «The ethics of algorithms: Mapping the debate». *Big Data & Society* 3(2).

MNIH, V., KAVUKCUOGLU, K., SILVER, D., RUSU, A.A., VENESS, J., BELLEMARE, M.G., GRAVES, A., RIEDMILLER, M., FIDJELAND, A.K. y OSTROVSKI, G. (2015). «Human-level control through deep reinforcement learning». *Nature* 518(7540):529-533.

MOHANTY, S. y BHATIA, R. (2017). «Indian court's privacy ruling is blow to government». *Reuters*, 25 de agosto de 2017.

MOJSILOVIC, A. (2018). «Introducing AI Explainability 360». *IBM Research.*

MOKANDER, J. y FLORIDI, L. (2021). «Ethics-Based Auditing to Develop Trustworthy AI». *Minds and Machines* 10.

MOKANDER, J., MORLEY, J., TADDEO, M. y FLORIDI, L. (en prensa). «Ethics- Based Auditing of Automated Decision-making Systems: Nature, Scope, and Limitations». *Science and Engineering Ethics.*

MOLLER, J., TRILLING, D., HELBERGER, N. y VAN ES, B. (2018). «Do not blame it on the algorithm: an empirical assessment of multiple recommender systems and their impact on content diversity». *Information, Communication & Society* 21(7):959-977.

MOOR, J.H. (1985). «What Is Computer Ethics?». *Metaphilosophy* 16(4):266-275.

MOORE, J. (2019). «AI for not bad». *Frontiers in Big Data* 2, p. 32.

MORLEY, J., COWLS, J. TADDEO, M. y FLORIDI, F. (2020). «Ethical guidelines for COVID-19 tracing apps». *Nature* 582:29-31.

MORLEY, J., FLORIDI, L., KINSEY, L. y ELHALAL, A. (2020). «From What to How: An Initial Review of Publicly Available AI Ethics Tools, Methods and Research to Translate Principles into Practices». *Science and Engineering Ethics* 26(4):2141-2168.

Morley, J., Machado, C.C.V., Burr, C., Cowls, J., Joshi, I., Taddeo, M. y Floridi, L. (2020). «The ethics of AI in health care: A mapping review». *Social Science & Medicine* 260:1131-1172.

Morley, J., Morton, C., Karpathakis, K., Taddeo, M. y Floridi, L. (2021). «Towards a framework for evaluating the safety, acceptability and efficacy of AI systems for health: an initial synthesis». *arXiv:2104.06910.*

Moroney, L. (2020). *AI and machine learning for coders: a programmer's guide to artificial intelligence*. Sebastopol: O'Reilly.

Murgia, M. (2018). «DeepMind's move to transfer health unit to Google stirs data fears». *Financial Times.*

Narciso, D.A.C. y Martins, F.G. (2020). «Application of machine learning tools for energy efficiency in industry: A review». *Energy Reports* 6:1181-1199.

Naciones Unidas, Consejo de Derechos Humanos. 2012. *Primera Resolución sobre la Libertad de Expresión en Internet.*

Neff, G. y Nagy, P. (2016a). «Automation, algorithms, and politics| talking to Bots: Symbiotic agency and the case of Tay». *International Journal of Communication* 10, p. 17.

Neff, G. y Nagy, P. (2016b). «Talking to Bots: Symbiotic Agency and the Case of Tay». *International Journal of Communication* 10:4915-4931.

Neufeld, E. y Finnestad, S. (2020). «In defense of the Turing test». *AI & Society*: 1-9.

Nield, T. (2019). «Is Deep Learning Already Hitting its Limitations? And Is Another AI Winter Coming?». *Towards Data Science,* 5 de enero de 2019.

Nietzsche, F.W. (2008). *Twilight of the idols, or, How to philosophize with a hammer*. Oxford: Oxford University Press.

Nijhawan, L.P., Janodia, M., Krishna, M., Bhat, K., Bairy, L., Udupa, N. y Musmade, P. (2013). *Informed Consent: Issues and Challenges*, vol. 4.

Nissenbaum, H. (2009). *Privacy in context: Technology, policy, and the integrity of social life*. Stanford: Stanford University Press.

Nissenbaum, H. (2011). «A contextual approach to privacy online». *Daedalus* 140(4):32-48.

NOBLE, S.U. (2018). *Algorithms of oppression: how search engines reinforce racism.* Nueva York: New York University Press.

NORDLING, L. (2018). «Europe's biggest research fund cracks down on ethics dumping». *Nature* 559(7712):17.

NUNAMAKER, J.F., DERRICK, D.C., ELKINS, A.C., BURGOON, J.K. y PATTON, M.W. (2011). «Embodied conversational agent-based kiosk for automated interviewing». *Journal of Management Information Systems* 28(1):17-48.

OBERMEYER, Z., POWERS, B., VOGELI, C. y MULLAINATHAN, S. (2019). «Dissecting racial bias in an algorithm used to manage the health of populations». *Science* 366(6464):447-453.

OCHIGAME, R. (2019). «The Invention of "Ethical AI"». En *Economies of Virtue. The Circulation of Ethics in AI.* Amsterdam: Institute of Network Cultures.

OECD. (2019). «Forty-two countries adopt new OECD Principles on Artificial Intelligence».

OLHEDE, S.C., y Wolfe, P.J. (2018a). «The growing ubiquity of algorithms in society: implications, impacts and innovations». *Philosophical Transactions of the Royal Society A: Mathematical, Physical and Engineering Sciences* 376(2128):2017.0364

OLHEDE, S, y WOLFE, P. (2018b). «The AI spring of 2018». *Significance* 15(3):6-7.

OLTEANU, A., CASTILLO, C., DIAZ, F. y KICIMAN, E. (2016). «Social Data: Biases, Methodological Pitfalls, and Ethical Boundaries». *SSRN Electronic Journal.*

OSWALD, M. (2018). «Algorithm-assisted decision-making in the public sector: framing the issues using administrative law rules governing discretionary power». *Philosophical Transactions of the Royal Society A: Mathematical, Physical and Engineering Sciences* 376(2128):2017.0359.

PAGALLO, U. (2011). «Killers, fridges, and slaves: a legal journey in robotics». *AI & Society* 26(4):347-354.

PAGALLO, U. (2015). «Good onlife governance: On law, spontaneous orders, and design». En L. Floridi (ed.), *The Onlife Manifesto,* Berlín: Springer, pp. 161-177.

PAGALLO, U. (2017). «From automation to autonomous systems: A legal phenomenology with problems of accountability».

26th International Joint Conference on Artificial Intelligence, IJCAI.

PARASCHAKIS, D. (2017). «Towards an ethical recommendation framework». 2017 11th International Conference on Research Challenges in Information Science (RCIS).

PARASCHAKIS, D. (2018). «Algorithmic and ethical aspects of recommender systems in ecommerce». *Studies in Computer Science* 4, Malmo universitet.

PARTNERSHIP ON AI. (2018). «Tenets of the Partnership on AI». *https://www.partnershiponai.org/tenets/*

PEDRESHI, D, RUGGIERI, S. y TURINI, F. (2008). «Discrimination-aware data mining». Actas del 14th ACM SIGKDD international conference on Knowledge discovery and data mining, 08/24/2008.

PERERA, L.P., MO, B. y SOARES, S. (2016). «Machine intelligence for energy efficient ships: A big data solution». En C. Guedes Soares y T.A. Santos (eds.), *Maritime Engineering and Technology III,* Londres: Routledge, pp. 143-150.

PERRAULT, R., YOAV, S., BRYNJOLFSSON, E., JACK, C., ETCHMENDY, J., GROSZ, B., LYONS, T., MANYIKA, J., SAURABH, M. y NIEBLES, J.C. (2019). *Artificial Intelligence Index Report 2019.*

PIROLLI, P. (2007). *Information foraging theory: adaptive interaction with information.* Oxford: Oxford University Press.

PIROLLI, P. y CARD, S. (1995). «Information foraging in information access environments». *Proceedings of the SIGCHI conference on Human factors in computing systems,* pp. 51-58.

PIROLLI, P. y CARD, S. (1999). «Information foraging». *Psychological review* 106(4):643.

PONTIFICAL ACADEMY FOR LIFE. (2020). «Rome Call for an AI Ethics». *https://www.romecall.org/*

POPKIN, R.H. (1966). *The philosophy of the sixteenth and seventeenth centuries.* Londres: Free Press.

PRASAD, M. (2018). «Social choice and the value alignment problem». En *Artificial intelligence safety and security,* pp. 291-314.

PRATES, M.O.R., AVELAR, P.H. y LAMB, L.C. (2019). «Assessing gender bias in machine translation: a case study with Google Translate». *Neural Computing and Applications.*

PRICE, W.N. y COHEN, I.G. (2019). «Privacy in the age of medical big data». *Nature Medicine* 25(1):37.

PUASCHUNDER, J.M. (2020). «The Potential for Artificial Intelligence in Healthcare». SSRN 3525037.

RACHELS, J. (1975). «Why Privacy Is Important». *Philosophy & Public Affairs* 4(4):323-333.

RAHWAN, I. (2018). «Society-in-the-loop: programming the algorithmic social contract». *Ethics and Information Technology* 20(1):5-14.

RAMCHURN, S.D., VYTELINGUM, P., ROGERS, A. y JENNINGS, N.R. (2012). «Putting the "smarts" into the smart grid: a grand challenge for artificial intelligence». *Communications of the ACM* 55(4):86-97.

RAS, G., VAN GERVEN, M. y HASELAGER, P. (2018). «Explanation Methods in Deep Learning: Users, Values, Concerns and Challenges». *arXiv:1803.07517*.

RASP, S., PRITCHARD, M.S. y GENTINE, P. (2018). «Deep learning to represent subgrid processes in climate models». *Proceedings of the National Academy of Sciences* 115(39):9684-9689.

RATKIEWICZ, J., CONOVER, M., MEISS, M., GONCALVES, B., PATIL, S., FLAMMINI, A. y MENCZER, F. (2011). «Truthy: mapping the spread of astroturf in microblog streams». Actas de la 20th international conference companion on World Wide Web.

RAWLS, J. (1955). «Two concepts of rules». *The philosophical review* 64(1):3-32.

REDDY, E., CAKICI, B. y BALLESTERO, A. (2019). «Beyond mystery: Putting algorithmic accountability in context». *Big Data & Society* 6 (1):205395171982685.

REED, C. (2018). «How should we regulate artificial intelligence?». *Philosophical Transactions of the Royal Society A: Mathematical, Physical and Engineering Sciences* 376(2128):2017.0360.

REHM, M. (2008). «"She is just stupid" —Analyzing user-agent interactions in emotional game situations». *Interacting with Computers* 20(3):311-325.

REISMAN, D., SCHULTZ, J., CRAWFORD, K. y WHITTAKER, M. (2018). «Algorithmic impact assessments: a practical framework for public agency accountability». *AI Now Institute*.

RICHARDSON, R., SCHULTZ, J. y CRAWFORD, K. (2019). «Dirty Data, Bad Predictions: How Civil Rights Violations Impact Police Data, Predictive Policing Systems, and Justice». NYU Law Review 192(2019): 15-55.

RIDWAN, W.M., SAPITANG, M., AZIZ, A., KUSHIAR, K.F., AHMED, A.N. y EL-SHAFIE, A. (2020). «Rainfall forecasting model using machine learning methods: Case study Terengganu, Malaysia». *Ain Shams Engineering Journal.*

ROBBINS, S. (2019). «A Misdirected Principle with a Catch: Explicability for AI». *Minds and Machines* 29(4):495-514.

ROBERTS, H., COWLS, J., HINE, E., MAZZI, F., TSAMADOS, A., TADDEO, M. y FLORIDI, L. (2021). «Achieving a «Good AI Society»: Comparing the Aims and Progress of the EU and the US». *Science and Engineering Ethics* 27(6):68.

ROBERTS, H., COWLS, J., HINE, E., MORLEY, J., TADDEO, M., WANG, V. y FLORIDI, L. (2021). «China's artificial intelligence strategy: lessons from the European Union's "ethics-first' approach"». *SSRN* 3811034. https://papers.ssrn.com/sol3/papers.cfm?abstract_id=3811034

ROBERTS, H., COWLS, J., MORLEY, J., TADDEO, M., WANG, V. y FLORIDI, L. (2021). «The Chinese approach to artificial intelligence: an analysis of policy, ethics, and regulation». *AI & Society* 36(1):59-77.

ROBINSON, C. y DILKINA, B. (2018). «A Machine Learning Approach to Modeling Human Migration». 20 de junio de 2018. *arXiv:1711.05462*

ROLNICK, D., DONTI, P.L., KAACK, L.H., KOCHANSKI, K., LACOSTE, A., SANKARAN, K., SLAVIN ROSS, A., MILOJEVIC-DUPONT, N., JAQUES, N. y WALDMAN-BROWN, A. (2019). «Tackling climate change with machine learning». *arXiv:1906.05433.*

ROSENBLUETH, A. y WIENER, N. (1945). «The role of models in science». *Philosophy of Science* 12(4):316-321.

ROSS, C. y SWETLITZ, I. (2017). «IBM pitched Watson as a revolution in cancer care. It's nowhere close». *Scientific America.* https://www.scientificamerican.com/article/ibm-pitched-its-watson-supercomputer-as-a-revolution-in-cancer-care-its-nowhere-close/

ROSSLER, B. (2015). *The Value of Privacy*. Nueva York: John Wiley & Sons.

RUBEL, A., CASTRO, C. y PHAM, A. (2019). «Agency Laundering and Information Technologies». *Ethical Theory and Moral Practice* 22(4):1017-1041.

RUSSELL, S.J. y NORVIG, P. (2018). *Artificial intelligence: a modern approach*. Upper Saddle River: Pearson.

SAMUEL, A.L. (1960a). «Some moral and technical consequences of automation —a refutation». *Science* 132(3429):741-742.

SANDVIG, C., HAMILTON, K., KARAHALIOS, K. y LANGBORT, C. (2016). «When the Algorithm Itself Is a Racist: Diagnosing Ethical Harm in the Basic Components of Software». *International Journal of Communication* 10:4972-4990.

SAXENA, N., HUANG, K., DEFILIPPIS, E., RADANOVIC, G., PARKES, D. y LIU, Y. (2019). «How Do Fairness Definitions Fare? Examining Public Attitudes Towards Algorithmic Definitions of Fairness». *arXiv:1811.03654*.

SAYED-MOUCHAWEH, M. (2020). *Artificial Intelligence Techniques for a Scalable Energy Transition: Advanced Methods, Digital Technologies, Decision Support Tools, and Applications*: Berlín: Springer.

SCHOTT, B. (2010). «Bluewashing». *The New York Times*, 4 de febrero de 2010.

SCHUCHMANN, S. (2019). «Probability of an Approaching AI Winter». *Towards Data Science* https://towardsdatascience.com/ probability-of-anapproaching-ai- winter-c2d818fb338a.

SCHWARTZ, R., DODGE, J., SMITH, N.A. y ETZIONI, O. (2020). «Green AI». *Communications of the* ACM 63(12):54-63.

SEARLE, J.R. 2018. «Constitutive rules». *Argumenta* 4(1):51-54.

SELBST, A.D., BOYD, D., FRIEDLER, S.A., VENKATASUBRAMANIAN, S. y VERTESI, J. (2019). «Fairness and Abstraction in Sociotechnical Systems». Conferencia.

SEYMOUR, J. y TULLY, P. (2016). «Weaponizing data science for social engineering: Automated E2E spear phishing on Twitter». *Black Hat USA* 37:1-39.

SHAFFER, G.C. y POLLACK. M.A. (2009). «Hard vs. soft law: Alternatives, complements, and antagonists in international governance». *Minnesota Law Review* 94:706.

SHAH, H. (2018). «Algorithmic accountability». *Philosophical Transactions of the Royal Society A: Mathematical, Physical and Engineering Sciences* 376(2128):2017.0362.

SHANNON, C.E. y WEAVER, W. (1975). *The mathematical theory of communication.* Urbana: University of Illinois Press.

SHARKEY, N., GOODMAN, M. y ROSS, N. (2010). «The coming robot crime wave». *Computer* 43(8):115-116.

SHEHABI, A., SMITH, S.J., MASANET, E. y KOOMEY, J. (2018). «Data center growth in the United States: decoupling the demand for services from electricity use». *Environmental Research Letters* 13(12):124030.

SHIN, D. y PARK, Y.J. (2019). «Role of fairness, accountability, and transparency in algorithmic affordance». *Computers in Human Behavior* 98:277-284.

SHORTLIFFE, E.H. y BUCHANAN, B.G. (1975). «A model of inexact reasoning in medicine». *Mathematical Biosciences* 23(3):351-379.

SHRESTHA, M., MANANDHAR, S. y SHRESTHA, S. (2020). «Forecasting water demand under climate change using artificial neural network: a case study of Kathmandu Valley, Nepal». *Water Supply* 20(5):1823-1833.

SIBAI, F.N. (2020). «AI Crimes: A Classification». 2020 International Conference on Cyber Security and Protection of Digital Services.

SILVER, D., HUBERT, T., SCHRITTWIESER, J., ANTONOGLOU, I., LAI, M., GUEZ, A., LANCTOT, M., SIFRE, L., KUMARAN, D., GRAEPEL, T., LILLICRAP, T., SIMONYAN, K. y HASSABIS, D. (2018). «A general reinforcement learning algorithm that masters chess, shogi, and Go through selfplay». *Science* 362(6419):1140-1144.

SIMON, H.A. (1996). *The sciences of the artificial.* Cambridge: MIT Press.

SIPSER, M. (2012). *Introduction to the theory of computation.* Boston: Cengage Learning.

SLOAN, R.H. y WARNER, R. (2018). «When Is an Algorithm Transparent? Predictive Analytics, Privacy, and Public Policy». *IEEE Security & Privacy* 16(3):18-25.

SOLIS, G.D. (2016). *The law of armed conflict: international humanitarian law in war.* Cambridge: Cambridge University Press.

SOLOVE, D.J. (2008). *Understanding privacy*. Cambridge: Harvard University Press.

SONDERBY, C.K., ESPEHOLT, L., HEEK, J., DEHGHANI, M., OLIVER, A., SALIMANS, T., AGRAWAL, S., HICKEY, J. y KALCHBRENNER, N. (2020). «MetNet: A Neural Weather Model for Precipitation Forecasting». *arXiv:2003.12140*.

SPATT, C. (2014). «Security market manipulation». *Annual Review of Financial Economics* 6(1):405-418.

STILGOE, J. (2018). «Machine learning, social learning and the governance of self-driving cars». *Social Studies of Science* 48(1):25-56.

STRATHERN, M. (1997). «"Improving ratings": audit in the British University system». *European review* 5(3):305-321.

STRICKLAND, E. (2019). «How IBM Watson Overpromised and Underdelivered on AI Health Care». *IEEE Spectrum* 56(04):24-31.

STRUBELL, E., GANESH, A. y MCCALLUM, A. (2019). «Energy and policy considerations for deep learning in NLP». *arXiv:1906.02243*.

SWEARINGEN, K. y SINHA, R. (2002). «Interaction design for recommender systems».

SZEGEDY, C., ZAREMBA, W., SUTSKEVER, I., BRUNA, J., ERHAN, D., GOODFELLOW, I. y FERGUS, R. (2014). «Intriguing properties of neural networks». *arXiv:1312.6199*.

TABUCHI, H. y GELLES, D. (2019). «Doomed Boeing Jets Lacked 2 Safety Features That Company Sold Only as Extras». *The New York Times*, 5 de abril de 2019.

TADDEO, M. (2009). «Defining Trust and E-Trust». *International Journal of Technology and Human Interaction* 5(2):23-35.

TADDEO, M. (2010). «Modelling Trust in Artificial Agents, A First Step Toward the Analysis of e-Trust». *Minds and Machines* 20(2):243-257.

TADDEO, M. (2014). «The Struggle Between Liberties and Authorities in the Information Age». *Science and Engineering Ethics*:1-14.

TADDEO, M. (2017a). «Deterrence by Norms to Stop Interstate Cyber Attacks». *Minds and Machines* 27(3):387-392.

TADDEO, M. (2017b). «The Limits of Deterrence Theory in Cyberspace». *Philosophy & Technology* 31:339-355.

TADDEO, M. (2017c). «Trusting Digital Technologies Correctly». *Minds and Machines* 27(4):565-568.

TADDEO, M. y FLORIDI, L. (2005). «Solving the symbol grounding problem: a critical review of fifteen years of research». *Journal of Experimental & Theoretical Artificial Intelligence* 17(4):419-445.

TADDEO, M. y FLORIDI, L. (2007). «A Praxical Solution of the Symbol Grounding Problem». *Minds and Machines* 17(4):369-389.

TADDEO, M. y FLORIDI, L. (2011). «The case for e-trust». *Ethics and Information Technology* 13(1):1-3.

TADDEO, M. y FLORIDI, L. (2015). «The Debate on the Moral Responsibilities of Online Service Providers». *Science and Engineering Ethics*:1-29.

TADDEO, M. y FLORIDI, L. (2018a). «How AI can be a force for good». *Science* 361(6404):751-752.

TADDEO, M. y FLORIDI, L. (2018b). «Regulate artificial intelligence to avert cyber arms race». *Nature* 556(7701):296-298.

TADDEO, M., MCCUTCHEON, T. y FLORIDI, L. (2019). «Trusting artificial intelligence in cybersecurity is a double-edged sword». *Nature Machine Intelligence* 1(12):557-560.

TAN, Z.M., AGGARWAL, N., COWLS, J., MORLEY, J., TADDEO, M. y FLORIDI, L. (2021). «The ethical debate about the gig economy: a review and critical analysis». *Technology in Society* 65:101594.

TAYLOR, L. y BROEDERS, D. (2015). «In the name of Development: Power, profit and the datafication of the global South». *Geoforum* 64:229-237.

TAYLOR, L., FLORIDI, L. y VAN DER SLOOT, B. (2016). *Group Privacy: New Challenges of Data Technologies*. Berlín: Springer.

TAYLOR, L. y SCHROEDER, R. (2015). «Is bigger better? The emergence of big data as a tool for international development policy». *GeoJournal* 80(4):503-518.

THE ECONOMIST. (2014). «Waiting on hold - Ebola and big data». 27 de octubre de 2014.

THELISSON, E., PADH, K. y CELIS, L.E. (2017). «Regulatory mechanisms and algorithms towards trust in AI/ML».

THILAKARATHNA, P.S.M., SEO, S., KRISTOMBU BADUGE, K.S., LEE, H., MENDIS, P. y FOLIENTE, G. (2020). «Embodied carbon analysis and benchmarking emissions of high and ultrahigh strength concrete using machine learning algorithms». *Journal of Cleaner Production* 262:121281.

THOMPSON, N.C., GREENEWALD, K., LEE, K. y MANSO, G.F. (2020). «The computational limits of deep learning». *arXiv:2007.05558*.

TICKLE, A.B., ANDREWS, R., GOLEA, M. y DIEDERICH, J. (1998). «The truth will come to light: directions and challenges in extracting the knowledge embedded within trained artificial neural networks». *IEEE Transactions on Neural Networks* 9 (6):1057-1068.

TOFFLER, A. (1980). *The third wave*. Londres: Collins.

TONTI, G., BRADSHAW, J.M., JEFFERS, R., MONTANARI, R., SURI, N. y USZOK, A. (2003). «Semantic Web languages for policy representation and reasoning: A comparison of KAoS, Rei, and Ponder». International Semantic Web Conference.

TORPEY, J. (2000). *The invention of the passport: surveillance, citizenship and the state*. Cambridge: Cambridge University Press.

TSAMADOS, A., AGGARWAL, N., COWLS, J., MORLEY, J., ROBERTS, H., TADDEO, M. y FLORIDI, L. (2020). «The ethics of algorithms: key problems and solutions». *SSRN 3662302*.

TSAMADOS, A., AGGARWAL, N., COWLS, J., MORLEY, J., ROBERTS, H., TADDEO, M. y FLORIDI, L. (2021). «The ethics of algorithms: key problems and solutions». *AI & Society*.

TURILLI, M. y FLORIDI, L. (2009). «The ethics of information transparency». *Ethics and Information Technology* 11(2):105-112.

TURING, A. (1951). «Alan Turing's lost radio broadcast rerecorded – On the 15th of May 1951 the BBC broadcasted a short lecture on the radio by the mathematician Alan Turing». *BBC Radio*.

TURNER LEE, N. (2018). «Detecting racial bias in algorithms and machine learning». *Journal of Information, Communication and Ethics in Society* 16(3):252-260.

UNIVERSITE DE MONTREAL. (2017). «Montreal Declaration for Responsible AI». *https://www.montrealdeclaration-responsibleai.com/*

USZOK, A., BRADSHAW, J., JEFFERS, R., SURI, N., HAYES, P., BREEDY, M., BUNCH, L, JOHNSON, M., KULKARNI, S. y LOTT, J. (2003). «KAoS policy and domain services: Toward a description-logic approach to policy representation, deconfliction, and enforcement». Actas de POLICY 2003. IEEE 4th International Workshop on Policies for Distributed Systems and Networks.

VALIANT, L.G. (1984). «A theory of the learnable». *Communications of the ACM* 27:1134-1142.

VAN DE POEL, I., NIHLEN FAHLQUIST, J., DOORN, N., ZWART, S. y ROYAKKERS, L. (2012). «The problem of many hands: Climate change as an example». *Science and engineering ethics* 18(1):49-67.

VAN LIER, B. (2016). «From high frequency trading to self-organizing moral machines». *International Journal of Technoethics (IJT)* 7(1):34-50.

VAN RIEMSDIJK, M.B., DENNIS, L.A., FISHER, M. y HINDRIKS, K.V. (2013). «Agent reasoning for norm compliance: a semantic approach». Actas de la 2013 international conference on Autonomous agents and multi-agent systems.

VAN RIEMSDIJK, M.B., DENNIS, L.A., FISHER, M. y HINDRIKS, K.V. (2015). «A semantic framework for socially adaptive agents: Towards strong norm compliance». Actas de la 2015 International Conference on Autonomous Agents and Multiagent Systems.

VANDERELST, D. y WINFIELD, A. (2018a). «An architecture for ethical robots inspired by the simulation theory of cognition». *Cognitive Systems Research* 48:56-66.

VANDERELST, D. y WINFIELD, A. (2018b). «The dark side of ethical robots». Actas de la 2018 AAAI/ACM Conference on AI, Ethics, and Society.

VEALE, M. y BINNS, R. (2017). «Fairer machine learning in the real world: Mitigating discrimination without collecting sensitive data». *Big Data & Society* 4(2):2053951717743530.

VEDDER, A. y NAUDTS, L. (2017). «Accountability for the use of algorithms in a big data environment». *International Review of Law, Computers & Technology* 31(2):206-224.

VELETSIANOS, G., SCHARBER, C. y DOERING, A. (2008). «When sex, drugs, and violence enter the classroom: Conversations between adolescents and a female pedagogical agent». *Interacting with computers* 20(3):292-301.

VIEWEG, S. (2021). *AI for the good: artificial intelligence and ethics.* Berlín: Springer.

VINUESA, R., AZIZPOUR, H., LEITE, I., BALAAM, M., DIGNUM, V., DOMISCH, S., FELLANDER, A., LANGHANS, S.D., TEGMARK, M. y FUSO NERINI, F. (2020). «The role of artificial intelligence in achieving the Sustainable Development Goals». *Nature communications* 11(1):1-10.

VODAFONE INSTITUTE FOR SOCIETY AND COMMUNICATIONS. (2018). «New technologies: India and China see enormous potential —Europeans more sceptical». *https://www.vodafoneinstitut.de/digitising-europe/digitisation-india-and-china-see-enormous-potential/*

VOENEKY, S., KELLMEYER, P., MUELLER, O. y BURGARD, W. (2022). *The Cambridge handbook of responsible artificial intelligence: interdisciplinary perspectives.* Cambridge: Cambridge University Press.

WACHTER, S., MITTELSTADT, B. y FLORIDI, L. (2017a). «Transparent, explainable, and accountable AI for robotics». *Science Robotics* 2(6).

WACHTER, S., MITTELSTADT, B. y FLORIDI, L. (2017b). «Why a right to explanation of automated decision-making does not exist in the general data protection regulation». *International Data Privacy Law* 7(2):76-99.

WALCH, K. (2019). «Are We Heading For Another AI Winter Soon?». *Forbes,* 20 de octubre de 2019.

WANG, D., KHOSLA, A., GARGEYA, R., IRSHAD, H. y BECK, A.H. (2016). «Deep learning for identifying metastatic breast cancer». *arXiv:1606.05718.*

WANG, G., MOHANLAL, M., WILSON, C., WANG, X., METZGER, M., ZHENG, H. y ZHAO, B.Y. (2012). «Social turing tests: Crowdsourcing sybil detection». *arXiv:1205.3856.*

WANG, S., JIANG, X., SINGH, S., MARMOR, R., BONOMI, L., FOX, D., DOW, M. y OHNO-MACHADO, L. (2017). «Genome privacy: challenges, technical approaches to mitigate risk, and ethical considerations in the United States: Genome privacy in biomedical research». *Annals of the New York Academy of Sciences* 1387(1):73-83.

WANG, Y. y KOSINSKI, M. (2018). «Deep neural networks are more accurate than humans at detecting sexual orientation from facial images». *Journal of personality and social psychology* 114(2):246.

WARREN, S.D. y BRANDEIS, L.D. (1890). «The right to privacy». *Harvard law review*: 193-220.

WATSON, D., GULTCHIN, L., TALY, A. y FLORIDI, L. (2021). «Local Explanations via Necessity and Sufficiency: Unifying Theory and Practice». *arXiv:2103.14651.*

WATSON, D.S y FLORIDI, L. (2020). «The explanation game: a formal framework for interpretable machine learning». *Synthese*: 1-32.

WATSON, D.S., KRUTZINNA, J., BRUCE, I.N., GRIFFITHS, C.E.M., MCINNES, I.B., BARNES, M.R. y FLORIDI, L. (2019). «Clinical applications of machine learning algorithms: beyond the black box». *BMJ*:1886.

WEBB, H., PATEL, M., ROVATSOS, M., DAVOUST, A., CEPPI, S., KOENE, A., DOWTHWAITE, L., PORTILLO, V., JIROTKA, M. y CANO, M. 2019. «"It would be pretty immoral to choose a random algorithm": Opening up algorithmic interpretability and transparency». *Journal of Information, Communication and Ethics in Society* 17(2):210-228.

WEI, S., YUWEI, W. y CHONGCHONG, Z. (2018). «Forecasting CO_2 emissions in Hebei, China, through moth-flame optimization based on the random forest and extreme learning machine». *Environmental Science and Pollution Research* 25(29):28985-28997.

WEISS, G. (2013). *Multiagent systems. Intelligent robotics and autonomous agents.* Cambridge: MIT Press.

WEIZENBAUM, J. (1976). *Computer power and human reason: from judgment to calculation.* San Francisco: W.H. Freeman.

WELLER, A. (2019). «Transparency: Motivations and Challenges». *arXiv:1708.01870.*

WELLMAN, M.P. y RAJAN, U. (2017). «Ethical issues for autonomous trading agents». *Minds and Machines* 27(4):609-624.

WEXLER, J. (2018). «The What-If Tool: Code-Free Probing of Machine Learning Models». *IEEE Transactions on Visualization and Computer Graphics* PP(99):1-1

WHITBY, B. (2008). «Sometimes it's hard to be a robot: A call for action on the ethics of abusing artificial agents». *Interacting with Computers* 20(3):326-333.

WHITE, G. (2018). «Child advice chatbots fail sex abuse test». https://www.bbc.com/news/technology-46507900

WHITMAN, M., HSIANG, C. y ROARK, K. (2018). «Potential for participatory big data ethics and algorithm design: a scoping mapping review». 15th Participatory Design Conference 2018.

WIENER, N. (1950). *The human use of human beings: cybernetics and society*. Londres: Eyre and Spottiswoode.

WIENER, N. (1954). *The human use of human beings: cybernetics and society*. Boston: Houghton Mifflin.

WIENER, N. (1960). «Some moral and technical consequences of automation». *Science* 131(3410):1355-1358.

WIENER, N. (1989). *The human use of human beings: cybernetics and society*. Londres: Free Association.

WILLIAMS, R. (2017). «Lords select committee, artificial intelligence committee, written evidence (AIC0206)». *http://data. parliament.uk/writtenevidence/committeeevidence.svc/evidencedocument/artificialintelligence-committee/artificial-intelligence/written/70496.html#_ftn13*

WINFIELD, A. (2019). «An Updated Round Up of Ethical Principles of Robotics and AI». *Alan Winfield's Web Log,* 18 de abril de 2019.

WINNER, L. (1980). «Do Artifacts Have Politics?». *Modern Technology: Problem or Opportunity?* 109(1):121-136.

WONG, P.H. (2019). «Democratizing Algorithmic Fairness». *Philosophy & Technology 33* (2):225-244.

WOOLDRIDGE, M.J. (2009). *An Introduction to MultiAgent Systems*. Chichester: John Wiley & Sons.

XENOCHRISTOU, M., HUTTON, C., HOFMAN, J. y KAPELAN, Z. (2020). «Water demand forecasting accuracy and influencing factors at different spatial scales using a Gradient Boosting Machine». *Water Resources Research* 56(8):e2019WR026304.

XIAN, Z., LI, Q., HUANG, X. y LI, L. (2017). «New SVD-based collaborative filtering algorithms with differential privacy». *Journal of Intelligent & Fuzzy Systems* 33(4):2133-2144.

XU, D., YUAN, S., ZHANG, L. y WU, X. (2018). «FairGAN: Fairness-aware Generative Adversarial Networks». 2018 IEEE International Conference on Big Data.

YADAV, A., CHAN, H., JIANG, A., RICE, E., KAMAR, E., GROSZ, B. y TAMBE, M. (2016). «POMDPs for Assisting Homeless Shelters — Computational and Deployment Challenges». AAMAS Workshops.

YADAV, A., CHAN, H., JIANG, A., XU, H., RICE, E. y TAMBE, M. (2016). «Using social networks to aid homeless shelters: Dynamic influence maximization under uncertainty». *arXiv:1602.00165*.

YADAV, A., WILDER, B., RICE, E., PETERING, R., CRADDOCK, J., YO-SHIOKA-MAXWELL, A., HEMLER, M., ONASCH-VERA, L., TAMBE, M. y WOO, D. (2018). «Bridging the Gap Between Theory and Practice in Influence Maximization: Raising Awareness about HIV among Homeless Youth». Conferencia Twenty-Seventh International Joint Conference on Artificial Intelligence.

YAMPOLSKIY, R.V. (2018). *Artificial Intelligence Safety and Security*. Londres: Chapman and Hall.

YANG, G.Z., BELLINGHAM, J., DUPONT, P.E., FISCHER, P., FLORIDI, L., FULL, R., JACOBSTEIN, N., KUMAR, V., MCNUTT, M., MER-RIFIELD, R., NELSON, B.J., SCASSELLATI, B., TADDEO, M., TAYLOR, R., VELOSO, M., WANG, Z.L. y WOOD, R. (2018). «The grand challenges of *Science Robotics*». *Science Robotics* 3(14):7650.

YU, M. y DU, G. (2019). «Why Are Chinese Courts Turning to AI?». *The Diplomat*.

ZERILLI, J., KNOTT, A., MACLAURIN, J. y GAVAGHAN, C. (2019). «Transparency in Algorithmic and Human Decision-Making: Is There a Double Standard?». *Philosophy & Technology* 32(4):661–683.

ZHENG, G., LI, X., ZHANG, R.H. y LIU, B. (2020). «Purely satellite data-driven deep learning forecast of complicated tropical instability waves». *Science Advances* 6(29):1482.

ZHOU, N., ZHANG, C.T., LV, H.Y., HAO, C.X., LI, T.J., ZHU, J.J., ZHU, H., JIANG, M., LIU, K.W., HOU, H.L., LIU, D., LI, A.Q., ZHANG, G.Q., TIAN, Z-B. y ZHANG, X.C. (2019). «Concordance Study Between IBM Watson for Oncology and Clinical Practice for Patients with Cancer in China». *The Oncologist* 24(6):812–819.

ZHOU, W. y KAPOOR, G. (2011). «Detecting evolutionary financial statement fraud». *Decision Support Systems* 50(3):570–575.

ZHOU, Y., WANG, F., Tang, J., Nussinov, R. y Cheng, F. (2020). «Artificial intelligence in COVID-19 drug repurposing». *The Lancet Digital Health*.

ZHOU, Z., XIAO, T., CHEN, X. y WANG, C. (2016). «A carbon risk prediction model for Chinese heavy-polluting industrial enterprises based on support vector machine». *Chaos, Solitons & Fractals* 89:304-315.